ENCYCLOPÉDIE
DES
TRAVAUX PUBLICS

Fondée par M.-C. LECHALAS, Inspr génu des Ponts et Chaussées

Médaille d'or à l'Exposition universelle de 1889

ARCHITECTURE & CONSTRUCTIONS CIVILES

MAÇONNERIE

PAR

J. DENFER

ARCHITECTE
PROFESSEUR A L'ÉCOLE CENTRALE

TOME PREMIER

PARIS
LIBRAIRIE POLYTECHNIQUE
BAUDRY ET Cie, LIBRAIRES-ÉDITEURS
15, RUE DES SAINTS-PÈRES
MÊME MAISON A LIÈGE

ENCYCLOPÉDIE DES TRAVAUX PUBLICS

ARCHITECTURE ET CONSTRUCTIONS CIVILES

MAÇONNERIE

Tous les exemplaires de l'ouvrage de M. Denfer
Architecture-Maçonnerie
devront être revêtus de la signature de l'auteur.

ENCYCLOPÉDIE
DES
TRAVAUX PUBLICS

Fondée par M.-C. LECHALAS, Insp^r gén^{al} des Ponts et Chaussées

Médaille d'or à l'Exposition universelle de 1889

ARCHITECTURE & CONSTRUCTIONS CIVILES

MAÇONNERIE

PAR

J. DENFER

ARCHITECTE
PROFESSEUR A L'ÉCOLE CENTRALE

TOME PREMIER

PARIS
LIBRAIRIE POLYTECHNIQUE
BAUDRY ET Cie, LIBRAIRES-ÉDITEURS
15, RUE DES SAINTS-PÈRES
MÊME MAISON A LIÈGE

1891
Tous droits réservés.

ERRATA

Page 10, figure 29, au lieu de : étriers, lisez : étrières.
— 13, ligne 1, au lieu de : lambourdo, lisez : lambourde.
— 59, ligne 17, au lieu de : Austrude, lisez : Anstrude.
— 60, ligne 9, au lieu de : moulage, lisez : montage.
— 81, ligne 23, au lieu de : mortiers, lisez : mastics.
— 260, ligne 9 en remontant, au lieu de liste : lisez : listel.

INTRODUCTION

DÉFINITION DE L'ARCHITECTURE

SES PRINCIPALES DIVISIONS

§ 1. *Exposé général*
§ 2. *Mode de représentation des constructions*
§ 3. *Corps d'état du bâtiment*

SOMMAIRE :

§ 1er. — *Exposé général :* 1. Définitions. — 2. Composition. — 3. Construction. — 4. Décoration. — 5. Œuvre d'art. — 6. Objet de l'ouvrage.

§ 2. — *Mode de représentation des constructions :* 7. Projection. — 8. Plan. — 9. Coupe. — 10. Façade ou élévation. — 11. Lavis à l'effet. Rendus. — 12. Echelles. — 13. Projections obliques. Perspectives.

§ 3. — *Corps d'Etat du bâtiment :* 14. Enumération des corps d'état.

INTRODUCTION

DÉFINITION DE L'ARCHITECTURE

SES PRINCIPALES DIVISIONS

§ 1.

EXPOSÉ GÉNÉRAL

1. Définition. — L'architecture est l'art de bâtir correctement, en se conformant aux convenances spéciales à chaque édifice.

Les convenances auxquelles il y a lieu de satisfaire se rapportent à *la composition, la construction, la décoration*.

2. Composition. — Quand on doit élever une construction, la première chose à faire consiste à dresser un programme complet, détaillant le but de l'édifice, les besoins auxquels il doit satisfaire, en même temps que les relations qu'ont entre eux les divers services auxquels il faut pourvoir.

Le programme une fois arrêté, il faut imaginer la construction par la pensée, étudier toutes les combinaisons possibles et adopter, parmi les dispositions trouvées, celles qui paraissent réunir les meilleures distributions, la meilleure organisation.

La composition est, comme on le voit, œuvre d'imagination et d'intelligence.

3. Construction. — La construction doit obéir à des règles basées sur la science. Elle part de la connaissance des propriétés et du prix des divers matériaux ; elle choisit ceux qui s'approprient le mieux à ses divers besoins et les répartit judicieusement, en tenant compte de leur résistance, des efforts auxquels ils seront soumis, des conditions de toutes sortes qu'ils auront à remplir. Dans la plupart des cas, le constructeur doit chercher l'*économie*, c'est-à-dire mettre en chaque point les matériaux les moins chers, parmi ceux dont les qualités sont suffisantes.

4. La décoration est œuvre de goût. Elle doit comporter les rapports les plus heureux dans les proportions des différentes parties de l'édifice ; les meilleures formes pour chacune d'elles. L'architecte choisit entre plusieurs solutions celle qui lui paraît la plus harmonieuse et la complète par une étude attentive de tous les détails.

5. Œuvre d'art. — Toute œuvre d'architecture qui réunit ainsi les meilleures convenances : de *composition*, de *construction*, de *décoration*, est une œuvre d'art.

6. Objet de l'ouvrage. — Dans le présent ouvrage, nous étudierons les premiers éléments de la construction des édifices en y ajoutant, chaque fois que l'occasion s'en présentera, les moyens les plus usités de décoration.

Pour composer et construire un édifice, pour le décorer dans toutes ses parties, la mémoire ne suffirait pas ; il faut aider l'intelligence, la science et le goût à l'aide du dessin, qui sert à garder le souvenir d'une disposition trouvée, à représenter sur le papier l'ensemble et les détails des constructions à élever.

§ 2.

MODE DE REPRÉSENTATION DES CONSTRUCTIONS

7. Projections. — On représente d'ordinaire une construction ou une partie de construction par un tracé sur le papier représentant, à une échelle ordinairement réduite, ses projections sur des plans horizontaux et verticaux.

8. Plan. — On nomme *plan* une section horizontale de l'objet à représenter. Pour une même construction l'on dresse autant de plans, à diverses hauteurs, que cela est nécessaire pour faire bien comprendre toutes ses dispositions.

Dans un plan on indique par des *hachures*, ou par des teintes plates, toutes les parties pleines de la construction, coupées par le plan horizontal auquel il correspond. On projette, et l'on indique par des lignes pleines, les parties apparentes situées au-dessous du plan de coupe, et par des lignes ponctuées quelques parties situées au dessus et qu'il peut être utile de représenter.

On définit par *un repère* la hauteur à laquelle passe le plan de coupe.

Lorsque le repère n'est pas indiqué, on admet que le plan d'un étage de bâtiment passe à la hauteur de l'appui des fenêtres.

9. Coupe. — On nomme *coupe* une section par un plan vertical de la construction qu'on veut représenter. On y fait emploi de hachures ou de teintes plates, dans le même cas que précédemment.

On marque la place de chaque plan de coupe sur le plan horizontal et on l'accompagne d'un repère.

10. Façade ou élévation. — On nomme *façade* ou *élévation* la projection sur un plan vertical de l'une des faces extérieures de l'objet à représenter; mais on fait aussi des élévations d'autres faces intéressantes. Il va de soi que le mot *façade* ne doit être employé comme synonyme d'*élévation* que s'il s'agit de la représentation d'une face extérieure; on dira : *façade principale, façade latérale,* etc.

11. Lavis à l'effet. Rendus. — Lorsqu'on veut rendre l'aspect d'une composition architecturale, on lave à l'encre de Chine et aux couleurs les élévations, en supposant la construction éclairée à 45°, sur les plans horizontal et vertical, de manière à reproduire les ombres portées, pour bien accuser les saillies.

Les dessins ainsi lavés se nomment *rendus*; ils sont utiles soit pour permettre de juger une composition, soit pour juger soi-même de l'effet de tel ou tel arrangement.

Chaque construction exige au minimum un plan par étage, une ou plusieurs coupes et une élévation. Presque toujours on multiplie les coupes et les élévations, soit d'ensemble, soit de détails, de manière qu'aucune partie du projet ne reste sans être étudiée et représentée.

12. Échelles. — Les plans d'ensemble s'étudient d'abord à petite échelle : 0,001, 0,002, 0,005 par mètre pour des groupes de constructions ;

0,005, 0,010 pour un bâtiment unique.

On reproduit ensuite chaque bâtiment à l'échelle ordinaire d'exécution de 0,02 par mètre.

Enfin on complète par des détails de parties intéressantes, à 0,05, 0,10, 0,20 par mètre, et enfin par des profils grandeur d'exécution.

13. Projections obliques. Perspectives. — Souvent même on accompagne le rendu de projections obliques et de perspectives, pour donner une idée bien nette de l'effet d'une construction à tous les points de vue.

§ 3.

CORPS D'ÉTAT DU BATIMENT

14. Énumération des corps d'état. — La construction d'un édifice comporte des travaux très divers, chacun exigeant des outils nombreux, des aptitudes et une habileté particulières.

Ce n'est que par la division du travail que l'on arrive à une bonne exécution; de là de nombreux *Corps d'état du bâtiment*. Les principaux sont :

1° *La terrasse*, qui comprend les fouilles, les déblais et remblais, les transports de terres, les tranchées et les dressements du sol.

2° *La maçonnerie*, qui s'occupe de la confection des massifs, murs, voûtes, hourdis de planchers, enduits de toutes sortes, etc.

3° *La charpente*, qui construit l'ossature en bois ou en fer des planchers, pans de bois, pans de fer, combles, escaliers, cintres, étaiements, etc.

La *charpente en bois* et la *charpente en fer* sont deux spécialités distinctes.

4° *La couverture*, qui exécute les revêtements des combles en matériaux imperméables, tels que les tuiles, les ardoises, les feuilles métalliques, etc.

5° *La plomberie*, qui a trait aux ouvrages exécutés en plomb, tels que les canalisations d'eaux et de gaz, et, par extension, les canalisations similaires en fonte, fer, etc.

6° *La menuiserie*, qui exécute et monte les portes, les croisées, les parquets, et tous les menus ouvrages en bois.

7° *La serrurerie*, qui établit, comme son nom l'indique, les serrures, mais aussi les ferrements de toutes les parties mobiles et fixes du bâtiment, ainsi que les ouvrages entièrement en fer, portes, croisées, grilles, grillages, etc.

Les entrepreneurs de serrurerie font également les charpentes en fer de petite ou de moyenne importance.

8° *La fumisterie*, chargée de l'arrangement intérieur des cheminées, de la construction et de la pose des poêles et fourneaux, des calorifères, etc.

9° *La marbrerie* : scie, taille et débite les marbres et pierres dures, susceptibles de recevoir le poli, pour en faire des revêtements, des cheminées, des marches d'escalier, des dallages, etc.

10° *La peinture* : garantit ou colore nos constructions diverses, en les recouvrant d'une couche mince d'un liquide, mélangé de certaines matières impalpables, qui se solidifie en peu de temps en formant un corps adhérent.

La peinture comprend quelques autres spécialités, comme la *vitrerie*, la *dorure*, la *tenture* et la *miroiterie*.

11° Le *pavage*, comprenant aussi le *granit*, l'*asphalte*, l'*ardoiserie* (ouvrages et dallages en schistes ardoisiers épais), spécialités qui toutefois sont souvent exercées séparément.

Il faut enfin citer, pour compléter la liste des corps d'état du bâtiment, les *stucs*, l'*ornementation en pâtes*, etc.

Cette énumération fait pressentir la diversité des travaux nécessaires à l'exécution d'une construction, où le concours de beaucoup de ces corps d'état, de tous quelquefois, est indispensable.

Nous nous occuperons d'abord de la *maçonnerie*, qui tient la plus grande place dans presque toutes les constructions.

CHAPITRE PREMIER

PIERRES ET BRIQUES

LEUR EMPLOI DANS LES MAÇONNERIES

§ 1. *Matériaux solides*
§ 2. *Matériaux agglutinants. Mortiers*
§ 3. *Maçonneries de petits matériaux*
§ 4. *Maçonnerie de pierres de taille*
§ 5. *Maçonnerie de briques*
§ 6. *Maçonneries mixtes*
§ 7. *Revêtements des maçonneries.*

SOMMAIRE :

§ 1er. — *Matériaux solides* : 15. Cailloux. — 16. Sables. — 17. Pierres calcaires. — 18. Pierres non calcaires. — 19. Produits céramiques ; briques et poteries. — 20. Carreaux de plâtre.

§ 2. — *Matériaux agglutinants. Mortiers* : 21. Mortiers en général. — 22. Mortier de terre. — 23. Chaux grasse. — 24. Chaux maigres. — 25. Chaux hydrauliques. — 26. Ciments. — 27. Proportions de sables. — 28. Mortiers maigres de Portland. — 29. Pouzzolanes. — 30. Mortier de plâtre.

§ 3. — *Maçonneries de petits matériaux* : 31. Bétons. — 32. Bétons agglomérés ou bétons Coignet. — 33. Maçonnerie de moellons. — 34. Rencontre de deux murs en moellons. — 35. Classification des moellons. — 36. Prix du mètre cube de maçonnerie de moellons. — 37. Maçonneries de plâtras et plâtre. — 38. Maçonnerie économique en pisé. — 39. Maçonnerie de meulières. — 40. Maçonneries de ciment avec des meulières inférieures, etc. : Bassin étanche, grands réservoirs, égouts et conduits souterrains.

§ 4. — *Maçonnerie de pierres de taille* : 41. Pierres de taille, libages, leur emploi. — 42. Des murs en pierres de taille. — 43. Appareil au croisement des murs. — 44. Taille de la pierre. — 45. Transport, bardage et montage des pierres de taille. — 46. Pose de la pierre de taille. — 47. Provenance des pierres de taille employées à Paris. — 48. Eléments entrant dans les prix. Mesurage. — 49. Taille-unité. Son prix.

§ 5. — *Maçonnerie de briques* : 50. Dimensions des briques. — 51. Briques de champ. — 52. Briques à plat. — 53. Murs en briques, de 0m,22. — 54. Murs en briques, de 0m,35. — 55. Murs en briques, de 0m,45 à 0m,48. — 56. Rencontre de deux murs en briques. — 57. Avantages de la maçonnerie de briques. — 58. Prix de revient.

§ 6. — *Maçonneries mixtes* : 59. Combinaison des matériaux. — 60. Exemples. — 61. Pierres de taille isolées. — 62. Assises horizontales et chaînes horizontales. — 63. Chaînes ou piles verticales. — 64. Jambes de pierre (boutisses, étriers, parpaignes). — 65. Maçonnerie mixtes diverses.

§ 7. — *Parements et revêtements* : 66. Ravalement, ragréement et rejointoiement de la pierre de taille. — 67. Durcissement et conservation des parements de pierres de taille. — 68. Jointoiements et réparations avec des mastics. — 69. Des parements des murs en petits matériaux — 70. Gobetages, crépis, enduits. — 71. Légers ouvrages en plâtre.

CHAPITRE PREMIER

PIERRES ET BRIQUES

LEUR EMPLOI DANS LES MAÇONNERIES

Une étude sommaire des matériaux employés dans les maçonneries est tout d'abord nécessaire. Nous les tirons tous du sol, mais ils se divisent en deux grandes catégories : les *matériaux solides* et les *matériaux agglutinants*.

Les matériaux solides sont : les cailloux, les sables, les pierres de toutes sortes et les produits céramiques. Les matériaux agglutinants sont : les chaux, les ciments, le plâtre, qui, soit avec l'eau seule, soit en outre avec les sables et d'autres substances, nous donnent les mortiers.

§ 1.

MATÉRIAUX SOLIDES

15. Cailloux. — Les cailloux sont très employés dans les constructions ; ils entrent, comme on le verra plus loin, dans la confection des bétons.

Ils sont siliceux ou calcaires ; ils se tirent soit du sol, où par endroits ils sont mélangés aux sables dits de plaine, soit des rivières, où ils se trouvent souvent mélangés au sable. Ces cailloux présentent l'aspect arrondi de pierres qui ont été roulées, de galets marins. On obtient encore des cailloux excellents pour la construction, en cassant des pierres très dures, telles que la meulière dite caillasse, et les réduisant à la grosseur des pierres cassées qui servent à l'entretien des routes.

16. Sables. — Les sables sont *siliceux* ou *quartzeux*, ou *calcaires*. Ils sont fort employés dans la construction des maçonneries, où ils servent surtout à former la partie inerte des mortiers.

On distingue les *sables de plaine*, qu'on extrait du sol dans des localités où il se trouve en couches plus ou moins épaisses, et les *sables de rivière*, qu'on extrait à la drague du fond des cours d'eau. Ces derniers sont plus estimés parce que, mieux lavés, ils sont plus exempts d'argile ; il y a cependant des sables de rivière mélangés de limon.

La qualité la plus précieuse des sables est, lorsqu'ils ont été fortement mouillés, de ranger leurs grains dans un ordre stable, tel que sa masse est incompressible. Une conséquence de cette propriété, qu'on utilise quelquefois dans des fondations difficiles, est la suivante : si l'on fait sur un sol AB, fig. 1, un tas de sable mouillé qui prend après dessication son talus naturel suivant AC, et que du point C l'on mène la verticale CI, puis IF parallèle à AC, le point F limite la partie que l'on peut charger d'une façon pour ainsi dire indéfinie sans risquer la moindre modification du talus AC. La charge sur FD se répartit suivant une surface plus grande AB, de telle sorte que la pression sur le sol est moindre par unité de surface, et d'autant plus faible que la hauteur du tas est plus grande.

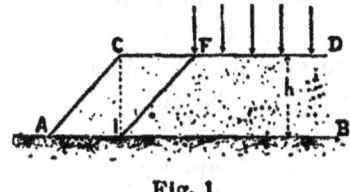

Fig. 1.

17. Pierres calcaires. — Les pierres calcaires s'emploient en très grandes quantités dans les constructions ; leur degré de dureté et leur résistance varient dans de très larges limites depuis les marbres jusqu'à la craie. Les premiers peuvent supporter en pratique 60 à 70 kilogrammes par centimètre carré tandis que le calcaire tendre, dit lambourde, ne peut être chargé avec sécurité que de 2 à 3 kilogrammes.

Densité. — La densité des calcaires varie également entre des extrêmes assez éloignés : certains marbres pèsent 2.800 kgr. le mètre cube, certaines pierres tendres 1500 kgr. seulement.

Poli. — Les marbres sont les seuls calcaires susceptibles de prendre le poli, car cette qualité sert de base à leur définition.

Gélivité. — Beaucoup de pierres, lorsqu'elles sont humides, et surtout lorsqu'elles contiennent encore leur *eau de carrière*, sont susceptibles de se fendre et de se déliter dès qu'elles sont exposées à une température inférieure à 0°. Elles sont dites *gélives*. On doit les employer dans des conditions telles qu'elles se trouvent sèches avant l'hiver, et qu'elles ne puissent plus, une fois employées, recevoir d'humidité. Cependant certaines pierres gélives cessent de l'être dès qu'elles ont perdu leur eau de carrière, lors même qu'elles seraient de nouveau exposées à l'humidité. D'autres calcaires, suffisamment compacts, ont leurs molécules tellement disposées qu'ils ne craignent point la gelée. D'autres enfin doivent leur gélivité à des filons d'argile qui les séparent, et qui souvent ne sont pas plus épaisses qu'une mince feuille de papier ; l'argile prend l'humidité et détermine la rupture au moment des gelées.

L'expérience directe, pour reconnaître la gélivité des pierres, est très longue, puisqu'il faut les laisser plusieurs hivers exposées aux intempéries. M. Brard a donné, en 1838, le procédé artificiel suivant, très facile à appliquer dans la pratique : on taille un cube de la pierre à éprouver, de 0^m,05 de côtés, à vives arêtes, on le fait bouillir une demi heure dans de l'eau saturée à froid de sulfate de soude, en ayant soin de l'immerger complètement ; on le retire et on le met dans une soucoupe ayant au fond quelques millimètres de la même dissolution, et on l'abandonne pendant 8 jours dans un endroit chaud. L'échantillon se couvre d'efflorescences pendant cette épreuve si la pierre est gélive ; elle perd ses angles et l'on trouve les débris de ses arêtes au fond de la soucoupe. Une bonne pierre reste intacte. Le sulfate de soude, en cristallisant dans les pores de la pierre, augmente de volume et produit le même effet que de l'eau qui s'y congèlerait.

Action de la chaleur. — Les pierres calcaires chauffées à une température élevée donnent de la chaux. Il ne faudrait pas construire en matériaux calcaires des ouvrages susceptibles d'être chauffés. Dans les incendies violents, les maçonneries sont désorganisées par la transformation en chaux de leurs matériaux calcaires.

Moellons et pierres de taille. — Les pierres calcaires s'emploient dans les constructions, soit à l'état de moellons, petits blocs de dimensions telles qu'un homme puisse les manœuvrer, soit à l'état de pierres de taille, gros blocs taillés suivant des formes géométriques.

Pierres dures et pierres tendres. — On distingue encore les pierres calcaires en pierres tendres, qui se débitent à la scie à dents, et pierres dures, qui se scient au grès avec une lame unie.

18. Pierres non calcaires. — Il est d'autres pierres, non calcaires, qui sont employées en proportions variables dans les constructions. Ce sont les *grès*, les *silex*, les *pierres meulières*, les *poudingues*, les *granits*, les *porphyres* et les *basaltes*.

Grès. — Les grès sont des pierres composées de grains de sable fin, généralement quartzeux, agglutinés ensemble naturellement par un ciment calcaire ou argileux. Quelques sortes de grès peuvent être employées dans les édifices ; beaucoup d'autres sont rejetées à cause de leur propriété d'absorber et de garder indéfiniment leur humidité. On peut les mettre en fondation ou dans les étages souterrains.

Silex. — Les silex se rencontrent en divers pays dans les bancs de craie, en rognons assez gros pour entrer dans la construction des maçonneries.

Meulière. — La meulière est composée de concrétions siliceuses dont la masse est criblée de trous. Elle est très dure, fait feu sous le choc de l'acier, dont des particules se séparent et entrent en ignition ; elle raye le verre. Sa couleur varie du jaunâtre au rouge.

Caillasse. — Lorsque la meulière est compacte, peu trouée, lourde, à cassure très unie, on l'appelle *caillasse*. Les caillasses sont moins estimées que les autres meulières pour la construction, parce que leur surface unie prend moins bien le mortier ; néanmoins, étant très résistantes, elles fournissent des maçonneries excellentes en fondations et soubassements, et on les y emploie quand elles se présentent sous des formes appropriées.

La caillasse concassée est très recherchée pour l'empierrement des chaussées macadamisées, on en fait aussi d'excellents bétons dans lesquels elle remplace avantageusement les cailloux ordinaires.

Meulière proprement dite. — La pierre meulière proprement dite est fort usitée à Paris et aux environs pour les murs de caves ou les murs en élévation ; les irrégularités de ses faces donnent une excellente prise aux mortiers.

Les meulières employées à Paris viennent de Corbeil, Châtillon, St-Michel, Nantes, Triel, etc. Il est enfin certains pays producteurs de meulières où ces pierres sont tellement criblées de trous qu'elles présentent l'aspect de véritables éponges ; elles sont alors très légères, très friables, et ne seraient pas de résistance suffisante pour la construction de murs importants. La meulière de Gif est souvent dans ce cas ; par contre, cette meulière, très poreuse, est avantageuse pour les remplissages ou hourdis de plancher d'habitations, en raison de sa légèreté.

La meulière chauffée à feu nu détonne, se casse facilement et ses fragments prennent alors souvent une teinte d'une rose agréable qu'on utilise dans certains parements.

Poudingues. — Dans certains pays on trouve des conglomérats de cailloux réunis naturellement par un ciment siliceux, on les appelle des poudingues. Ces pierres, très résistantes, sont employées pour la construction.

Granits. — Les granits sont très abondants dans les terrains primitifs. Beaucoup sont durs, font feu avec l'acier, leur cassure présente une surface grenue où l'on distingue très nettement les trois éléments ordinaires : le quartz, le feldspath (silicate double d'alumine et de potasse), et le mica (silicate d'alumine, oxyde de fer, etc.). Le granit de bonne qualité est une des pierres les plus résistantes aux agents atmosphériques, mais il n'est pas toujours possible de lui donner des arêtes vives, et la difficulté et le prix de sa taille limitent son emploi. Dans quelques pays on l'emploie en moellons pour les constructions ordinaires.

Porphyres. — Les porphyres sont des roches très dures, peu employées en construction et réservées pour les objets de luxe : colonnes, vases, etc. Le porphyre donne encore d'excellentes pierres cassées pour routes.

Basaltes. — Les basaltes sont des produits d'éruption volcanique. Ils se taillent très difficilement à cause de leur dureté. On les emploie comme moëllons dans quelques localités; ils prennent mal le poli.

Laves. — Lorsque les laves sont un peu poreuses, on les emploie comme pierres de taille; elle se taillent assez bien, sont d'une grande résistance et d'une teinte sombre. La lave de Volvic (Puy-de-Dôme) est la plus estimée.

19. Produits céramiques. — La *terre glaise* ou *argile*, que l'on rencontre dans un grand nombre de localités, a la propriété d'être plastique, c'est-à-dire que délayée avec l'eau elle forme une pâte liante, susceptible d'être moulée ou débitée sous les formes les plus diverses.

Les objets fabriqués en terre glaise ou argile acquièrent par la dessiccation une solidité assez grande pour être employés dans la construction.

Briques. — On appelle brique un parallélipipède rectangle en argile moulée, ou débité dans de plus gros blocs ; lorsqu'elle est simplement séchée, la brique est dite *brique crue*. On augmente la solidité des briques qui doivent rester crues en y mêlant de la paille hâchée, de la bourre ou d'autres matières filamenteuses. On y ajoute encore comme matière inerte, empêchant l'argile de se fissurer par la dessiccation, du sable ou des terres sablonneuses.

Les briques crues, d'une résistance notable à la sécheresse, sont attaquées par l'humidité qui délaye la glaise ; il est donc nécessaire de les protéger contre la pluie et de ne les employer qu'à une hauteur telle, au-dessus du sol, qu'on ne puisse craindre leur submersion, ou seulement leur imbibition. — La brique crue est employée dans nombre de localités du Midi, de la Champagne, de la Picardie, pour les constructions rurales et même les maisons des villes.

Si l'argile simplement séchée acquiert une certaine dureté, elle en acquiert une bien plus grande lorsqu'elle est cuite, c'est-à-dire portée à une température élevée, du rouge sombre au rouge blanc suivant la qualité de la terre ; elle a en outre la propriété, nouvelle et bien importante, de devenir inaltérable à l'eau. Elle porte alors le nom de *terre cuite*.

Pour faciliter la dessiccation et éviter des gerçures et de trop grands retraits au feu, on mélange l'argile avec une notable proportion de sable ou de terre argilo-sableuse, quelquefois avec des machefers ; on pétrit le tout avec la quantité d'eau capable de la transformer en pâte. On moule cette pâte suivant une forme déterminée, et on la fait sécher très lentement et très régulièrement. Les briques bien sèches sont alors empilées dans un four approprié, avec le combustible nécessaire pour les porter à la température qui leur convient. Une fois la cuisson opérée, on les refroidit lentement, puis on défourne.

C'est ainsi qu'on fabrique les briques cuites, si employées dans les constructions depuis les Grecs et les Romains, et dont on fait de nos jours une si grande consommation.

La brique la plus dure et la meilleure qu'on emploie à Paris †ient de la Bourgogne. Ses dimensions sont 0m.22 × 0m.11 × 0m.055. Elle possède au plus haut degré les qualités de la

Fig. 2.

bonne brique : homogène, sans criques ni fissures, dure, résistant à une pression considérable, régulière de forme et de dimensions, et se taillant assez facilement par les ouvriers spéciaux appelés *briqueteurs* qui sont appelés à l'employer.

La brique de Bourgogne est la brique type. On fabrique dans tous les environs de Paris des briques dites façon Bourgogne, dont la qualité tend à se rapprocher de ce type dans les bonnes usines et dont les dimensions sont 0,22, 0,11, 0,06 à 0,075. Moins chères que celles de Bourgogne, elles sont plus fréquemment employées dans les travaux ordinaires.

Briques creuses. — On fait aussi beaucoup usage de briques creuses à deux ou plusieurs trous. Cette disposition économise

Fig. 3.

la matière, permet une dessiccation plus prompte, une cuisson plus facile et une fabrication plus active pendant une plus grande partie de l'année.

CHAPITRE PREMIER. — PIERRES ET BRIQUES.

Les briques creuses sont très légères et s'emploient pour la partie haute des murs, qui ne se trouve que modérément chargée, pour les hourdis de planchers et pour les cloisons des distributions intérieures.

Poteries. — On fait encore en terre cuite des pièces spéciales, dites *poteries*, destinées à la construction des tuyaux de fumée dans les murs ou contre les murs des habitations.

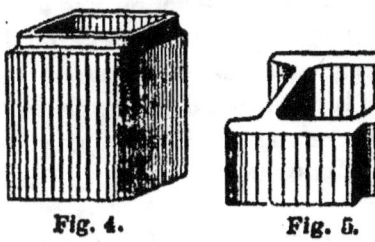

Fig. 4.   Fig. 5.

On distingue parmi les principales :

Les *wagons* (fig. 5), qui servent à la construction des tuyaux de fumée à incorporer dans l'épaisseur des murs.

Les *boisseaux* (fig. 4), dits *boisseaux Gourlier* du nom de leur inventeur, qui servent à construire les tuyaux adossés aux murs.

20. Carreaux de plâtre. — Parmi les matériaux solides artificiels, il faut encore citer les *carreaux de plâtre* pleins ou creux, qui servent à exécuter les cloisons légères de 0,08 d'épaisseur, et quelquefois des murs d'importance toute secondaire de 0,16 à 0,20 d'épaisseur.

§ 2.

MATÉRIAUX AGGLUTINANTS. MORTIERS

21. Mortier en général. — Les murs en pierrailles sèches (posées à sec, sans mortier) n'ont par eux-mêmes aucune solidité. On les emploie cependant : soit pour des *perrés*, c'est-à-dire comme revêtements de talus en terre (dans cette position, ils sont appuyés sur la face inclinée du sol et ont alors peu de chances de se dérauger), soit pour des revêtements de puits économiques (la forme circulaire continuant à maintenir les pierres dans leur première position). On les employait autrefois pour des murs, en se servant de très gros blocs dont la masse assurait la solidité et l'on en fait encore parfois des murs de soutènement, auxquels on donne une grande épaisseur.

Mais les matériaux solides ne peuvent, en dehors de ces cas tout à fait spéciaux, constituer des murs ou autres ouvrages de maçonnerie qu'à la condition d'être agglutinés, réunis, soudés par des mortiers. Ceux-ci proviennent, en général, du mélange d'une matière agglutinante proprement dite avec de l'eau et du sable.

Les mortiers, formant à l'emploi une pâte plus ou moins fluide, remplissent les vides laissés par les matériaux solides, puis durcissent et se solidifient, soit par simple dessiccation, soit par combinaison chimique, de manière à former un bloc unique dont la résistance est quelquefois très considérable.

21. Mortier de terre. — Le plus simple des mortiers, le plus économique, est le mortier de terre. La terre qui convient le mieux est une terre demi-argileuse, comme la terre à briques ordinaire ou comme la terre de routes : on la délaye avec de l'eau et la pâte ou le mortier qu'on obtient sert à lier les matériaux de murs peu élevés, n'ayant pas besoin d'une grande résistance, comme des murs de clôture ou de certaines constructions rurales. Ce mortier devient assez dur par sa simple dessiccation, mais il est attaquable par l'eau; il faut avoir bien soin de ne faire de murs de ce genre que dans des endroits qui ne peuvent être inondés, et de les garantir de la pluie à la partie supérieure par une couverture étanche, et sur les côtés ou parements par des enduits ou jointoyages plus résistants à l'eau. Dans les pays où l'on construit en briques crues, c'est avec du mortier de terre qu'on les hourde.

Certains grands fourneaux sont faits en briques hourdées avec une terre argilo-sableuse, appelée *terre à four*.

22. Chaux grasse. — Si l'on chauffe fortement du carbonate de chaux, par exemple le calcaire de nos moellons de Paris ou la craie, on obtient ce qu'on appelle de la *chaux grasse*. L'apparence de chaque morceau reste à peu près la même, mais si on le mouille avec modération il s'échauffe, fuse, augmente de capacité dans des proportions très notables, *foisonne* comme l'on dit, et le volume final est en somme de 1 1/3 à 3 fois le volume primitif ; il y a un fort dégagement de chaleur.

Chaux éteinte. — La chaux est alors en poudre fine blanche. C'est de la *chaux hydratée*. On dit que l'on *éteint* la chaux quand on la combine avec l'eau ; la chaux hydratée s'appelle aussi chaux éteinte. La chaux anhydre est la *chaux vive*.

Si l'on augmente la quantité d'eau, la chaux éteinte en poudre se délaye et forme une pâte liante qu'on emploie dans les constructions. Cette pâte très étendue d'eau prend le nom de *lait de chaux*.

La chaux délayée à l'eau, et exposée à l'air, absorbe continuellement l'acide carbonique ; le carbonate de chaux se reproduit peu à peu, et tend à ramener au calcaire primitif ; en même temps le produit acquiert une certaine solidité.

La chaux vive exposée à l'air se délite en peu de temps, s'hydrate et se carbonate.

23. Mortier de chaux grasse. — La pâte de chaux grasse se conserve indéfiniment molle dans les endroits humides ; dans l'eau elle ne prend pas, se dissout lentement et disparaît. Mélangée avec 2 à 3 fois son volume de sable, elle forme ce qu'on appelle le mortier de chaux grasse.

Le sable dans ce cas joue le rôle de matière inerte, il augmente économiquement le volume du mortier ; il est de plus utile pour diviser la chaux, la rendre plus perméable à l'air et lui faciliter la prise par l'absorption de l'acide carbonique.

Le sable a encore l'avantage très grand de communiquer aux mortiers son incompressibilité, ce qui fait que les maçonneries hourdées en mortier renfermant du sable n'éprouvent pas de tassement sensible, sous les charges qu'elles sont appelées à porter.

§ 2. — MATÉRIAUX AGGLUTINANTS. MORTIERS 21

Le mortier de chaux grasse durcit lentement par combinaison chimique, en reprenant à l'atmosphère une partie de l'acide carbonique que lui avait enlevé la cuisson ; mais il faut pour cela qu'il soit employé en terre ou dans des murs épais, pour que cette combinaison se fasse avant la dessiccation du mur. — Nous ne donnons d'ailleurs cette explication qu'avec beaucoup de réserve, car on n'est pas encore bien fixé sur ces questions: Darcet, en analysant des mortiers de la Bastille, n'y a trouvé que la moitié de l'acide carbonique qui eut saturé la chaux ; le plus souvent la proportion est beaucoup moindre, même dans les constructions les plus anciennes.

Dans la partie extérieure des murs, ou, comme l'on dit, dans les murs en élévation, lorsqu'ils sont minces, ce mortier ne durcit que par dessiccation; il s'égrène facilement et ne fait pas de bonnes maçonneries.

Dans tous les cas, lorsqu'on construit des murs en chaux grasse, il faut les monter avec une sage lenteur, pour permettre aux différentes assises de durcir assez pour supporter les parties supérieures de la construction.

24. Chaux maigres. — Les calcaires qui contiennent des matières étrangères inertes, en certaine quantité, fournissent des chaux qui s'hydratent plus lentement, foisonnent moins et font avec l'eau une pâte moins liée. — Ces chaux ne prennent pas dans l'eau et durcissent à l'air à l'instar des chaux grasses ; on les emploie aux mêmes usages. On leur donne le nom de *chaux maigres*. Quelques auteurs définissent celles-ci d'une manière plus précise, en disant que les chaux maigres sont celles qui ne sont pas grasses et ne font pas prise sous l'eau.

25. Chaux hydrauliques. — Si, au lieu de cuire du carbonate de chaux presque pur, on vient à cuire un calcaire argileux contenant 12 à 20 0/0 d'argile, on obtient encore une chaux, mais dont les propriétés diffèrent de celles de la chaux grasse. Elle s'hydrate avec l'eau sans dégagement sensible de de chaleur, plus lentement, et foisonne peu ou point. Abandonnée à l'air libre, la pâte se fendille moins que celle de la chaux grasse en se desséchant.

Elle peut durcir sous l'eau alors que la chaux grasse s'y conserve indéfiniment molle. En raison de cette propriété, on la nomme *chaux hydraulique*. Elle fait prise à l'air en des temps qui varient de quelques heures à plusieurs jours, elle absorbe moins d'eau et d'acide carbonique que la chaux grasse.

Mortiers hydrauliques. — Additionnée de sable, la chaux hydraulique délayée à l'eau forme des mortiers excellents dans les conditions ordinaires de la pratique, non seulement pour les travaux sous l'eau, mais encore pour les ouvrages exécutés à l'air.

L'énergie d'une chaux hydraulique se mesure par le rapport de l'argile à la chaux dans le calcaire ; ce rapport a reçu le nom d'*indice d'hydraulicité* (voir L. Durand-Claye, *Chimie appliquée à l'art de l'ingénieur*, pages 166 et suivantes).

Le durcissement de la chaux hydraulique s'explique par la combinaison chimique qui se fait entre l'hydrate de chaux, la silice et l'alumine.

Chaux hydrauliques artificielles. — A la suite de ses recherches si remarquables, M. Vicat a donné le moyen de faire dans tout pays de la chaux hydraulique artificiellement, lorsque les calcaires ne sont pas propres à la fournir directement. On mélange le calcaire préalablement cassé avec de l'argile dans la proportion convenable, on broye avec de l'eau, on sèche et on cuit. On peut encore mélanger l'argile avec de la chaux grasse déjà obtenue, mise en pâte, puis dessécher et enfin cuire le mélange.

Les chaux hydrauliques se trouvent dans le commerce, soit en morceaux de chaux vive, soit en poudre sèche de chaux hydratée.

26. Ciments. — Lorsque la proportion d'argile contenue dans les calcaires est plus grande encore et atteint 23 à 40 0/0, les produits de la cuisson donnent des mortiers qui prennent en 15 ou 20 minutes ou en 2 à 4 heures, suivant le degré de cuisson et la nature des calcaires.

Dans tous les cas, il faut avoir écrasé à la meule et réduit en poudre fine le calcaire cuit, car il ne se délite pas par addition d'eau.

§ 2. — MATÉRIAUX AGGLUTINANTS. MORTIERS

Le calcaire cuit prend alors le nom de *ciment*.

Dans le premier cas, où la prise se fait en 15 ou 20 minutes, ou même beaucoup plus vite immédiatement après la cuisson, on a les *ciments à prise rapide* ou *ciments romains* dont les types sont les ciments de Vassy, de Pouilly, de Bourgogne.

Dans le second cas, où elle n'a lieu qu'en 2 à 4 heures, ou même plus, on a les *ciments à prise lente*, dont le type est le ciment de Portland. A l'état frais, ils font prise en un quart d'heure.

Mortiers de ciment. — Les mortiers de ciment, composés de ciment en poudre et de sable, délayés à l'eau, sont plus chers que les mortiers de chaux hydraulique ; mais ils présentent plus de résistance, soit à la charge, soit à l'imbibition de l'eau. Ils sont très recherchés pour les constructions importantes, pour celles qui doivent se monter très rapidement, supporter de grands efforts, ou pour celles qui doivent être étanches.

Les mortiers de ciment durcissent très bien sous l'eau et sont précieux pour les constructions hydrauliques.

Les mortiers de ciment à prise rapide durcissent rapidement et sont les moins chers. Les ciments à prise lente, beaucoup plus denses (1.200 à 1.500 k. au lieu de 800 le m. c.), sont les plus chers par 100 kilogs ; ils durcissent peu à peu ; au bout de 48 heures, ils ont atteint la dureté des ciments à prise rapide, et ils continuent à durcir encore pendant 10 à 20 jours, quelquefois plus, et arrivent à résister à l'écrasement sous une charge double et même triple de celle que peuvent porter les meilleurs ciments romains.

Les mortiers de ciment à prise lente ne s'emploient que pour les ouvrages qui ont besoin de présenter une grande résistance.— Ces mortiers font dans les mêmes conditions d'excellents enduits.

Comme pour les chaux hydrauliques, les ciments sont ou naturels ou obtenus artificiellement, en mélangeant soit à des calcaires ordinaires soit à de la chaux grasse une quantité voulue d'argile, et passant à une nouvelle cuisson.

27. Proportions de sable dans les mortiers. — Le sable que l'on ajoute aux mortiers a pour effet :

1° De leur communiquer sa principale propriété d'être incompressible ; toutes les fois que la chaux ou le ciment ne sera pas en plus grande quantité que les vides du sable (environ un tiers de son volume), le mortier n'aura, après la prise, aucun tassement, s'il a été bien employé ;

2° De procurer un volume de mortier supérieur à celui de la chaux ou du ciment, et par suite de diminuer le prix du mètre cube de mortier ;

3° De faciliter la prise de certaines chaux, en les divisant et par suite en les rendant plus perméables à l'air.

La proportion de sable employée dans les mortiers est variable : à Paris, on emploie couramment quatre proportions de sable définies par un numéro.

Le mortier n° 1 comprend, en volumes { 1 partie ciment / 5 parties sable.

Il ne s'emploie qu'avec le ciment de Portland, ou bien, pour massifs et blocages, avec de bonnes chaux.

Le mortier n° 2 est composé de { 1 part. chaux ou ciment / 3 parties sable.

C'est le mortier communément employé pour le hourdis des murs de nos constructions ordinaires.

Le mortier n° 3 comporte { 1 part. chaux ou ciment / 2 parties sable.

Il est employé pour les maçonneries soignées.

Le mortier n° 4 est formé avec { 1 part. chaux et ciment / 1 partie sable.

Il est employé dans le hourdis des maçonneries étanches, ou comme enduit.

28. Mortiers maigres de Portland. — On emploie quelquefois, dans les massifs encaissés, des mortiers de ciment de Portland mélangés à plus de sable que le n° 1, allant jusqu'à 7 à 8 de sable pour 1 de ciment. Il faut, pour que ces exceptions réussissent bien, pilonner la matière et lui donner le temps de la prise avant de la déranger et de la charger. Ce temps de prise complète est souvent d'un certain nombre de jours. La maçonnerie ainsi faite est économique, mais l'opération exige des ouvriers très soigneux.

29. Pouzzolanes. — On nomme *Pouzzolanes* des matières dont le mélange avec la chaux grasse présente les qualités de la chaux hydraulique. Le type de la véritable pouzzolane est celle dont Vitruve parle avec admiration et qui venait de Pouzzoles, qui lui a donné son nom. Il y a des pouzzolanes naturelles aux environs de Rome, dans l'Hérault, dans l'Auvergne, etc., et l'on en fabrique d'artificielles.

Les pouzzolanes naturelles sont des produits volcaniques ou certains sables argileux.

On donne le nom de *ciment de tuileaux* au produit qu'on obtient en réduisant en poudre les déchets de tuiles et de briques cuites. Ce produit pourrait être plutôt qualifié de pouzzolane; mais il n'en présente qu'en partie les qualités. Les cendres de bois, les scories sont dans le même cas. On emploie encore beaucoup la poudre de tuileaux ; en la mélangeant à la chaux grasse, on obtient une chaux présentant dans une certaine mesure les qualités de la chaux hydraulique. Son emploi se restreint toutefois depuis que l'on trouve partout, à prix avantageux, des chaux hydrauliques.

Dans certains pays de mines, Saint-Étienne par exemple, où les bons matériaux sont rares, on construit la plupart des bâtiments avec un mortier composé de chaux grasse et du machefer pulvérisé qu'il est facile de se procurer dans le pays; ce mortier acquiert dans les emplois ordinaires, à l'air, une dureté considérable.

30. Mortier de plâtre. — On trouve dans certains pays, et en grande abondance dans le bassin de Paris, une roche dite *gypse* ou *pierre à plâtre*.

Comme composition chimique, c'est du sulfate de chaux hydraté.

Si on le cuit à faible température, l'eau de cristallisation s'échappe, la pierre devient friable, et, dans des moulins spéciaux, on la réduit facilement en poudre. Cette poudre, c'est le plâtre, tel qu'il sert aux constructions. C'est du sulfate de chaux anhydre.

A cet état, si on le mélange avec de l'eau, il s'échauffe notablement, reprend cette eau et se solidifie rapidement (au bout de 5 à 15 minutes). Le plâtre gâché à l'eau sert de mortier dans un grand nombre de cas.

Il adhère aux corps solides contre lesquels on le juxtapose, et constitue en effet un mortier précieux ; mais il présente deux inconvénients qu'il faut signaler et qui limitent son emploi :

1° Il craint l'humidité. Lorsqu'on construit en plâtre des murs en fondation et à rez-de-chaussée, ils s'imbibent constamment de l'humidité du sol ; au moyen des matières organiques voisines, il y a formation d'azotate de chaux, sorte de salpêtre déliquescent qui désorganise les parois et qu'on ne peut plus enlever. On a alors des murs constamment humides, des pièces d'habitation malsaines ;

2° Il gonfle après l'emploi, puis se retraite d'une quantité notable, plus grande que le gonflement ; on peut estimer, en fin de compte, qu'un mur monté *rapidement* en mortier de plâtre tassera en séchant, après sa construction, de près d'un centimètre par mètre.

Il ne faudrait donc pas, sous prétexte d'économie ou autre, construire les murs extérieurs d'un bâtiment en mortier de chaux ou ciment, et les murs intérieurs en plâtre. En raison de leur tassement, ces derniers se sépareraient des murs de face, produiraient aux points de rencontre des crevasses sérieuses et détermineraient des surcharges locales et des désordres dans la construction.

Si, à partir d'un certain niveau, on construit avec le mortier de plâtre le gros œuvre d'un bâtiment, il faut que tous les murs soient hourdés en plâtre avec des matériaux similaires donnant même tassement, et aussi que ces murs soient montés simultanément.

Le plâtre fait pour les intérieurs secs d'excellentes cloisons, de très bons hourdis de planchers, des enduits et ouvrages légers très recommandables.

Pour les extérieurs, il faut lui préférer les enduits ou jointoyages en chaux ou ciment.

Le plâtre s'emploie pur et sans mélange de sable, à cause de sa prise rapide qui rend le gâchage du mélange difficile, et aussi à cause de la petite quantité de sable qu'il comporterait.

Autrefois, on lui mélangeait volontiers un tiers de sable dans les gros ouvrages. Aujourd'hui, on y a renoncé et on l'emploie seul.

§ 3.

MAÇONNERIES DE PETITS MATÉRIAUX

Les maçonneries de petits matériaux qu'on peut exécuter avec les matières qui viennent d'être étudiées sont les suivantes :

1° Les bétons ;
2° La maçonnerie de moellons ;
3° — de plâtras et plâtre ;
4° — de meulière ;
5° — de pierrailles.

31. Bétons. — *Composition du béton.* — Si on mélange du mortier de chaux ou de ciment avec des cailloux ou des pierres cassées, on obtient ce qu'on appelle le *béton*.

La dimension des cailloux est celle des pierres cassées pour routes ou un peu moindre dans certains cas. On a soin de les laver pour enlever la matière terreuse ; souvent ce lavage peut se faire simplement dans la brouette qui sert à les transporter, munie à cet effet d'un fond grillé, et sur laquelle on verse un ou deux sceaux d'eau qui enlèvent la terre et la font passer à travers la grille.

On se rend compte du volume des vides des pierres à béton en en mesurant une certaine quantité dans un vase étanche, et versant ensuite de l'eau qui remplit les vides. Le cube mosuré de cette eau donne l'importance de ceux-ci ; elle varie de 0,35 à 0,40, selon la nature des cailloux.

On appelle *béton maigre* celui dont le mortier ne remplit pas complètement le vide des cailloux, et *béton gras* celui dont les vides sont complètement remplis. Il serait défavorable de les remplir surabondamment.

Proportions. — Les proportions les plus ordinaires sont :
0,50 de mortier de chaux ou ciment ;
0,80 de cailloux lavés.

Le mortier employé avec la chaux est ordinairement le n° 2 (une partie de chaux pour trois parties de sable); pour les travaux très soignés, on lui substitue le mortier n° 3 (une partie de chaux pour deux parties de sable).

Si le béton devait former des maçonneries étanches, il faudrait prendre le mortier n° 4 et augmenter un peu la proportion par rapport aux cailloux.

On augmente aussi la proportion de mortier dans les bétons qui doivent être coulés sous l'eau, pour tenir compte de la chaux entraînée et de celle qui se sépare, s'agrège à la base et forme les laitances.

Le mesurage, tant du mortier que des cailloux, se fait au moyen de brouettes cubées.

Le mélange se fait à bras ou pendant la descente dans de longues caisses incomplètement obstruées par des plans inclinés en sens alternatifs.

Emploi. — Le béton ne peut former de parement vertical découvert ; il ne tiendrait pas. On l'étend dans un trou, une rigole, un encaissement formant moule pour constituer un massif ou la fondation d'un mur.

On l'étale par couches de 0 m. 20 et on pilonne bien chaque fois, pour obtenir tout le tassement possible de la matière.

Le béton est considéré comme totalement incompressible quand il a été bien pilonné. Il prend en masse dans un temps plus ou moins long, suivant la qualité des chaux ou ciments qui en constituent la partie esssentielle.

Lorsqu'on veut charger de suite un béton nouvellement fait, il faut être bien sûr de la solidité des parois du terrain qui l'enveloppe. Si ces parois pouvaient céder, ou si le béton était susceptible de pénétrer latéralement dans le terrain, la fondation serait compromise.

Il faut éviter de faire des bétons avec des ciments à prise rapide, car la compacité ne peut être obtenue que par un pilonnage préalable à la prise, et celle-ci, dérangée, se ferait mal et ne donnerait qu'un ouvrage peu résistant. On supplée aux ciments romains, quand on veut limiter la dépense à celle qu'ils occasionneraient, au moyen d'un mélange de chaux et de ciment à prise lente.

Si l'on fait des remplissages de rigoles dans des terrains peu compacts ou peu résistants latéralement, avec du béton devant porter une construction lourde vivement montée, il faut faire le sacrifice d'employer des ciments à prise lente, de préférence aux chaux ordinaires.

On n'emploie plus de mortiers de chaux grasse pour les bétons ; on substitue à celle-ci la chaux hydraulique ou le ciment, ou bien on mélange la chaux à une matière ayant plus ou moins complètement les qualités de la pouzzolane.

39. Bétons Coignet. — Le béton aggloméré, ou béton Coignet, du nom du constructeur qui l'a vulgarisé, a une composition qui comprend généralement :

5 p. de sable ;

1 p. de chaux ;

1 p. ciment à prise lente.

On fait avec ce béton, qui n'est à proprement parler qu'un mortier, des moulages de massifs, et même des murs et autres constructions, que l'on pilonne entre panneaux ou dans des caisses que l'on n'enlève qu'une fois la prise faite.

Ce mortier doit être humecté avec le minimum d'eau nécessaire pour la prise, très régulièrement mélangé et très fortement pilonné.

On fait encore d'excellents murs monolithes avec un mélange de chaux et de mâchefer réduit en poudre, le tout délayé avec un peu d'eau et pilonné dans des caisses en bois qu'on enlève après la prise. Le mâchefer agit comme la pouzzolane, tout en remplissant l'office de sable.

23. Maçonnerie de moellons. — Les moellons sont formés de blocs de dimensions telles qu'un homme les manœuvre facilement ; à Paris, ce sont des pierres calcaires. — Dans les travaux soignés, on taille grossièrement à chaque moellon deux faces horizontales a, a', fig. 6, qu'on nomme *lits* et qui correspondent à la direction des lits de carrière, puis un parement de face *mnop*, et enfin le commencement de deux parois latérales d'équerre avec le parement de face, et qui formeront les joints verticaux. Chaque moellon a ainsi une forme grossièrement pentagonale, qui permet à deux moellons de parements opposés d'alterner et de se croiser de manière à donner la meilleure liaison possible.

Fig. 6.

Fig. 7.

La fig. 7 représente le plan d'une assise d'un mur en moellons, montrant la manière dont ceux-ci sont disposés.

De temps à autre, tous les deux mètres dans chaque rang, s'il se peut, on met un moellon *parpaing*, α, c'est-à-dire formant toute l'épaisseur du mur et ayant par suite deux parements.

Les moellons d'une même assise sont réglés exactement de même épaisseur; les moellons d'une assise croisent constamment leurs joints avec les moellons de l'assise précédente.

Les moellons se posent sur mortier, et, les deux parements posés, on remplit les joints avec du mortier en y chassant au besoin des déchets, dits *garnis;* puis on arrose chaque assise.

Les murs en moellons *se construisent entre lignes*, c'est-à-dire que pour chaque face le pied du mur a son alignement indiqué par une ficelle tendue, dite *ligne* ou *cordeau;* une seconde ligne, tendue comme la première, donne le même alignement à 0 m. 50 environ au-dessus de l'assise que l'on construit. Le plan vertical des deux lignes est le parement même du mur, et l'œil, amené dans ce plan, juge de la position des moellons à mesure qu'on les met en place et ces deux lignes permettent de les bien mettre en alignement.

Lorsqu'on construit un mur, il y a plusieurs principes auxquels il faut se conformer :

Procéder par assises horizontales ;

Croiser les joints d'une assise avec ceux de l'assise inférieure ;

Mettre aussi souvent que possible des pierres dites parpaings, ayant face sur chaque parement et faisant par suite toute l'épaisseur du mur ;

Poser chaque pierre sur du mortier épais, posé à la truelle, et l'asseoir en la frappant avec la hachette ;

Quand les pierres de chaque parement sont posées, remplir les gros joints avec du mortier lancé fortement avec la truelle et y chasser au marteau de petites pierres dites garnis, pour faire une arrase bien de niveau.

On opère ainsi pour toutes les assises successives.

24. Rencontre de deux murs en moellons. — Lorsque deux murs se rencontrent ou que l'on doit construire une en-

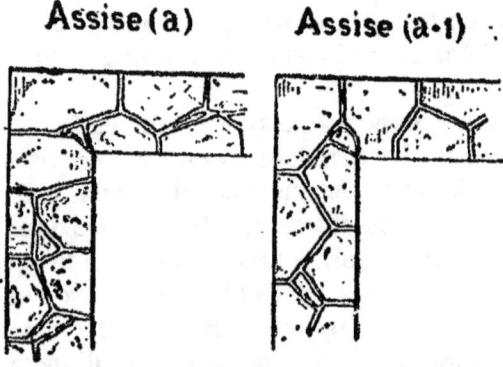

Fig. 8.

coignure, on cherche et on prépare d'avance les plus grands des moellons dont on dispose pour les placer au point de rencontre des alignements qui se croisent, de manière à les lier le mieux possible.

La fig. 8 donne un exemple de la disposition des moellons dans une encoignure, de la manière dont sont rangés les moellons dans les assises a et (a+1).

Le mortier à employer dépend de la destination du mur. Le plus souvent ce sera un mortier de chaux hydraulique et sable, qui donnera un mur ne tassant pas sensiblement. D'autres fois toute la construction sera hourdée en plâtre et l'on prendra toutes les précautions contre le tassement et l'humidité.

Enfin, on pose quelquefois les moellons à sec pour des clôtures peu importantes. On a soin alors de caler chaque moellon, pour assurer sa stabilité, au moyen de garnis, et de bien remplir les joints en y chassant d'autres débris de pierre.

On fait de même pour les murs hourdés en terre.

25. Classification des moellons. — *Moellons smillés, piqués, appareillés.* — Au point de vue du travail de taille, on distingue les moellons suivants :

Les moellons *bruts* ont leur parement grossièrement dressé ;

Les moellons *smillés* ont leur face taillée proprement ;

Les moellons *piqués* ont leur parement bien taillé avec arêtes droites ;

Les moellons *appareillés* sont dressés comme la pierre de taille avec arêtes bien alignées, angles vifs et parements repassés après la pose, *ravalés*, comme on dit.

Moellons durs, traitables, tendres. — Au point de vue de la nature de la prise, les moellons se divisent en : Moellons durs ou de roche pour les fondations, les soubassements et les parties qui portent charge ; Traitables ou demi-durs, formant le corps des murs ordinaires ; Moellons tendres, employés à la partie haute des constructions.

Les moellons ont les propriétés des calcaires qui les fournissent. Il faut autant que possible ne les employer que débarrassés de leur eau de carrière, s'ils sont gélifs, et pendant l'époque de l'année qui leur permettra de sécher avant l'hiver.

Il faut, pour l'emploi, que les moellons aient été bien *ébousinés*, purgés du *bousin*, c'est-à-dire des parties de calcaire sans consistance qui les accompagnent souvent.

Les moellons se vendent au mètre cube ; on livre sur les

§ 3. — MAÇONNERIES DE PETITS MATÉRIAUX

chantiers les moellons dégrossis et pour se rendre compte mieux qu'au cube de la voiture) de la quantité fournie, on en fait des tas réguliers de 1 mètre de hauteur, affectant en plan des formes géométriques et on les range comme si on voulait construire en pierre sèche, mais sans les tailler. Cela s'appelle *emmétrer*.

26. Prix du mètre cube de maçonnerie de moellons. — Les moellons coûtent à Paris environ 12 fr. 00 le mètre cube et on paie l'*emmétrage* 0 fr. 50. On voit que cette manutention augmente sensiblement le prix de la matière ; on l'évite souvent en payant le fournisseur au cube de maçonnerie en œuvre, faite avec ses produits. C'est une convention à établir d'avance.

La maçonnerie de moellons est faite par des ouvriers nommés *limousins*, assistés chacun d'un aide ou *garçon*, qui lui prépare et lui monte ses matériaux.

Un limousin et son aide mettent 7 h. 1/2 environ pour faire 1 mètre cube de maçonnerie de moellons en élévation. L'heure du *limousin et aide* se paye à Paris 0 fr. 82.

Il entre, dans un mètre cube de maçonnerie de moellons et plâtre, 0 m. 20 de plâtre, à 17 fr. le mètre cube.

Il faut 1 m. c. 09 de moellons fournis emmétrés pour faire, après taille et emploi, 1 m. c. de *limousinerie*.

Il se produit 0 m. 12 de gravois, qu'il faut enlever en dépensent 3 fr. 00 par mètre cube.

Les faux frais sont évalués à 17 0/0 de la main-d'œuvre, de telle sorte que le prix de revient d'un mètre cube de maçonnerie en élévation s'établit comme suit :

1 m. 09 moellons à 12 fr. 00	13 fr.	08
0 m. 20 plâtre à 17 fr. 00.	3	40
7 h. 1/2 de limousin et aide à 0 fr. 82 . . .	6	15
0 m. 12 d'enlèvement de gravois à 3 fr. 00 . .	0	36
Faux frais, 17 0/0 sur 6,15	1	05
Prix de revient du mètre cube de maçonnerie avec mortier de plâtre	21 fr.	04

Pour d'autres ouvrages en moellons, tels que murs de fondation, voûtes, la main d'œuvre et le déchet varieront et entraîneront des modifications de prix ; de là un prix spécial pour chaque nature d'ouvrage.

Si, au lieu de plâtre, le hourdis était fait en mortier n° 2 de ciment de Bourgogne, il faudrait d'abord chercher le prix de revient de un mètre cube de mortier :

3 m. c. de sable, coûtant 7 fr. 00 l'un, soit ensemble	21 fr.	00
Sont mélangés avec 1 m. c. ou 1500 kgs. de ciment, à 50 fr. les mille kgs.	75	00
La façon de ce mortier demande 24 heures de garçons à 0 fr. 36	8	64
Faux frais, 17 0/0 sur 8,64	1	46
Soit en total	106 fr.	10

Le tout, au lieu de 4 mètres cubes, ne fait que 3 m. 24 de mortier, à cause du ciment entré dans les vides du sable :

3 m. 24 de mortier reviennent donc à . .	106 fr.	10
1 mètre revient à.	33	06

Le mètre cube de limousinerie de moellons, hourdée en mortier n° 2 de ciment de Bourgogne, coûtera donc, savoir :

1.09 de moellons à 12 fr.	13 fr.	08
0.20 de mortier à 33 fr. 06	6	61
7ʰ 30′ de limousin et aide à 0.82 . .	6	15
0.12 d'enlèvement de gravois à 3 fr.	0	36
Faux frais, 17 0/0 sur 6.15	1	05
Prix de revient du mètre cube de maçonnerie avec mortier n° 2 de ciment de Bourgogne	27 fr.	25

Si la maçonnerie est faite par intermédiaire d'entrepreneur, il y a lieu d'ajouter à ces prix 10 0/0 de bénéfice et 0.80 d'avances de fonds, pour avoir le prix de règlement.

27. Maçonnerie de plâtras et plâtre.—On nomme *plâtras* des morceaux de démolition d'ouvrages en plâtre, assez gros pour être de nouveau utilisés. On exécute avec des plâtras et du plâtre des maçonneries économiques qui ont à porter peu de charge et qui généralement ont des épaisseurs de 0.20 à 0.40.

Quelquefois, on remplace les moellons par des plâtras et du plâtre à la partie supérieure des maisons de médiocre qualité.

Lorsqu'on remplit en plein les intervalles laissés par les plâtras, on obtient des ouvrages résistants, mais il faut prévoir les poussées dues au gonflement du plâtre neuf formant mortier et les tassements ultérieurs de cette maçonnerie.

Lorsqu'on ne veut faire qu'un remplissage sans résistance sérieuse, mais qui ne doive pas pousser les autres ouvrages, on fait un *hourdis creux*, c'est-à-dire qu'on ne remplit pas les joints. On met juste assez de plâtre pour agglomérer les plâtras les uns avec les autres ; la plupart des joints restent creux, et la poussée est évitée.

La maçonnerie de plâtras et plâtre est surtout employée dans la confection des remplissages de planchers qui n'ont point à craindre l'humidité, car ces ouvrages se salpêtrent facilement en raison du plâtre qui les constitue en entier.

La maçonnerie de plâtras et plâtre est plus économique que celle de moellons ; le mètre cube revient à 17 fr. environ le mètre cube à Paris.

39. Maçonnerie économique en pisé. — On l'emploie dans les pays qui manquent de pierre pour des constructions légères, bâtiments ruraux, maisons d'ouvriers, etc.

Il faut l'asseoir à $1^m,00$ au moins au-dessus du sol sur un socle en bonne et imperméable maçonnerie. On la fait en délayant à l'eau une terre liante, une terre à briques par exemple, et en la mélangeant à du foin et à de la paille pour l'empêcher de fendre par la dessiccation. C'est comme du béton de terre mélangé de matières filamenteuses économiques.

On construit à la fourche, par assises horizontales entre panneaux limitant les *parements* ou parois verticales du mur, et on tasse à mesure avec des pilons. Quand on a rempli la caisse formée par les panneaux, on ôte les entretoises qui maintenaient l'écartement, et on continue plus loin.

On ne monte une nouvelle assise que lorsque la précédente a pris assez de consistance pour pouvoir la supporter. On donne à chaque parement un fruit de 0,01 par mètre.

Dans certains pays, on fait des maisons à plusieurs étages en pisé; d'ordinaire on réserve cette construction pour des bâtiments bas et des murs de clôture. On augmente la résistance et la liaison en y noyant des lattes et autres menus bois.

Il faut garantir le pisé de la pluie par une couverture en paillassons, chaume ou tuile, et par des enduits verticaux dont le plus économique est composé d'une partie de chaux, de quatre d'argile, et d'une notable quantité de bourre disséminée dans la masse. Ces matières sont délayées à l'eau et appliquées sur les parements lorsque le pisé est sec, en couche de 2 à 3 centimètres d'épaisseur.

39. Maçonnerie de meulières. — La meulière avec ses parements rugueux prend bien le mortier et fait d'excellentes maçonneries. On fait surtout en meulière des blocages et massifs dans des sols peu consistants, en remplacement du béton, et les murs de caves et de rez-de-chaussée des maisons et édifices, souvent même des murs à toute hauteur.

On construit les murs en meulière entre lignes comme les murs en moellons; mais, à cause des irrégularités que présentent ces pierres, on s'arrase horizontalement tous les $0^m,25$ à $0^m,30$. On écorne au marteau les faces qui doivent former les parements, pour les dresser grossièrement; on pose chaque pierre sur mortier, de manière à bien l'assujettir au marteau. Les vides sont remplis de garnis ou petits morceaux, posés à bain de mortier.

Diverses sortes de maçonneries de meulières. — Parmi les meulières, celles dites *caillasses* ne sont pas à rejeter lorsqu'on peut les employer dans des fondations ou des murs solides, là où le poids importe peu.

La meulière *plaquette*, dont deux faces sensiblement parallèles peuvent former les *lits*, est à préférer à la meulière plus irrégulière en gros morceaux arrondis, qui créeraient des joints obliques dans les murs. Ces gros morceaux doivent être cassés, pour éviter cet inconvénient des joints obliques.

§ 3. — MAÇONNERIES DE PETITS MATÉRIAUX

La meulière taillée, *piquée*, comme l'on dit, avec un parement dressé, deux lits réguliers et arêtes droites, s'emploie comme les moellons. On arrase le restant du mur avec de la meulière ordinaire, car généralement on ne fait qu'un des parements en meulière piquée.

Les prix de la meulière sont sensiblement ceux du moellon.

Nettoyage de la meulière. — La meulière se trouve ordinairement mélangée à des argiles rougeâtres ; ses cavités en sont remplies lorsqu'elle vient d'être extraite. Comme on n'emploie habituellement la meulière qu'après quelques mois d'extraction, les dessications successives, les gelées, les diverses manipulations font tomber cette argile et nettoient la pierre.

Il faut toujours exiger que la meulière soit propre, et pour des travaux soignés, résistants ou étanches, lorsqu'on l'associe à des mortiers de ciment d'un prix élevé, il faut faire la dépense d'un nettoyage supplémentaire à l'eau et à la brosse, pour avoir des surfaces et cavités propres, une adhérence parfaite du mortier, et un ouvrage irréprochable.

Rocaillage. — Quand un mur est monté en meulières, ses parements sont plus irréguliers que ceux montés en moellons ; on leur fait subir alors l'opération suivante :

On dégrade les joints irréguliers et avec du mortier plus soigné on les remplit de nouveau en y insérant des petits morceaux de meulière concassée qui ne dépassent pas l'alignement, et qui donnent un parement mieux dressé. Cette opération prend le nom de rocaillage.

Ce rocaillage doit souvent rester apparent, et on lui donne une teinte gaie de terre de sienne brûlée en passant au feu les meulières qui doivent le constituer ; elles sont *étonnées* par la flamme et se cassent plus facilement.

Le rocaillage s'exécute même lorsque les parements doivent plus tard recevoir des enduits.

40. Maçonneries de ciment avec des meulières inférieures, etc. — L'emploi du ciment augmente le prix des mortiers, mais il augmente de beaucoup la résistance des ouvrages ; aussi, toutes les fois que la masse ou l'épaisseur ne sont pas absolument nécessaires, permet-il de diminuer le cube pour une résistance déterminée et d'employer des meulières inférieures, des pierrailles et déchets de moindre valeur.

Ces maçonneries minces sont généralement appuyées d'une face soit sur le terrain, lorsqu'il s'agit de revêtements, soit sur des panneaux ou coffrages provisoires en bois, un seul de leurs parements étant construit au cordeau ; elles sont souvent consolidées par un enduit en mortier de ciment sur une de leurs faces.

Voici quelques applications de ces maçonneries minces :

Bassin étanche. — Si l'on veut, par exemple, faire un bassin étanche dans le sol, après avoir enlevé la terre pour former la cavité désirée, et donné aux bords la forme d'un talus (fig. 9), on fait avec de la pierraille posée de champ, c'est-à-dire normalement au terrain, et hourdée en mortier de ciment, tout le revêtement indiqué en coupe par des hachures, et on le recouvre d'un enduit en mortier de ciment. Si la profondeur d'eau de ce bassin est de $0^m,50$ à $1^m,00$, on donne au revêtement une épaisseur de $0^m,10$ à $0^m,12$, enduit compris, et on emploie du ciment résistant à la gelée.

Fig. 9.

Cette construction suppose que le terrain ne subira aucun mouvement sur la surface du bassin, et par suite que l'on n'a pas affaire à un terrain de remblai.

On pourrait encore remplacer la pierraille hourdée en ciment par un béton maigre de gros sable (5 parties) et de ciment à prise lente (1 partie), bien trituré avec un peu d'eau et bien pilonné, recouvert d'un enduit de $0^m,025$ d'épaisseur, formé de 1 partie de même ciment et 1 partie de sable fin.

On augmente beaucoup la stabilité de ces ouvrages, surtout dans les terrains peu solides, en noyant dans la maçonnerie des ferrailles minces et préférablement du grillage en fil de fer.

Grands réservoirs. — On fait, de la même manière, dans les terrains consistants, de grands réservoirs très économiques:

§ 3. — MAÇONNERIES DE PETITS MATÉRIAUX   39

Le croquis (fig. 10) indique la construction d'un réservoir de 500 mètres cubes environ de capacité, exécuté à flanc de coteau pour l'alimentation d'une usine construite plus bas.

On a creusé dans le sol une excavation en forme de pyramide tronquée renversée, de la dimension nécessaire ; les talus sont dressés suivant l'inclinaison naturelle du terrain, et revêtus d'un parement de $0^m,25$ de meulière en petits frag-

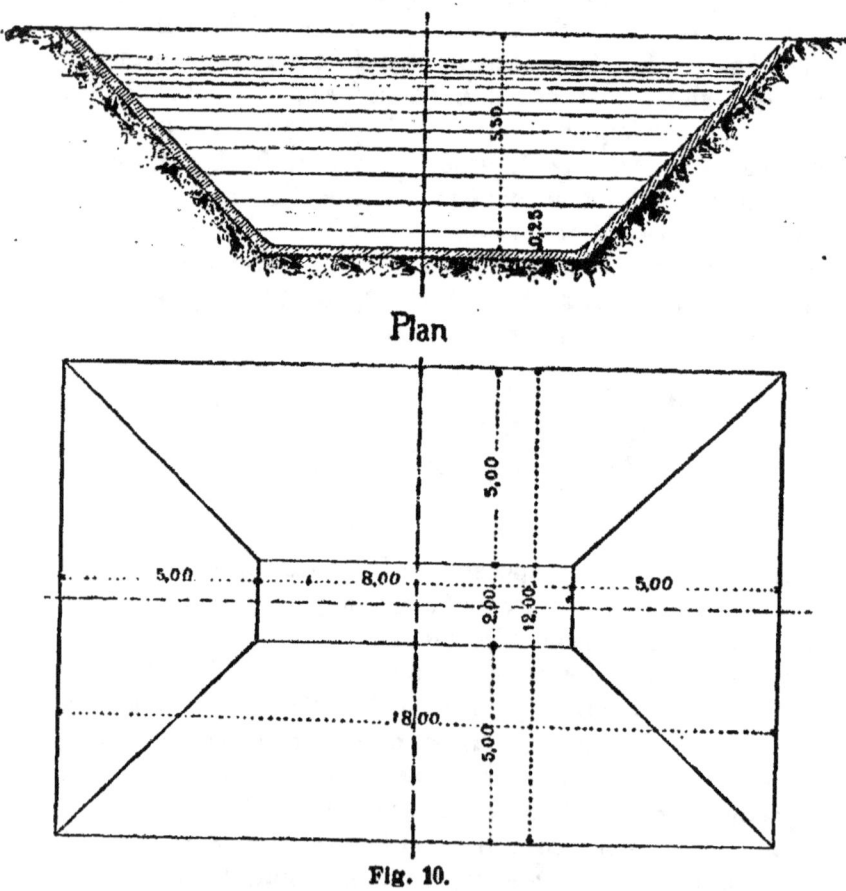

Fig. 10.

ments, avec mortier n° 2 de ciment à prise lente ; et les joints sont refaits après coup en mortier n° 4 de ce même ciment, bien appuyé et repassé.

Égouts et conduits souterrains. — Les égouts et conduits souterrains sont encore un exemple de maçonneries minces en petites meulières ou pierrailles et mortier de ciment à prise rapide.

Voici quelques types d'égouts de la ville de Paris :

La fig. 11 donne la coupe transversale du type n° 13, de $1^m,30$ de largeur et $2^m,10$ de hauteur.

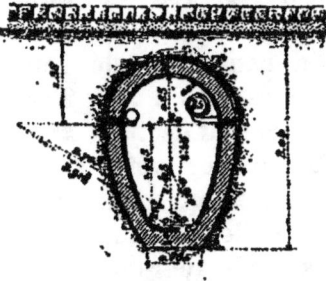

Fig. 11

La section est de forme ovoïde. Au-dessous de la partie circulaire, la construction est faite contre le terrain fouillé et bien dressé ; ensuite on établit un plancher cylindrique, comme on le verra au chapitre traitant de la charpente, pour former moule inférieur de la maçonnerie du haut ; c'est ce qu'on appelle le cintrage, et sur le *cintre* on construit la partie supérieure de l'ouvrage, qui porte le nom de voûte.

Lorsque cette maçonnerie est prise, on retire le cintre et l'égout est stable. La condition, pour que les matériaux d'une voûte se maintiennent dans cette position suspendue, consiste à les disposer de telle sorte que les joints soient perpendiculaires à la surface du cintre, et que l'épaisseur de la maçonnerie soit suffisante. Ici, pour la largeur intérieure de $1^m,30$, l'épaisseur de $0^m,20$ est très convenable.

On termine l'égout par un enduit de $0^m,01$ à l'intérieur, épaisseur qu'on porte à $0^m,03$ sur le *radier*, partie basse où se fait l'écoulement.

A l'extérieur, sur le demi-cylindre de la voûte, on empêche la pénétration des eaux au moyen d'un enduit appelé *chape*, de $0^m,02$ d'épaisseur.

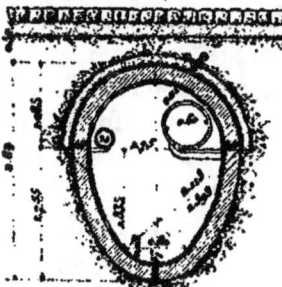

Fig. 12

Un autre type, le n° 10, figure 12, tout à fait analogue, comporte les dimensions suivantes :

Hauteur totale intérieure	$2^m,40$.
Largeur.	$1^m,75$.
Épaisseur uniforme. . .	$0^m,20$.
Largeur du radier . . .	$0^m,80$.

§ 3. — MAÇONNERIES DE PETITS MATÉRIAUX

L'égout de 2m,00 de largeur maxima a 0m,20 d'épaisseur de maçonnerie.

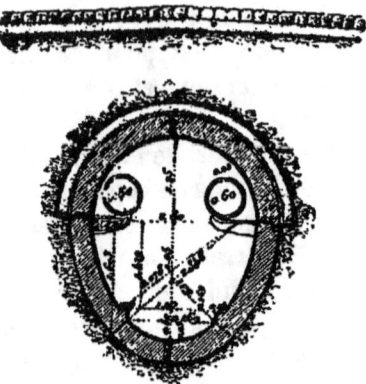

Fig. 13.

La figure 13 donne la coupe transversale d'un type plus important de la ville de Paris, le n° 8.

La hauteur totale intérieure est de	2m,80
La largeur de	2m,30
L'épaisseur uniforme est de	0m,27
Le radier, encaissé, a une largeur de.	1m,20

L'égout type n° 6, de 2m,50 de largeur intérieure, a 0m,33 d'épaisseur aux *naissances* de la voûte, et 0m,27 au *sommet de la voûte*. — L'égout-type n° 5, de 3m,00 de largeur, a 0m,33 d'épaisseur aux naissances et 0m,27 au sommet.

Enfin le type n° 3 est représenté fig. 14 :

Hauteur sous clef	3m,90.
Largeur aux naissances	4m,00.
Epaisseur des maçonneries aux naissances	0m,40.
Epaisseur de la voûte au sommet	0m,30.

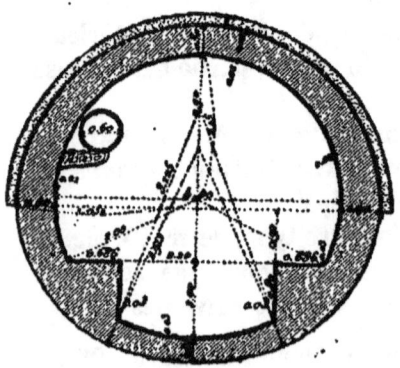

Fig. 14.

Ces dimensions donnent pour tous ces égouts une résistance suffisante pour supporter le poids des plus grosses voitures et les trépidations auxquelles donne lieu leur passage.

On peut appliquer ces épaisseurs et ces formes à l'édification des fosses d'aisances, des citernes et à une foule de constructions.

S'il s'agit d'une citerne, par exemple, on pourra appliquer

le type de 3^m d'ouverture sur 4 ou 5^m de longueur, y compris les parties terminales de même section normale [1], s'il

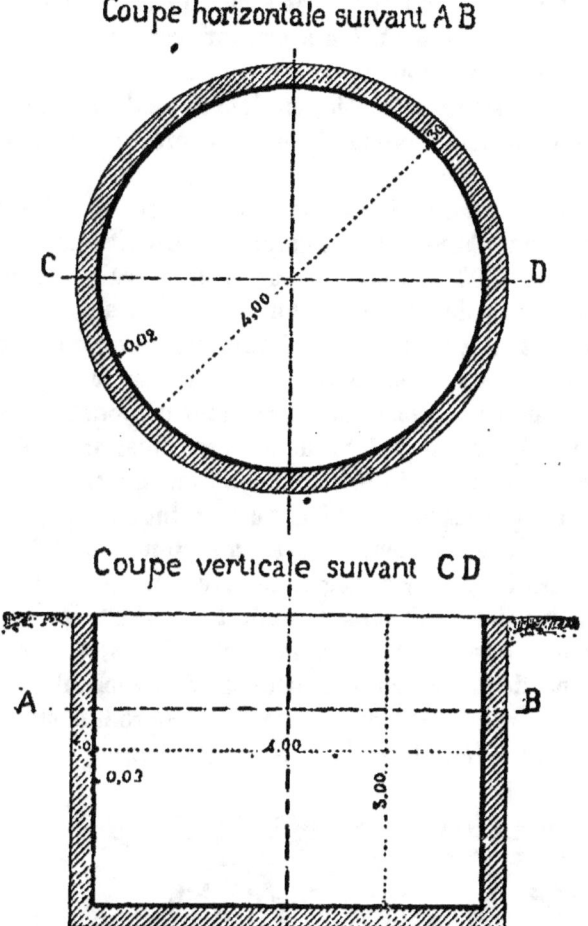

Fig. 15. — Cuve de gazomètre.

s'agit de desservir une maison de moyenne importance, et ménager au sommet de la voûte une ouverture de 1^m,00 sur 0^m,65 pour former l'entrée. On la surmontera de quatre murets posés sur la voûte, formant ce qu'on appelle la cheminée,

[1]. On peut aussi terminer la citerne, aux deux bouts, par des petits murs de soutènements, à fruit de 1/10.

§ 3. — MAÇONNERIES DE PETITS MATÉRIAUX

et soutenant autour du passage le remblai qui sera fait au-dessus de la voûte.

Cette cheminée sera terminée supérieurement par un petit repos plus large, appelé *feuillure*, qui recevra une dalle ou une plaque de fonte pour fermer l'orifice.

Une fosse d'aisances isolée, en dehors de Paris où il y a des règlements spéciaux, pourrait se construire de la même manière.

Un dernier exemple de maçonneries minces sera fourni par la construction d'une cuve destinée à contenir une cloche de gazomètre de 4,00 de diamètre, dans un terrain supposé solide ; elle doit avoir 3,00 de profondeur. Profitant de la résistance du terrain et de la forme circulaire de l'ouvrage, on fait la fouille juste de sa dimension extérieure, en la réglant bien cylindriquement, et l'on vient faire une maçonnerie de 0,30 seulement d'épaisseur le long de la paroi ainsi préparée.

Pour dresser la face intérieure de la maçonnerie, on élèvera au centre un piquet bien vertical autour duquel on fera tourner une planche également verticale maintenue à 2,00 de l'axe et qui servira à dresser et régler le parement circulaire.

On fera ensuite au dedans un enduit de 0,02 d'épaisseur.

Les types d'égouts n°ˢ 1 et 2 de la ville de Paris, pour branchements particuliers, trouvent souvent des applications dans les usines et propriétés privées ; nous les reproduisons, fig. 16 et 17, pour compléter la série donnée plus haut.

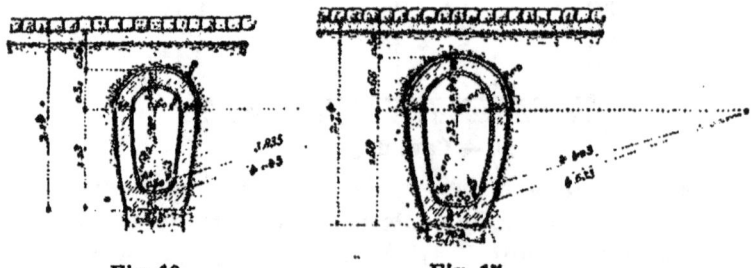

Fig. 16.   Fig. 17.

§ 4.

MAÇONNERIE DE PIERRES DE TAILLE

41. Pierres de taille, libages. Leur emploi. — On donne le nom de *pierres de taille* à tout bloc qu'un homme ne peut manœuvrer seul.

Pour les employer on les dresse au moins sur deux faces parallèles qu'on nomme *lits*, et qui dans les cas ordinaires des murs se placent horizontalement.

Elles prennent alors le nom de *libages* lorsque leurs faces apparentes sont brutes ou grossièrement dressées.

Les libages s'emploient dans les fondations des édifices.

Les *pierres de taille* proprement dites sont taillées sur toutes les faces et non plus seulement sur les lits dont il vient d'être question. On nomme *parement* toute face apparente; on nomme *joints* les faces latérales qui joignent les autres pierres, et qui sont toujours perpendiculaires aux parements (fig. 18). On nomme également joint l'intervalle rempli de mortier qui sépare deux pierres contiguës.

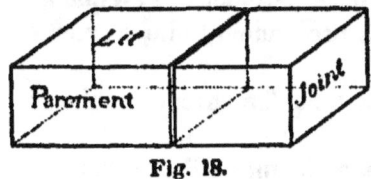

Fig. 18.

Lit de pose et lit de carrière. — Toutes les pierres stratifiées dans les carrières présentent deux lits naturels; les lits de la construction doivent avoir la même direction que les *lits de carrière*, pour faire travailler la pierre, sous la charge, dans le sens de sa plus grande résistance.

On dit qu'une pierre est posée *en délit* lorsque le lit de pose ne correspond pas au lit de carrière.

Chaque rangée horizontale de pierres se nomme une *assise*. La fig. 19 montre trois assises successives d'un mur vues en élévation.

La *hauteur d'assise* est la distance verticale de deux lits successifs.

Si les hauteurs d'assises successives sont égales, la construction est dite montée par *assises réglées de hauteur*.

Les joints verticaux de deux assises successives ne doivent pas se correspondre, mais se croiser d'au moins 0 m. 20.

Lorsqu'ils se croisent symétriquement et que les pierres sont toutes de même largeur, la construction est dite *réglée de largeur*.

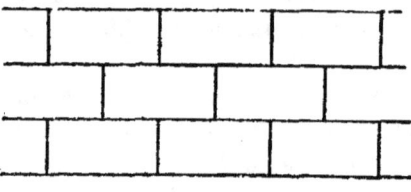

Fig. 19.

La dimension d'une pierre perpendiculaire à son parement se nomme *la queue de la pierre*.

Quand une pierre est plus longue en parement qu'en queue, c'est-à-dire que dans le sens de la profondeur, elle s'appelle *carreau*.

Quand elle est plus grande en queue qu'en parement, elle se nomme *boutisse*.

Si la pierre traverse complètement le mur elle se nomme *parpaing*.

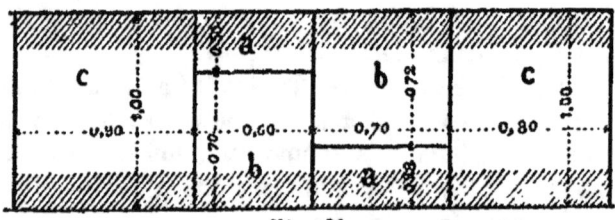

Fig. 20.

La fig. 20 donne le plan d'un mur montrant la composition d'une assise et les joints des pierres qui la composent :

    a indique les carreaux ;
    b — les boutisses ;
    c — les parpaings.

Le détail de la disposition des pierres dans une construction se nomme l'*appareil*. *Appareiller*, c'est faire le tracé des formes et dimensions des diverses pierres d'une construction ; l'*appareilleur* est le chef de chantier qui les détermine ou les applique, et fait tailler chaque pierre suivant les dimensions voulues.

42. Des murs en pierre de taille. — *Appareil polygonal.* — Autrefois, on construisait des murs avec des pierres de fortes dimensions ayant ordinairement des parements à cinq côtés. Ces pierres étaient parfaitement juxtaposées sans interposition de mortier. La figure 21 montre en élévation cet *appareil polygonal*.

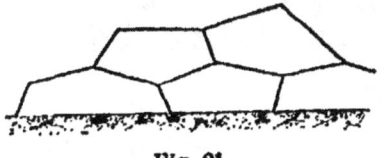

Fig. 21.

Aujourd'hui, on ne construit plus que par assises horizontales et joints verticaux, et l'on ne rencontre qu'accidentellement quelques échantillons d'*opus incertum*.

Chez les Grecs et les Romains, où l'appareil par assises horizontales était très employé, la précision des joints des pierres juxtaposées était absolue et ils n'interposaient pas de mortier.

Ils reliaient souvent les pierres par des goujons en pierre ou en métal, ou par des crampons métalliques.

Aujourd'hui, les lits ne sont pas suffisamment dressés pour que les pierres soient exactement juxtaposées dans toute l'étendue du joint ; on les réunit par du mortier.

43. Appareil au croisement des murs. — On a vu la disposition des pierres, l'*appareil* comme l'on dit, dans la partie courante d'un mur; il y a à se rendre compte de l'arrangement au croisement de deux murs.

Les deux murs peuvent former une encoignure :

1° Le procédé le plus économique est de mettre les pierres en *besace*, c'est-à-dire que la pierre d'encoignure appartient tantôt à l'un, tantôt à l'autre mur, sans avoir plus de largeur que le mur auquel elle appartient.

§ 4. — MAÇONNERIE DE PIERRES DE TAILLE

La fig. 22 montre le plan de deux assises successives dont les joints sont croisés.

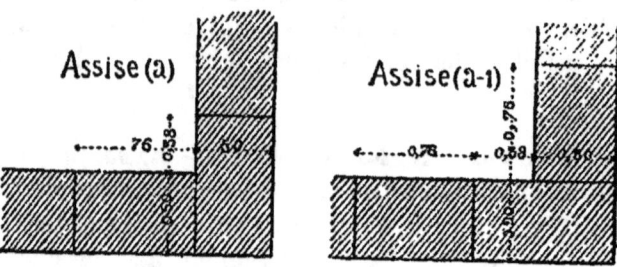

Fig. 22.

2° On peut mettre les pierres d'encoignure *avec harpes*. Dans ce cas on emploie des blocs plus gros, qui font à la fois saillie dans l'un et l'autre mur.

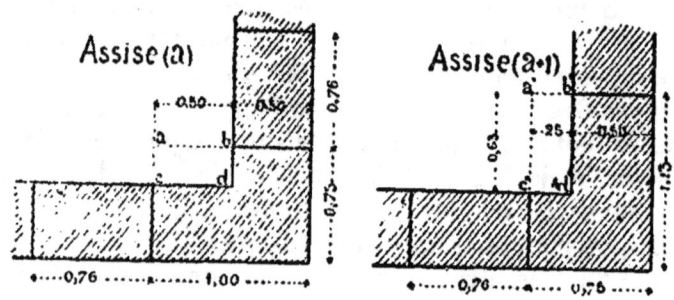

Fig. 23.

Ces saillies sont variables ; on les détermine en vue de la meilleure liaison ; elles se nomment *harpes*.

Généralement la pierre qui lance une forte harpe dans l'un des murs en forme en même temps une plus faible dans l'autre, et à l'assise suivante la disposition est inverse, pour permettre de croiser convenablement les joints.

Dans ce système, on emploie plus de pierre ; il y a comme déchet le cube des évidements $a, b, c, d - a'b'c'd'$, et cet évidement coûte de la façon ; mais l'encoignure est plus solide, les murs sont mieux liés.

Ce qui vient d'être dit pour une encoignure s'applique à la rencontre de deux murs.

La figure 24 représente sur la gauche le mur de face d'une construction et sa rencontre avec un mur perpendiculaire, dit *mur de refend*. L'appareil qui y est indiqué est l'appareil *en*

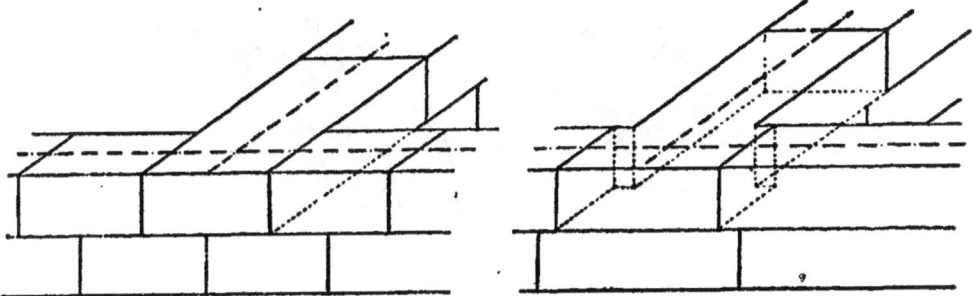

Fig. 24.

besace, analogue à celui de l'exemple précédent. Sur la droite, la figure donne au contraire la disposition *avec harpes*.

Lorsque des murs sont soumis à des efforts obliques qui peuvent les disjoindre, comme les pierres des parapets de ponts et de quais, ou à des efforts considérables s'exerçant horizontalement, comme les constructions au bord de la mer, il peut être utile d'enchevêtrer les pierres pour les rendre ainsi mieux

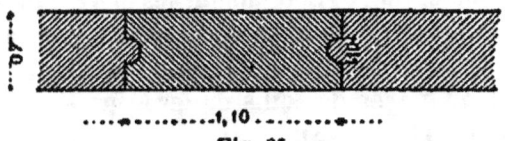

Fig. 25.

liées, plus solidaires ; mais en général on compte sur la qualité des mortiers et on se dispense de cette complication.

La fig. 25 indique en plan la disposition dont il s'agit ; le joint, au lieu d'être droit, se brise par un arrondi au milieu, et la partie convexe d'une pierre correspond à la partie concave de la pierre suivante. Si une pierre est poussée horizontalement, les deux pierres voisines résistent, puisqu'elle ne peut s'échapper sans les entraîner.

La fig. 26 donne la disposition de deux assises successives d'un mur de phare. Dans ce cas, on produit l'enchevêtrement au moyen de saillies venues aux pierres, tout en les reliant par des crampons métalliques, et on croise bien exactement les joints d'une assise à l'autre.

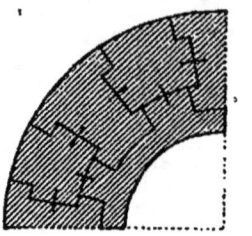 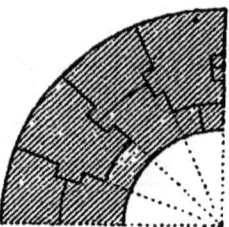

Fig. 26.

Avec cette disposition, et de très bons mortiers, on obtient des ouvrages que la mer peut battre impunément avec la plus grande violence.

44. Taille de la pierre. — Pour obtenir de la pierre appareillée, il faut procéder à plusieurs opérations successives.

La pierre sortant de la carrière est généralement livrée au chantier en blocs *tout venant*, mais des hauteurs demandées. Le chantier est un terrain voisin de l'édifice à élever, où se préparent les matériaux et notamment les pierres de taille.

On débite celles-ci de deux manières : la première consiste à les user au grès, au moyen de la scie sans dents ; la seconde à les trancher au moyen de coins de fer à faces planes (*coins*) ou à faces courbes (*aspigots*).

Le chef d'un chantier de pierres de taille s'appelle *l'appareilleur*. De sa capacité dépendent le succès et l'économie de cette partie de la construction ; c'est lui qui trace les épures, choisit les blocs, y trace les tailles diverses, dirige le débit, règle la pose et surveille la dernière taille de l'ouvrage *sur le tas*, enfin le *ravalement*.

Les *scieurs de pierre dure* sont des ouvriers habiles qui arrivent à scier, user au grès et débiter des faces bien planes, qu'on utilise sans autre retouche, pour parements vus, toutes les fois qu'on le peut.

Les *scieurs de pierre tendre* débitent les blocs avec la scie à dents, travail plus facile que le précédent.

La *scie* à pierres dures se compose d'une lame en fer montée sur un chassis qu'on peut tendre à volonté (fig. 27); la lame a pour fonctions d'appuyer sur le grès pour user la pierre suivant une direction déterminée. Le grès est mis dans un vase avec de l'eau et on le prend avec une sorte de cuiller plate longuement emmanchée.

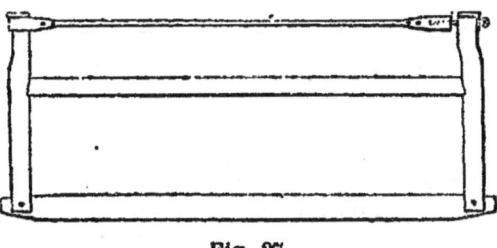

Fig. 27.

L'ouvrier assis sur un chevalet à siège mobile donne à la scie un mouvement alternatif en ayant soin de mettre de temps en temps de l'eau mélangée de grès dans le trait de scie.

La scie doit être bien tendue et bien dégauchie pour qu'on ait un sciage bien plan. Chaque trait de scie doit être ultérieurement utilisé sans retouche comme parement vu.

Lorsque les blocs sont de petite dimension, ou bien que la pierre, étant débitée en carrière, n'a pas encore toute la valeur que lui donne le transport, on a avantage à trancher les blocs au moyen de *coins plats* ou ovoïdes (*aspigots*).

Le sciage des pierres tendres se fait au moyen de la *scie à dents* ou *passe-partout* ayant de longues dents avec de larges intervalles (fig. 28), et à laquelle on donne de la voie avec une tige de fer qu'on appelle un *tourne à gauche*.

Le passe-partout est manœuvré par deux hommes.

Taille proprement dite. — Après les sciages et débits par tranches vient la *taille proprement dite* qui a pour but de dresser convenablement les faces des blocs et à leur donner la forme indiquée par l'appareil.

On distingue : les tailles préparatoires,
             la taille des lits et joints,
             la taille des parements vus.

Tailles préparatoires. — Les tailles préparatoires dressent *les faux parements* nécessaires aux tracés ; elles comprennent aussi *l'épannelage* ou dégrossissement des moulures et ornements, les *abatages*, les *évidements*, les *refouillements*.

Fig. 28.

Taille des lits et joints. — La *taille des lits et joints* vient ensuite : les lits et les joints doivent être parfaitement dressés, mais présenter une surface rugueuse pour l'adhérence du mortier.

Enfin la *taille des parements vus* est d'un fini plus parfait ; on dit les parements *poinçonnés* lorsqu'ils sont faits avec la pioche ou le poinçon, *bouchardés* lorsqu'ils sont achevés à la boucharde, *layés ou gradinés* lorsqu'ils sont exécutés sans travail ultérieur avec la laye ou gradine.

Pioche. — La pioche (fig. 29), est un marteau en fer terminé par des pointes aciérées à quatre pans ; on abat avec cet outil les principales aspérités d'une face ; puis, avec des pointes moins grosses, on parvient à donner à la pierre un grain uniforme.

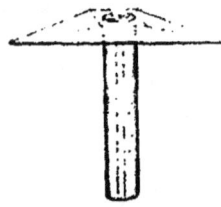

Fig. 29.

Il faut que toutes les traces des coups de pioche soient parallèles entre elles et uniformément réparties.

Poinçon. — On obtient le même résultat avec le poiçon (fig. 30), sur lequel on frappe avec une *masse* en fer emmanchée.

Fig. 30.

Boucharde. — La boucharde est un marteau à têtes carrés, taillées en un grand nombre de pointes de diamant symétriquement et régulièrement disposées (sur la figure le nombre en est réduit).

On frappe de ces pointes les parements dégrossis à la pioche et au poinçon, et on écrase les aspérités jusqu'à dressement régulier.

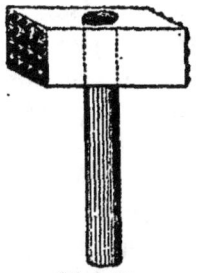

Fig. 31.

On a des bouchardes de plusieurs numéros pour les tailles de plus en plus fines.

Laye. — La *laye* (fig. 32) est un marteau dont les extrémités sont aplaties parallèlement au manche; on finit avec cet instrument la taille des parements vus.

Gradine. — La *gradine* est une sorte de ciseau dont le tranchant est dentelé (fig. 33); elle sert pour la taille des pierres très dures. On la remplace par des ciseaux larges pour la pierre tendre.

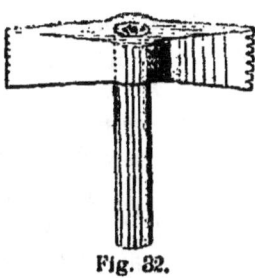

Fig. 32.

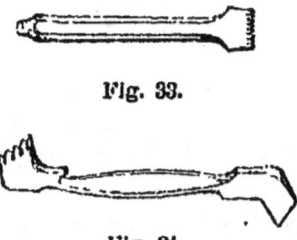

Fig. 33.

Fig. 34.

Ripe. — La *ripe* (fig. 34) est un outil formé d'une tige de fer à extrémités larges aplaties, recourbées en sens contraires et tranchantes; l'une est dentelée, l'autre lisse.

Cet outil sert à enlever les inégalités laissées par la taille précédente. Un parement est terminé lorsqu'il a été passé à la ripe.

Chemin de fer. — Pour les pierres tendres, on remplace souvent la ripe par le *chemin de fer* (fig. 35) qui produit le même travail plus économiquement. C'est une sorte de rabot à 5 ou 7 lames d'acier, fixes et brettées, c'est-à-dire dentées. Au moyen d'une poignée on le fait glisser avec force sur les surfaces à unir et dresser.

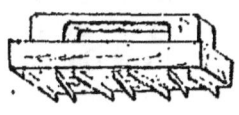

Fig. 35.

§ 4. — MAÇONNERIE DE PIERRES DE TAILLE

Les diverses tailles produites par ces outils n'étant pas susceptibles de former des arêtes bien droites, les bords du parement sont encadrées d'une ciselure préalablement taillée au ciseau plat et à la masse (fig. 36 et 37); cette ciselure permet d'éviter de frapper trop près de l'arête avec le poinçon, la pioche ou la boucharde.

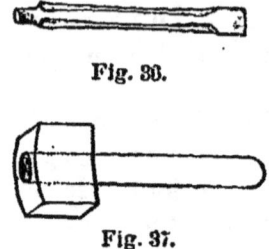

Fig. 36.

Fig. 37.

Quand on taille une pierre, on commence presque toujours par dresser un lit à la boucharde, et, ce lit étant préparé, on trace sur les côtés latéraux au moyen de l'équerre ou de panneaux et on taille successivement le parement, les joints, les autres parements s'il y a lieu, et enfin le deuxième lit.

La taille de la pierre se fait généralement à pied d'œuvre, ou dans un chantier voisin de la construction à élever.

45. Transport, bardage et montage des pierres de taille. — La pierre une fois taillée doit être menée au pied des appareils de levage, qui doivent la monter sur la construction en œuvre. Ce transport de la pierre taillée se nomme *bardage*. Il s'opère au moyen de rouleaux, de plats-bords, de civières ou bards, de binards.

Pour franchir de petits espaces, on fait souvent courir la pierre sur des rouleaux en bois, manœuvrés sur des plats-bords ou madriers qui forment un sol résistant et uniforme. Pour garantir les arêtes on pose souvent la pierre sur un madrier qui avance avec elle.

Pour de plus grandes distances, on emploie les bards ou le binard à traction de cheval.

Le bardage se fait par des ouvriers spéciaux, nommés *bardeurs*. Le bardeur prend toutes les précautions pour éviter d'écorner les pierres taillées, surtout le parement vu. Quand il les roule, ou leur donne quartier, il les fait porter sur des paillassons, des torches ou bouchons de paille.

La manœuvre des pierres exige l'emploi de la pince et du cric; on interpose toujours du bois entre le fer de l'instrument et les parties à ménager des pierres.

Le *brayage* consiste à attacher la pierre au câble qui doit l'élever, et il se fait au moyen de l'*élingue*, de la *louve* ou du *piton à vis*.

L'*élingue* est une corde, ou un écheveau de cordelettes sans fin, dont on entoure la pierre, en écartant les brins pour mieux la soutenir. On interpose des paillassons pour ne pas épaufrer les arêtes ; un S fixé à l'extrémité de la corde ou de la poulie mobile de l'appareil de levage sert à accrocher l'élingue.

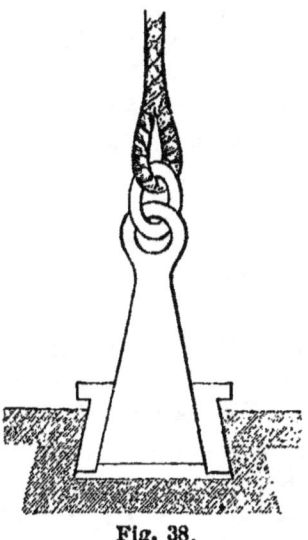

Fig. 38.

Pour les ouvrages très délicats, on se sert utilement de la *louve*. La louve est un instrument en fer qui se compose d'une partie centrale taillée à queue d'hironde et munie supérieurement d'un œil ou d'un crochet, et de deux parties latérales d'épaisseur uniforme, pouvant glisser sur les faces de la première. On fait un trou à queue d'hironde dans la pierre dure à laquelle seule ce système puisse s'appliquer, on entre la louve, on glisse les deux parties latérales et le trou est rempli ; si l'on soulève le crochet, la louve ne pouvant sortir, la pierre suit.

La figure 38 *bis* se rapporte à une louve employée au pont de Saint-Pierre de Gaubert, sur la Garonne ; lorsqu'on soulève l'anneau A, les parties intérieures des deux branches s'éloignent l'une de l'autre en tournant autour de l'articulation C. Le fonctionnement de cet outil se comprend aisément.

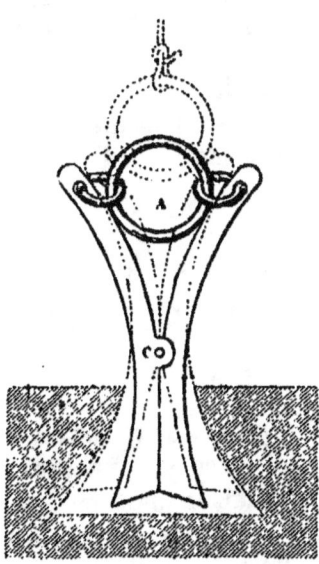

Fig. 38 bis.

Le *piton à vis* est encore plus simple ; c'est une vis terminée par un crochet ou un œil. On fait dans la pierre un trou de la dimension exacte du noyau de la vis, on y introduit le piton en tournant ce dernier ; cela forme un filetage qui fait adhérer la pierre.

Le *montage* de la pierre se fait au moyen de *poulies, moufles, treuils, chèvres, sapines*, etc., dont on trouvera la description dans d'autres ouvrages.

46. Pose de la pierre de taille. — La manière de poser la pierre de taille est très importante. La solidité de l'ouvrage en dépend.

La meilleure manière de poser une pierre est la suivante : on présente la pierre à la place qu'elle doit occuper en la calant au moyen de morceaux de bois, réglés à l'épaisseur du joint et placés à quelque distance des angles pour éviter les *écornures*. L'épaisseur du joint varie de 0^m,005 à 0^m,010. On soulève alors la pierre en lui faisant faire quartier sur le côté ; on nettoie et on arrase l'assise inférieure ainsi que le lit de dessous de la pierre, et on étend une couche de mortier fin un peu plus épaisse que les cales. On remet la pierre en place et on frappe dessus avec une masse en bois jusqu'à ce que le mortier reflue et que la pierre vienne toucher les cales.

Lorsque le mortier est suffisamment durci, on enlève les cales. Une fois la pierre bien en place, il ne reste plus qu'à remplir les joints montants ; on y introduit le mortier à l'aide de la *fiche à dents en fer* (fig. 39.)

Fig. 39.

Un autre procédé consiste à placer les pierres à sec sur cales en bois, puis à remplir les lits et les joints en y introduisant du mortier liquide avec la fiche à dents ; mais le mortier se répartit mal par ce procédé et on peut avoir des tassements, les pierres n'étant pas soutenues uniformément.

Dans les pays à plâtre, on fait usage du moyen suivant, surtout pour les pierres tendres : on pose toujours les pierres sur cales et on coule dans les lits et joints du plâtre gâché très clair, qu'on nomme *coulis*. Pour que le remplissage se fasse bien, on ferme le pourtour des lits et joints avec du plâtre, ou mieux avec une corde d'étoupes, en laissant à la partie supérieure un godet pour verser le mortier. On remue constamment le coulis en le versant pour qu'il soit bien homogène. Si on a bien ménagé la sortie de l'air par des trous ou par les intervalles des étoupes, on peut obtenir par ce procédé des joints bien remplis [1].

Le coulis avec le mortier de chaux ne réussit pas bien et n'est pas à employer.

Quand toutes les pierres d'une assise sont posées, il y en a toujours de plus élevées les unes que les autres ; il faut alors araser l'assise, c'est-à-dire enlever toutes les saillies, dresser le lit supérieur de l'assise avant de poser les pierres de l'assise suivante.

Quand l'édifice est complètement monté, on procède au *ravalement*, *ragréement* et *rejointoiement* des surfaces apparentes.

Ravaler et ragréer. — C'est tailler ou retoucher et unir les moulures et les raccordements des surfaces et des lignes ; c'est l'exécution des détails d'architecture. Cette opération est très importante ; elle doit faire ressortir les ornements, les lignes et la valeur des pierres comme ton et grain.

L'*ouvrier ravaleur* commence par tracer son travail sur les plus grandes surfaces possible ; il pose les repères nécessaires, puis il ravale le nu du mur de manière à ramener toutes les pierres dans un même plan vertical, en réservant les masses dans lesquelles doivent être taillées toutes les saillies. Il procède ensuite à l'exécution de ces dernières en commençant au sommet et descendant graduellement jusqu'à la base.

---

1. Voir, pour plus de détails un excellent article de J. Brun, conducteur des ponts-et-chaussées, auquel nous avons fait de nombreux emprunts. Il se trouve dans la notice sur les exploitations de pierres à bâtir, de MM. Civet, Crouet, Gautier et Cie.

Les profils des moulures doivent lui être remis en grandeur d'exécution.

Il résulte du ravalement *sur le tas* une rectitude et un fini d'exécution qu'on n'obtient pas en taillant définitivement chaque pierre avant la pose ; dans ce dernier cas, malgré les plus grandes précautions, il y a toujours des raccords défectueux.

Rejointoiements. — Au fur et à mesure de l'avancement du ravalement, on exécute les *rejointoiements* ; on enlève le mortier de pose dans les joints, sur environ 0,02 de profondeur, au moyen d'un crochet en fer, on lave bien les joints ainsi dégradés pour les remplir à nouveau d'un mortier ferme et plus fin que l'on presse fortement pour le faire pénétrer et adhérer, puis on enlève toutes les bavures.

Le joint peut être plat, arasant le nu du mur ; c'est le cas s'il s'agit de pierres tendres, sujettes à s'épaufrer.

Les joints *creux*, les joints *en boudin* conviennent aux pierres dures ; ils résistent bien, et au point de vue décoratif ils dégagent les arêtes et donnent aux parements un aspect de solidité et de régularité en rapport avec ce genre de pierres.

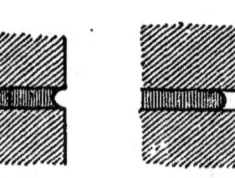

Fig. 40

Enfin, on fait des joints en ciment découpés en saillie sur les parements, mais ils sont moins employés et moins solides (fig. 40.)

47. Provenance des pierres de taille employées à Paris. — Aux environs de Paris, les pierres sont pour ainsi dire épuisées ; on est obligé de les faire venir de distances souvent très considérables, ce qui explique le prix très élevé de ce genre de construction.

Voici quelles sont les pierres principalement employées, classées en neuf catégories d'après leur degré de dureté et la plus ou moins grande difficulté de taille. En regard de chaque provenance se trouve le prix du mètre cube de la pierre brute dans une première colonne, et dans une seconde le prix de la pierre en œuvre. Pour chaque construction, on choisit parmi ces pierres celles qui, par leur hauteur de banc ou leur prix, correspondent le mieux à l'ouvrage que l'on projette.

Les noms de beaucoup de ces pierres de construction rappellent les termes longtemps usités dans les carrières des environs de Paris.

On distinguait les pierres dures ordinaires, à grain plus ou moins coquiller ou rugueux et appelées *roches*, des pierres dures à grain fin, serré, régulier et qui prenaient le nom de *liais*.

Les *roches demi-dures* et les *roches douces* venaient après.

Comme degrés de dureté inférieurs on trouvait les roches appelées *banc franc*, puis *banc royal dur et tendre*, puis les *vergelés* ou *vergelets*.

Au-dessous des vergelés il n'y avait plus que les *lambourdes*, pierres des plus tendres et très peu résistantes.

Les pierres classées sous les numéros 1, 2 et 3 sont assez communément appelés *pierres froides*. On les emploie dans les constructions soignées aux soubassements, appuis, bandeaux, balcons et en général pour toutes les parties exposées à l'humidité à laquelle elles résistent très bien. On en fait aussi des dalles de revêtement, des marches d'escalier, des pierres d'évier.

Les pierres des numéros 4 et 5 servent à exécuter les murs dans la hauteur du rez-de-chaussée et de l'entresol, les piles ou dosserets chargés, les sommiers de poutres ou de voûtes, etc.

Enfin, les pierres des numéros 6, 7, 8 et 9 forment le restant des murs jusqu'à leur sommet, chacune suivant ses propriétés, son grain, sa résistance aux intempéries. Leurs parements ne peuvent être exposés directement à la pluie et à la gelée. Les saillies qu'elles font hors des murs, doivent toujours être protégées par une couverture étanche, généralement en zinc.

La première colonne du tableau donne le prix de revient de la pierre brute, c'est-à-dire le prix d'achat de cette pierre rendue au chantier à Paris, c'est le prix de déboursé de l'Entrepreneur qui s'est chargé d'un travail. La pierre a été choisie à la carrière même par l'appareilleur parmi les blocs extraits. Elle est livrée grossièrement ébauchée, avec deux lits et généralement sous forme de parallélipipède rectangle.

§ 4. — MAÇONNERIE DE PIERRES DE TAILLE

	Prix de revient de la pierre brute	Prix de règlement de la pierre en œuvre	Hauteur d'assises
PIERRES N° 1 : *Compactes, susceptibles de poli.*			
Château-Landon, Souppes, etc. (Seine-et-Marne)...	90.00	186.00	0.30 à 1.15
Hauteville (Ain)...	150.00	250.00	0.10 à 1.20
Villebois (Ain)...	115.00	250.00	0.10 à 1.20
Corgoloin (Côte-d'Or)...	110.00	260.00	
PIERRES N° 2 : *Compactes, susceptibles de poli, un peu moins dures.*			
Comblanchien (Côte-d'Or)...	110.00	205.00	0.40 à 2.00
Grimault (Yonne), liais...	140.00	216.00	0.50 à 1.50
Belvoye (Jura)...	115.00	181.00	
PIERRES N° 3 : *Roches et liais très durs.*			
Courville (Marne), liais...	90.00	156.00	0.50 à 0.60
Echaillon blanc (Isère)...	220.00	296.00	
PIERRES N° 4 : *Roches et liais durs.*			
Austrude (Yonne), roche...	85.00	139.00	0.30 à 0.80
Clamart (Seine), liais...	101.00	163.00	0.20 à 0.40
La Fontaine-du-Breuil (Vienne), roche.	100.00	157.00	
L'Isle-Adam (Seine-et-Oise)...	80.00	136.00	
Laversine (Aisne)...	96.00	157.00	0.60 à 1.10
PIERRES N° 5 : *Roches et liais durs, de taille plus facile.*			
Bagneux (Seine)...	76.00	130.00	jusqu'à 0.50
Euville (Meuse)...	78.00	128.00	0.40 à 5.00
Ravières (Yonne)...	71.00	120.00	0.50 à 1.20
Saint-Maximin (Oise), roche fine...	80.00	142.00	0.45 à 0.70
PIERRES N° 6 : *Roches et liais demi-durs.*			
Chassignelles (Yonne)...	70.00	118.00	0.80 à 1.30
Chauvigny (Vienne)...	105.00	159.00	
Lérouville (Meuse)...	70.00	118.00	1.00 à 4.00
Saint-Maximin (Oise), roche ordinaire	70.00	123.00	0.80 à 1.30
Vitry (Seine)...	70.00	118.00	0.32 à 0.35
PIERRES N° 7 : *Roches douces, banc franc, banc royal dur.*			
Bagneux (Seine), banc franc...	66.00	110.00	0.30 à 0.60
Courson (Yonne)...	71.00	114.00	0.40 à 2.00
Palotte (Yonne)...	60.00	109.00	0.80 à 1.40
L'Isle-Adam (Seine-et-Oise), banc franc	60.00	103.00	0.40 à 1.00
Marly-la-Ville (Seine-et-Oise), roche fine...	74.00	121.00	0.70 à 1.10
PIERRES N° 8 : *Banc royal tendre.*			
Méry (Seine-et-Oise)...	50.00	91.00	0.35 à 1.20
Saint-Waast (Oise)...	47.00	87.00	0.75 à 0.90
PIERRES N° 9 : *Pierres tendres, vergelés*			
Abbaye-du-Val (Seine-et-Oise)...	65.00	80.00	0.35 à 1.00
Saint-Leu (Oise), vergelé...	40.00	76.00	0.45 à 0.90
Saint-Maximin (Oise), vergelé...	41.00	77.00	0.30 à 1.10
Saint-Waast (Oise), vergelé...	42.00	79.00	0.40 à 2.50

48. Éléments entrant dans les prix. Mesurage. — Les prix de règlement de la pierre en œuvre comprennent :

Le transport au bâtiment ou au chantier,

La taille des lits et joints, et les sciages perdus,

La main d'œuvre nécessaire pour donner à la pierre la forme indiquée par l'appareil et par l'épannelage [1],

La sortie des rangs et le bardage à 100 mètres en moyenne pour mener la pierre à pied d'œuvre,

Le moulage et la pose par tous moyens,

Le fichage en plâtre ou en mortier de chaux n° 2,

L'enlèvement des déchets,

L'établissement des échafaudages.

Les pierres sont mesurées par *équarrissement* ; le volume est obtenu en circonscrivant la pierre par le plus petit parallélipipède rectangle possible (c'est l'usage à Paris).

49. Taille-unité. Son prix. — En dehors des travaux ci-dessus, le reste des façons à donner à la pierre est compté en plus et rapporté à une *taille-unité*, qui est la taille layée de 1 m. superficiel de parement.

Le prix de cette taille-unité est fixé pour chaque numéro de pierres ci-dessus indiqué ; à Paris, ce prix est de :

N° 1	N° 2	N° 3	N° 4	N° 5	N° 6	N° 7	N° 8	N° 9
20.50	17.50	14.50	11.00	9.50	8.00	5.50	3.80	2.80

C'est donc en évaluations de taille-unité et aux prix ci-dessus pour chaque unité de taille que l'on comptera les abattages, évidements, épannelages, parements, ravalements, trous, et autres ouvrages qui augmentent le prix donné plus haut par mètre cube en œuvre, de 6, 8, 10 unités de taille et plus, suivant la complication et le détail du travail.

Dans d'autres pays, on se contente de comprendre tous les

---

1. *Épannelage* : dégrossissement préalable des blocs de pierre avant de leur donner leur forme définitive, travail fait à la ploche après la taille des lits. Pour les pierres tendres il se fait quelquefois à la scie à dents. Ce travail s'applique surtout aux saillies moulurées ou qui doivent être sculptées.

travaux complémentaires qui viennent d'être énoncés dans un prix unique, appliqué au mètre superficiel de parement vu, et d'évaluer au double la surface effective des profils et moulures.

§ 5.

MAÇONNERIE DE BRIQUES

50. Dimensions des briques. — Les briques, comme on l'a vu plus haut, sont des matériaux moulés et cuits, et de dimensions variables avec les localités.

Ces dimensions ont généralement entre elles des rapports constants, pour faciliter les arrangements à prendre en pratique.

Ainsi, la longueur des briques est égale à deux fois la largeur plus un joint, et la largeur est égale à deux fois l'épaisseur plus un joint.

Pour les briques de Bourgogne, qui sont très employées, les dimensions sont :

Longueur : 0,22 ;
Largeur : 0,105 à 0,110 ;
Epaisseur : 0,054.

Les briques des environs de Paris, dites façon Bourgogne, ont les mêmes dimensions, sauf l'épaisseur qu'on a augmentée, et qui est de 0,065 à 0,075, en vue d'un plus grand volume pour un nombre donné de briques, ce qui conduit à un prix de revient plus avantageux par mètre cube de maçonnerie.

Les briques sont poreuses, absorbent vite l'eau du mortier ; elles le dessècheraient trop rapidement si l'on n'avait soin de les tremper dans l'eau au moment de l'emploi, surtout dans les temps secs et chauds.

51. Briques de champ. — Les briques posées de façon à former des ouvrages minces, dits *cloisons*, de 0,055 d'épaisseur, sont dites posées de champ. On croise les joints d'une assise à l'autre, et les joints tant horizontaux que verticaux doivent avoir 0,01 d'épaisseur.

Il entre 38 briques de 0,22×0,11 dans 1 mètre superficiel de cloisons.

Ces cloisons ont peu de stabilité par elles-mêmes ; elles sont tenues par les murs et planchers des habitations où elles sont employées pour les distributions, mais cela ne suffirait pas et on les consolide au moins tous les deux mètres par des poteaux en bois qui leur donnent de la rigidité.

Les parements sont, plus tard, ou jointoyés ou revêtus sur chaque face d'un enduit qui les complète.

52. Briques à plat. — Pour les cloisons ayant de la hauteur, on met les briques à plat, ce qui donne de 0,105 à 0,11 d'épaisseur sans les enduits. On a soin de croiser les joints, et les ouvrages de ce genre ont généralement assez de stabilité pour se passer de poteaux, lorsqu'on en fait des distributions dans la hauteur d'un étage de bâtiment.

Il entre 70 briques de Bourgogne de 0,22/0,11/0,054 dans 1 mètre superficiel de cloison de 0,11 et 65 briques façon Bourgogne de 0,22/0,11/0,065 dans la même surface.

53. Murs en briques de 0,22. — Les murs de 0,22 s'obtiennent avec des briques posées à plat, qu'on peut disposer de plusieurs manières.

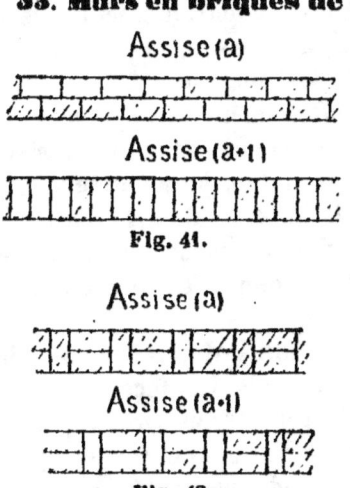

Fig. 41.

Fig. 42.

Une première solution consiste à disposer dans une assise a deux rangs de briques à plat contiguës, à joints croisés, puis à composer l'assise suivante (a+1) de briques placées en parpaings côte à côte, croisant leurs joints avec ceux de l'assise a, et ainsi de suite alternativement.

La figure 42 montre une deuxième manière de disposer

§ 5. — MAÇONNERIE DE BRIQUES 63

les briques. Chaque assise est composée successivement d'une boutisse et de deux carreaux, en croisant les joints avec ceux de l'assise précédente.

Dans un mur de 0,22 d'épaisseur, il entre par mètre superficiel 140 briques de Bourgogne de 0,22×0,11×0,054 ou 130 briques façon Bourgogne de 0,22×0,11×0,065.

54. Murs en briques, de 0,35. — L'épaisseur des murs en briques ne peut augmenter insensiblement ; elle progresse brusquement de 0,11 plus un joint, de telle sorte que l'épaisseur de 0,34 ou 0,35 suit immédiatement celle de 0,22.

La disposition des briques est variable : la fig. 43 montre deux assises dans lesquelles les joints sont croisés sans que les briques cessent d'être entières. Dans chacune, sur chaque parement, on a successivement un carreau de 0,22 et 2 boutisses de 0,11.

Mais cette disposition ne convient pas lorsqu'on veut avoir en façade un arrangement régulier de briques symétriquement disposées. Dans ce cas, on peut prendre la disposition de la fig. 44, dans laquelle le même arrangement convient aux deux assises successives, en croisant les joints de telle sorte que la boutisse de 0,11 d'une brique vienne reposer sur le milieu de la brique inférieure posée en carreau.

Les bouts de 0,11 étant plus colorés que les faces de 0,22, on obtient une décoration par la répartition symétrique des briques, représentée en élévation au dessous des plans, fig. 44.

Les murs en briques de 0,35 et au-dessus sont mesurés non plus à la surface, mais au cube ; il entre 620 à 630 briques de

Bourgogne de 0,22×0,11×0,054 dans 1 m. c., tandis que ce même volume ne comporte que 560 briques façon Bourgogne de 0,22×0,11×0,065.

55. Murs en briques, de 0,46 à 0,48. — Ces murs s'emploient lorsqu'on a besoin d'une grande résistance. On y applique l'appareil ci-contre, dans lequel les briques forment alternativement boutisses et carreaux, fig. 45, assise a. L'assise (a+1) est de même disposition, mais elle est reculée de telle sorte que l'axe d'une boutisse vienne se placer directement au-dessus de l'axe d'un carreau.

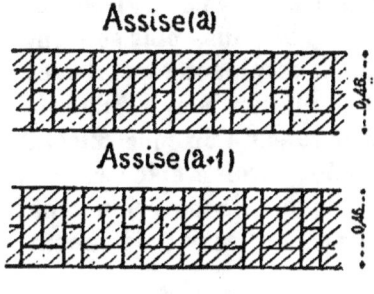

Fig. 45.

Les joints sont croisés et l'on retrouve en façade la disposition de la figure précédente

Les murs encore plus épais, de 0,58 à 0,60 et de 0,70 à 0,72, s'appareillent suivant les mêmes principes.

56. Rencontre de deux murs en briques. — Lorsque deux murs en briques viennent à se rencontrer, il faut avoir soin de bien croiser les joints des briques au point de jonction. La fig. 46 montre l'encoignure formée par deux murs de 0,22 se coupant à angle droit ; au moyen de demi-briques, une dans chaque assise, on croise parfaitement les joints, dans chaque assise et d'une assise à l'autre.

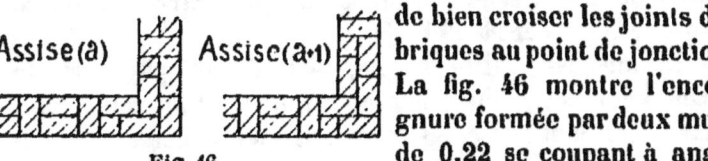

Fig. 46.

Les croisements de murs plus épais se font de même.

57. Avantages de la maçonnerie de briques. — Les briques présentent une très grande résistance en raison de l'horizontalité de leurs lits, et de leur enchevêtrement régulier. En même temps, elles sont moins conductrices de la chaleur que la meulière, la pierre ou le moellon. Cela permet de ré-

§ 5. — MAÇONNERIE DE BRIQUES

duire souvent à 0,35, ou à 0,38 enduits compris, l'épaisseur des murs en briques de nos maisons d'habitation, alors qu'on donnerait dans les mêmes circonstances 0,50 si l'on employait de la meulière ou du moellon.

58. Prix de revient. — A Paris, la brique atteint toujours un prix élevé. La brique de Bourgogne s'y paye 80 fr. le mille; on emploie rarement le plâtre pour les hourdis, plus souvent du mortier de ciment dont la résistance est plus en rapport avec celle de cette brique ; il faut 0,20 de mortier pour 1^{mc} de briquetage en élévation. Un briqueteur et son aide construisent $1^{m.c.}$ en 10 heures Enfin il y a 0,015 de gravois à enlever.

Le prix de revient de $1^{m.c.}$ de maçonnerie de briques de Bourgogne, en élévation, hourdées en mortier n° 2 de ciment de Bourgogne, est donc de :

620 briques à 80 fr. 00.	49 fr. 600
0,20 mortier à 33 fr. 06.	6 fr. 612
10 h. briqueteur et aide à 1 fr. 00.	10 fr. 000
Enl. des gravois, 0,015 à 3 fr. 00.	0 fr. 045
Faux frais 17 0/0 sur 10 fr. 00. .	1 fr. 700
Total.	67 fr. 957

Il y a lieu d'ajouter à ce prix 10 0/0 de bénéfice et 0,75 0/0 d'avances de fonds, si le travail est fait par entrepreneur, ce qui porte le règlement à 75 fr. 30.

Les briques façon Bourgogne, malgré leur plus grande épaisseur, coûtent moins cher au millier, 60 fr. seulement. Comme il n'en faut que 566 par m.c., il y a doublement économie à les employer. On les pose au plâtre ou au mortier de chaux hydraulique.

Le prix du m.c. de briques façon Bourgogne hourdées au plâtre est le suivant :

566 briques à 60 fr.	33 fr. 960
0,20 plâtre à 17 fr. 00.	3 fr. 400
10 h. briqueteur et aide à 1 fr. 00.	10 fr. 000
Enlèv. de gravois, 0,015 à 3,00.	0 fr. 045
Faux-frais, 17 0/0 sur 10,00. . .	1 fr. 700
Total, prix de revient. . .	49 fr. 105

Si on ajoute les 10 0/0 du bénéfice de l'entrepreneur et les 0,075 d'avance de fonds, on arrive au prix de règlement de 54,45.

Les briques creuses sont un peu moins chères et leur maçonnerie ressort à 40 fr. environ, prix moyen.

Ces briques sont le plus souvent hourdées en plâtre ou en mortier de chaux hydraulique, et toujours elles sont revêtues d'enduits en raison des trous et des irrégularités qu'ils produisent.

Lorsque les façades doivent rester apparentes, on emploie les briques pleines, et souvent on combine leurs arrangements avec diverses colorations naturelles de briques différentes, pour obtenir des effets de décoration.

§ 6.

MAÇONNERIES MIXTES

59. Combinaison des matériaux. — Les constructions où l'on combine les différents matériaux qui viennent d'être étudiés sont les plus usuelles ; elles offrent une plus grande économie, et un emploi plus judicieux des matériaux dont on dispose.

Les matériaux les plus résistants sont employés là où se trouvent : soit le plus de causes probables de destruction, soit les plus grandes charges à porter ; les autres viennent remplir les intervalles laissés libres.

60. Exemples. — Pour des murs très épais, on peut faire les parements en pierre de taille et les intérieurs en moellons ou meulières. Les murs de quai, les murs de soutènement fournissent des exemples de ce genre de construction.

La fig. 47 montre la coupe verticale d'un mur de soutènement, faite perpendiculairement à sa direction. On emploie une fondation en béton, établie dans une large fouille ; le parement incliné, auquel il est utile de donner une forme légèrement courbe, du moins dans la partie inférieure, est construit en pierre de taille et tout le reste de l'épaisseur en moellons et mortier de chaux hydraulique.

Cette maçonnerie est bloquée contre le terrain à soutenir, tenu verticalement si c'est possible lors de la fouille, ou remblayé par couches pilonnées dans le cas contraire, seul admissible si la hauteur est grande.

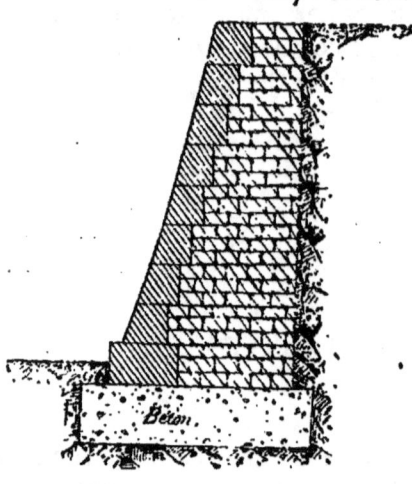

Mur de soutenement
Coupe en travers

Fig. 47.

Ce mur est plus épais vers la base que vers le sommet, parce que la hauteur de terre à soutenir est de plus en plus grande.

On comprend que pour des constructions du genre mixte, il soit nécessaire d'avoir des mortiers incompressibles de sable et de chaux ou ciment. En effet, des tassements se produiraient si les mortiers n'étaient pas excellents, et ils seraient inégaux, le nombre et la grandeur des joints variant suivant les matériaux employés ; de ces tassements résulteraient des désordres dans les ouvrages.

Un mur d'écluse, une pile de pont se construiront de la même manière : les parements en pierre de taille et les remplissages en maçonnerie. La fig. 48 donne la demi-coupe longitudinale et le demi-plan d'une pile de pont, fondée sur un massif de béton retenu par un encaissement de charpente ; au-dessus du béton, les parements de la maçonnerie sont en partie en pierres de taille, formant harpes de liaison avec les petits matériaux. Le plan montre la liaison à établir, dans une même assise, entre les pierres de taille et les moellons du remplissage.

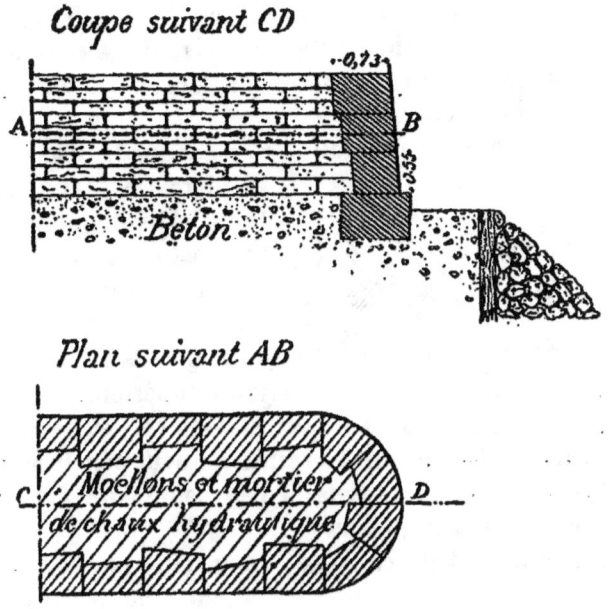

Fig. 48.

Lorsque les pierres de taille ne forment pas tout le parement extérieur d'une construction, on les emploie :
1° Par *pierres isolées* ;
2° Par *assises* ou *chaînes horizontales*, ou *bandeaux* ;
3° Par *chaînes* ou *piles verticales*.

61. Pierres de taille isolées. — Les pierres isolées se rencontrent souvent dans les pilastres ou piles isolées qui servent d'appui à des grilles ou à des portes. Elles y sont employées soit comme soubassement, soit comme couronnement ; telles sont les pierres A de sou-

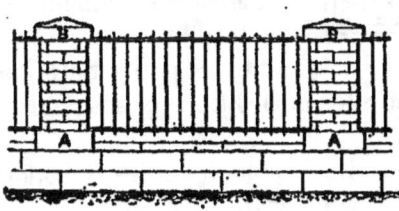

Fig. 49.

bassement et les pierres B de couronnement des piles ou pilastres de la fig. 49.

Ces pierres A doivent supporter de petits matériaux et être disposées de telle sorte que l'eau ne puisse s'insinuer dans le joint de leur lit supérieur ; malgré cela, il est plus agréable à l'œil de les voir dépasser un peu en largeur le nu des différentes faces du pilastre.

La fig. 50 montre en élévation et en coupe la disposition de la pierre A. Dans presque toute sa hauteur elle fait une saillie de 2 à 4 centimètres sur le nu du pilastre, puis elle se rétrécit à la dimension même de celui-ci ; le joint supérieur est remonté de 0,02 environ au-dessus du rétrécissement, et de cette manière l'eau qui tombe sur la saillie ne peut pénétrer dans le joint. De plus, la saillie est taillée en pente pour faciliter l'écoulement de l'eau au dehors.

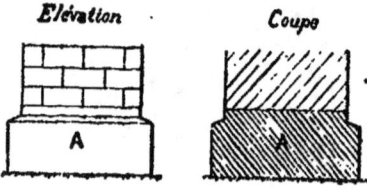

Fig. 50.

La pierre B sert de chapeau, pour relier par son poids les petits matériaux qu'elle couvre ; de plus elle doit les protéger contre la pluie, et il convient de tailler sa surface supérieure en pente pour renvoyer les eaux. Elle doit former saillie pour les écarter, et enfin présenter une disposition pour qu'elles ne gagnent pas sa face inférieure et par suite les petits matériaux au-dessous. La fig. 51 montre les dispositions prises pour atteindre le but :

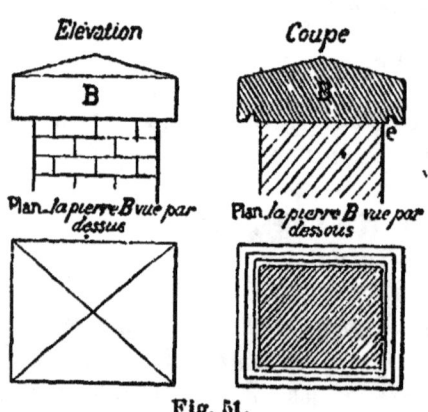

Fig. 51.

1° La pierre B dépasse la pile de tous les côtés de 0,05 à 0,10 pour mieux la protéger et pour écarter les eaux ;

2° Elle est taillée à la partie supérieure suivant 4 pentes qui se coupent suivant des arêtes vives, projetées en plan sur les diagonales du rectangle. Ces pentes ne permettent pas à l'eau de séjourner sur la pierre ; les 4 pentes réunies forment un ensemble qu'on nomme une *pointe de diamant*. On ne peut empêcher l'eau de couler sur les parements verticaux de B ; pour les empêcher d'atteindre le lit inférieur et le corps du pilastre, on creuse une petite rigole renversée *e* sur la face inférieure au milieu de la saillie. Cette rigole arrête la goutte d'eau et se nomme un *larmier* ; on la voit dans le plan du dessous de la pierre B.

Les pierres isolées se rencontrent encore soit sous des poteaux ou colonnes, auxquels elles servent de soubassement, soit sous les portées des poutres dans l'épaisseur même des murs. Dans les deux cas elles sont chargées de répartir sur une surface convenable de petits matériaux les pressions verticales amenées par les diverses pièces.

La fig. 52 montre une pierre appelée Dé, soutenant un poteau dont elle répartit la charge sur une surface plus grande de fondation en moellons.

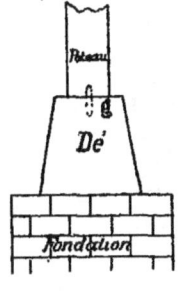

Fig. 52.

Les dés ont souvent la forme d'un tronc de pyramide quadrangulaire régulier, la base inférieure plus large que la base supérieure. Un goujon *g*, vu en ponctué, est scellé au milieu du dé et s'engage dans un trou percé au centre du pied du poteau ; il empêche celui-ci de se déplacer à sa base.

La fig. 53 montre en coupe et élévation une pierre de taille noyée en plein mur, et recevant la *portée* d'une pièce de charpente appelée poutre, qui lui apporte une charge considérable. L'extrémité de la poutre se loge dans une entaille de même forme, pratiquée dans la pierre.

69. Assises horizontales ou chaînes horizontales. —
Un excellent moyen d'utiliser la pierre de taille est d'en former des assises horizontales recouvrant les assises de petits matériaux ; ces assises, appelées aussi *chaînes horizontales*, relient utilement les matériaux inférieurs ou supérieurs, en

§ 6. — MAÇONNERIES MIXTES

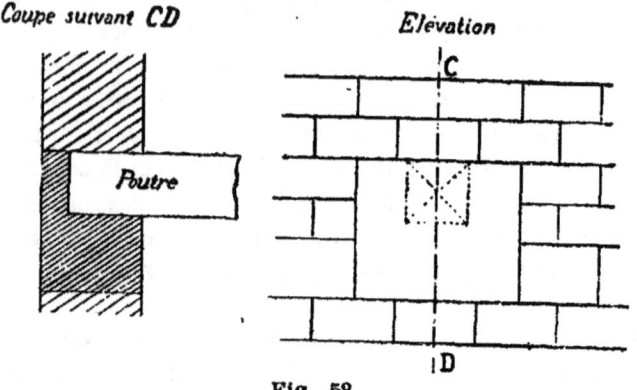

Fig. 53.

empêchant ceux-ci d'être influencés par les mouvements partiels des autres.

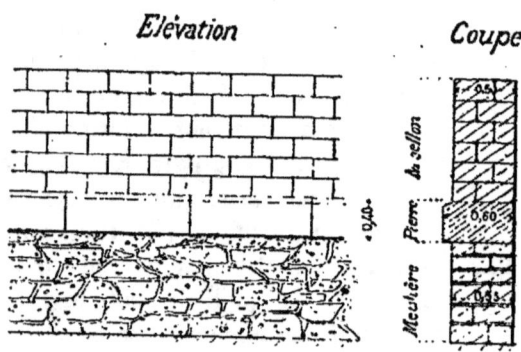

Fig. 54.

La fig. 54 donne comme exemple une assise interposée horizontalement dans un mur, et séparant la partie basse près du sol, appelée *soubassement*, de la partie de mur située au-dessus; le soubassement est en meulière et la partie supérieure en moellons. L'assise de pierres de taille fait ordinairement saillie entre les deux, et porte dans ce cas le nom de *bandeau*.

Le rôle de la saillie est encore d'éloigner l'eau de la face du bâtiment.

L'eau qui coule le long de la façade va rencontrer le dessus de la saillie du bandeau, qui doit présenter une pente pour empêcher l'eau de s'y accumuler. L'arête rentrante ne doit pas présenter de joint dans lequel l'eau puisse s'infiltrer ; le joint *ab* sera donc remonté de 2 à 3 centimètres au-dessus de cette arête. Enfin il faut un larmier *e* pour empêcher l'eau de suivre le lit inférieur *cd* du bandeau et de mouiller les matériaux au-dessous.

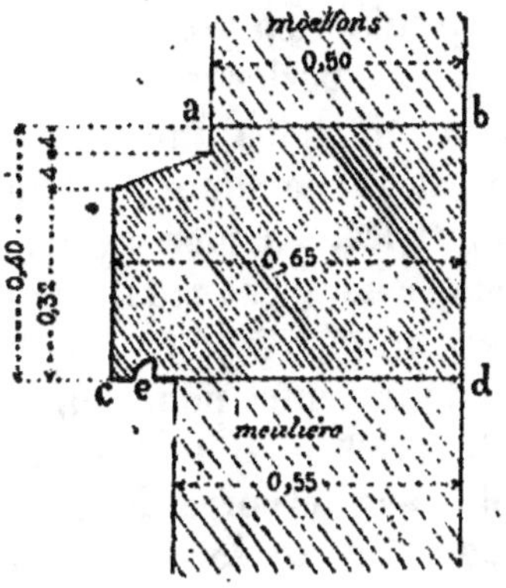

La coupe verticale ci-contre, fig. 55, donne à plus grande échelle les détails des diverses dispositions du bandeau qui viennent d'être décrites. Cette coupe, représentant le contour d'un objet, s'appelle souvent le *profil* ; la fig. 55 donne donc le *profil du bandeau*.

La saillie du bandeau dépend de la protection plus ou moins complète qu'on veut lui demander contre la pluie, pour la partie inférieure du mur.

Fig. 55

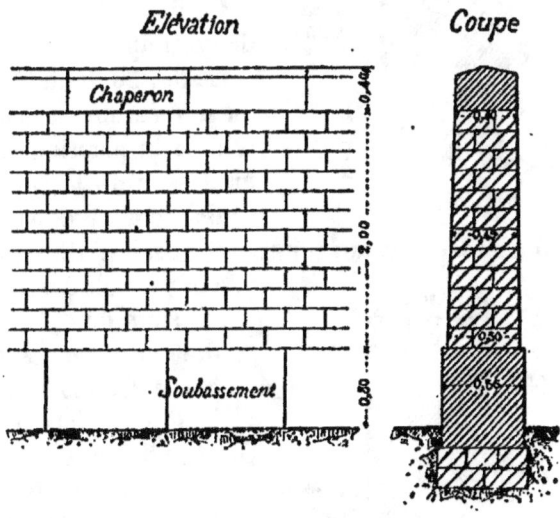

Fig. 56.

Un autre exemple de chaînes horizontales se présente dans les murs de clôture d'une certaine importance, comme celui figuré à la fig. 56 en élévation et en coupe.

§ 6. — MAÇONNERIES MIXTES

Dans ce mur de clôture la fondation est faite en petits matériaux et bon mortier hydraulique ; la partie basse, près du sol, autrement dit le soubassement, sera formée d'une assise horizontale en pierre dure, faisant saillie à sa partie supérieure.

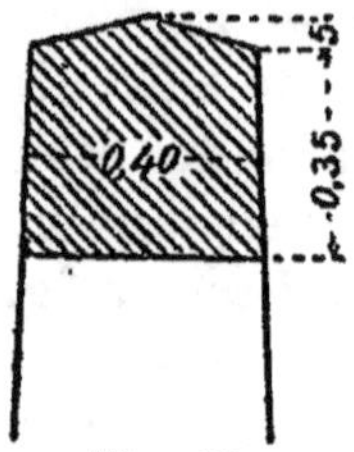

Au-dessus vient le mur, plus mince, en moellons, couronné à sa partie haute par une nouvelle assise protectrice, en pierre dure, appelée *chaperon*, empêchant l'eau de pénétrer dans la construction.

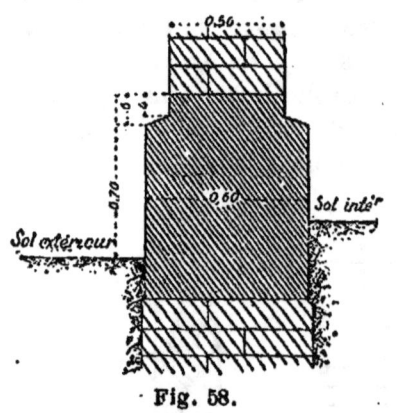
Fig. 57.

Le chaperon est à deux pentes pour empêcher l'eau de stationner à sa partie supérieure. Il ne fait pas saillie sur le corps du mur dans le dessin donné ; c'est moins bon comme construction, mais peut-être préférable dans certains cas sous le rapport de l'aspect.

La fig. 57 donne le détail de ce chaperon.

La fig. 58 donne le profil du soubassement avec le détail de la position du joint au-dessus de la retraite. Ce soubassement doit se faire

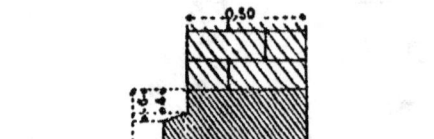
Fig. 58.

en pierre dure résistant aux chocs et aussi à l'humidité du sol ; il doit descendre au-dessous du sol de 0,15 à 0,20 pour ne pas être déchaussé dans le cas d'une légère variation de niveau de ce sol.

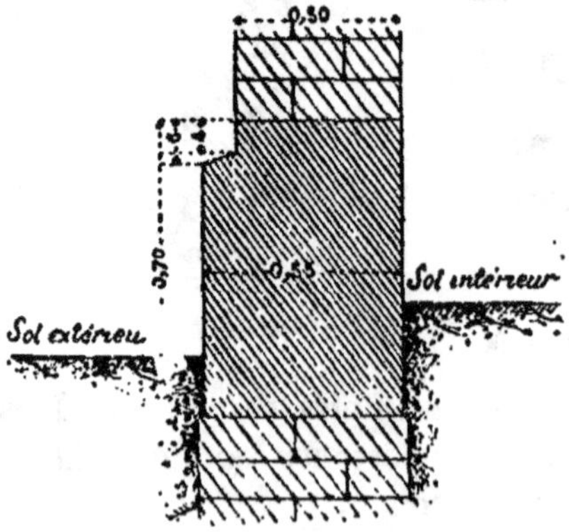

La construction du soubassement du mur de face d'un bâtiment sera la même, sauf qu'il n'y aura de retraite que d'un seul côté, celui de l'extérieur (fig. 59).

Fig. 59.

68. Chaînes ou piles verticales. — Le troisième moyen d'employer la pierre de taille mélangée à d'autres matériaux consiste à la disposer en chaînes ou piles verticales, qui s'étendent la plupart du temps dans l'épaisseur entière du mur. Ces piles présentent l'avantage de donner plus de résistance et de stabilité aux points où elles se trouvent, et par suite de limiter la propagation des désordres qui pourraient se produire ailleurs. Elles s'emploient surtout dans les angles des bâtiments, à la rencontre des murs, ou au-dessous de la *portée* des grosses pièces de charpente pesamment chargées.

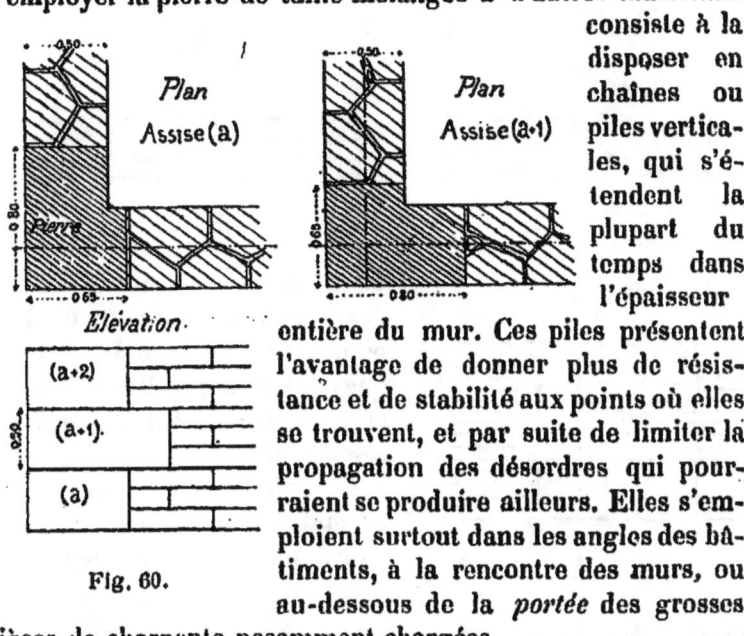

Fig. 60.

Un premier exemple sera donné par l'encoignure d'un bâtiment.

La figure 60 montre le plan de deux assises, ainsi que l'élévation de l'une des faces : une chaîne verticale en pierres avec harpes, de 0,15 d'un côté et de 0,30 de l'autre, forme l'angle de deux murs en moellons et leur procure une bonne liaison : si les murs sont montés en mortier incompressible de sable et chaux ou ciment, si les pierres sont posées sur mortier et non coulées ou fichées, on n'a pas à s'inquiéter de l'inégalité de tassement due à la différence des matériaux et au plus ou moins grand nombre de joints, et l'on obtient un ouvrage dont toutes les parties sont bien solidaires.

La fig. 61 montre un second exemple ; c'est la rencontre de deux murs, un mur de face en briques, un mur de refend en moellons, avec chaîne de rencontre en pierres. On *décroche* (terme usité en architecture, dont le sens est ici facile à saisir)

§ 6. — MAÇONNERIES MIXTES

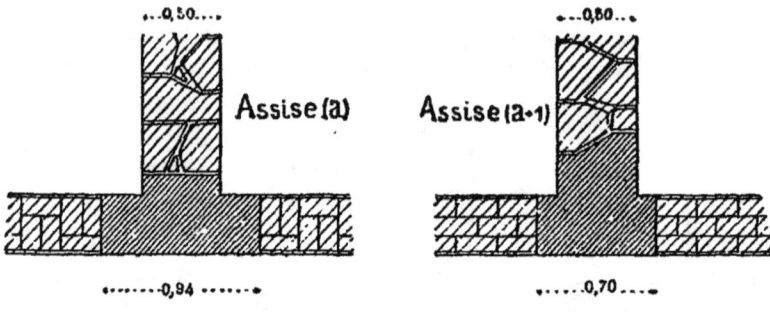

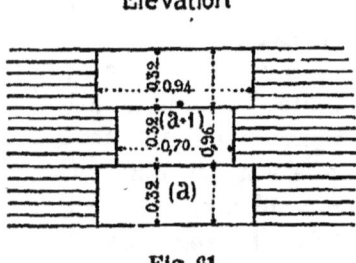

Fig. 61.

on décroche les pierres par des harpes différant de 0,12 pour les relier avec les briques et l'on appareille celles-ci, comme il a été dit, en croisant les joints.

La hauteur des pierres est un multiple impair de la hauteur d'une assise de briques.

64. Jambes de pierre. — Les jambes de pierre sont des piliers en pierre de taille que l'on place dans les murs, soit pour les lier et les consolider, soit pour porter des pièces de charpente chargées.

Les jambes de pierre se divisent en *jambes boutisses, étrières* et *parpaignes*.

Jambes boutisses. — Les jambes boutisses sont celles dont la tête fait liaison de chaque côté dans les murs de face de deux maisons ou de deux bâtiments voisins, et dont la queue fait liaison dans le *mur séparatif* ou *mitoyen*. Elles se disposent comme il a été dit précédemment, fig. 61.

Jambes étrières. — Les jambes étrières sont celles qui forment pile isolée dans la façade de deux maisons voisines, mais qui, en queue, font liaison avec le mur mitoyen. La fig. 62 donne la disposition d'une jambe étrière telle qu'on les construit à Paris, d'après les règlements de voirie, entre les propriétés voisines ou mitoyennes.

Les règlements veulent que les jambes étrières aient dans le mur mitoyen des harpes alternativement de 0,82 et de 0,98, ce

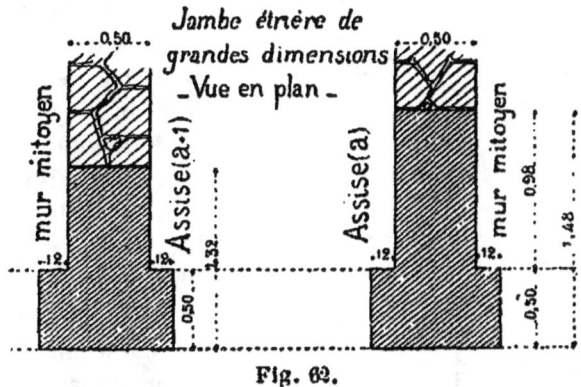

Fig. 62.

qui exige l'emploi de grosses pierres de 1,32 et de 1,48 mesurées à partir du nu du mur de face. La longueur de face sur la voie publique doit être égale à l'épaisseur du mur mitoyen, plus 0m12 au moins de chaque côté, pour former ce qu'on appelle chaque *piédroit*.

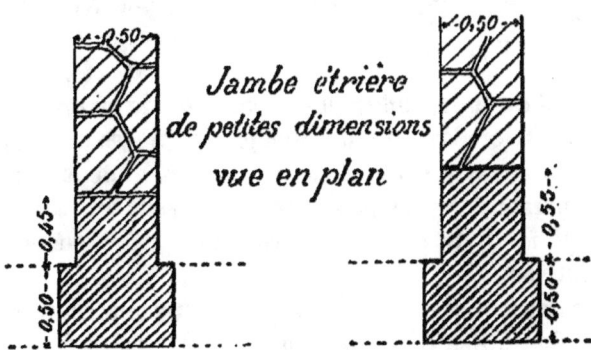

Fig. 63.

Les dimensions ci-dessus sont dites de *grandes dimensions*, par opposition à des jambes étrières plus petites, tolérées dans bien des cas, dont les dimensions sont marquées au croquis, fig. 63. Les harpes sont alternativement de 0,45 et de 0,55, ce

§ 6. — MAÇONNERIES MIXTES

qui correspond à 0,95 et 1,05 à partir du nu du mur de face, pour les mêmes largeurs de piédroits que dans le cas précédent.

La fig. 64 donne la représentation d'une jambe étrière projetée sur un plan parallèle au mur mitoyen. Elle repose sur la fondation élargie du mur par l'intermédiaire d'une pierre de taille grossièrement taillée, sauf les lits, qu'on appelle un libage.

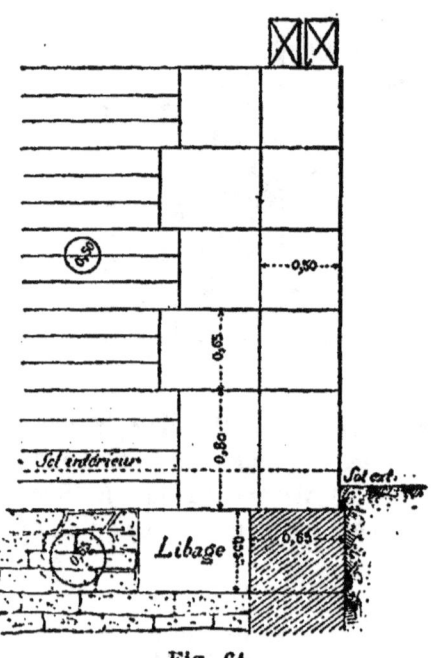

Fig. 64.

Le libage repose sur la fondation qui est ici en meulière de la dimension réglementaire de 0,65 ; il doit être fait en roche aussi résistante que les pierres même de la jambe étrière ; il n'en diffère que par la taille.

Les *cotes entourées d'un cercle*, mises sur l'élévation d'un mur, indiquent l'épaisseur de ce mur.

La jambe étrière doit monter jusqu'aux pièces de charpente qui viennent couvrir les baies à droite et à gauche dans chacune des maisons, et se prolonger au-dessus de ces pièces, jusqu'au plafond du rez-de-chaussée le plus élevé, par une jambe boutisse.

Lorsque des poutres viennent reposer leurs extrémités dans des murs séparatifs ou des murs de refend, les règlements indiquent que ces pièces doivent s'appuyer sur des chaînes verticales, dites *jambes sous poutres*.

Dans les murs mitoyens, il est prescrit de donner à ces jambes sous poutres toute l'épaisseur du mur ; quand les poutres sont très chargées, on donne une saillie à la pierre sur le nu du mur. Cette saillie se nomme *dosseret* ou *pilastre*.

CHAPITRE PREMIER. — PIERRES ET BRIQUES

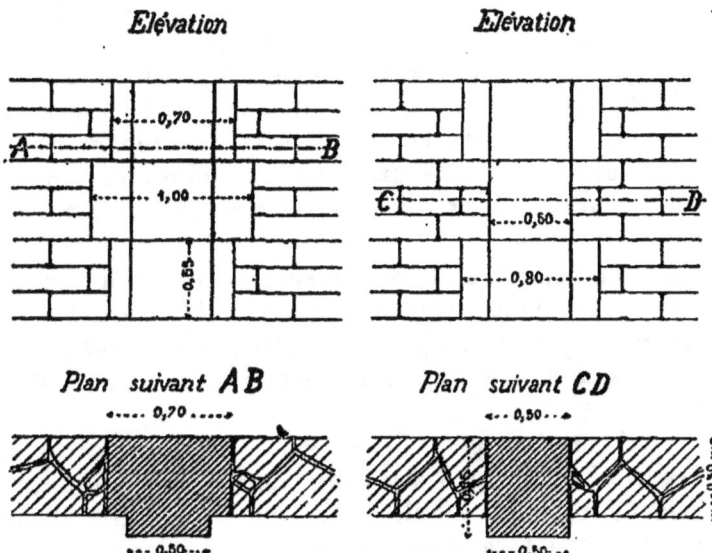

Fig. 65.

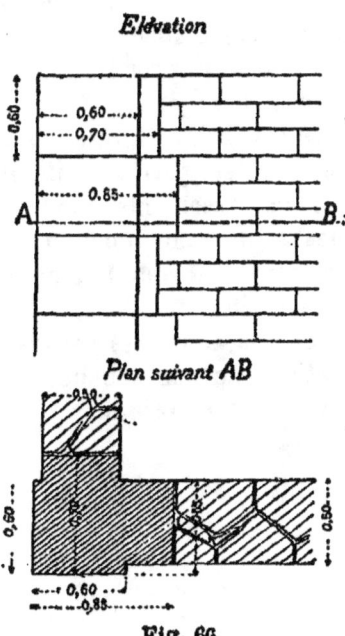

Fig. 66.

Pour relier le dosseret au mur, tantôt chaque assise, fig. 65, porte harpe de chaque côté (disposition de gauche), tantôt les pierres sont posées en besace et ne portent harpes que de deux en deux (disposition de droite).

Dans la campagne, lorsque les murs ne sont pas mitoyens, on se contente souvent de construire les jambes sous poutre avec des moellons durs choisis, hourdés avec de très bon mortier, et de les recouvrir par une pierre parpaigne isolée recevant la poutre. D'autres fois, on ne donnera à la jambe sous poutre qu'une partie de l'épaisseur du mur séparatif; on laissera le dosseret avec une saillie de 0,08 à 0,10.

§ 6. — MAÇONNERIES MIXTES

On fait souvent aux encoignures des bâtiments des pilastres saillants, pour renforcer l'angle, et ces pilastres saillants ont une largeur qui dépasse presque toujours l'épaisseur des murs. La fig. 66 représente cette disposition en élévation et en plan ; elle indique la disposition des pierres et les cotes correspondant à des dimensions pratiques ordinaires. La liaison se trouve faite avec des murs en maçonnerie de moellons.

65. Maçonneries mixtes diverses. — Il y a encore des maçonneries mixtes d'où la pierre de taille est exclue ; elles contiennent presque toujours un mélange de briques et de petits matériaux, ceux-ci moins chers : moellons, meulières, etc.

La brique étant plus chère que ces derniers, joue d'ordinaire le rôle qui, dans les constructions plus importantes, appartient à la pierre de taille ; elle forme les pilastres, chaînes, bandeaux, soubassements. Sa résistance, sa forme régulière, qui permet d'obtenir des arêtes droites, se plient très bien à cet usage.

La fig. 67 donne un exemple de ce genre de constructions mixtes, la brique formant pilastre d'angle et bandeau et le moellon formant remplissage.

D'autres fois la brique forme le remplissage, et les parties saillantes (pilastres, soubassements, bandeaux, corniches) sont en moellons ou meulières, recouverts d'enduits simulant la pierre de taille.

Fig. 67.

D'autres fois enfin, les parties les plus importantes de la construction sont en moellons ou meulières apparents, et le remplissage est en briques.

§ 7.

PAREMENTS ET REVÊTEMENTS

66. Ravalement, ragréement, rejointoiement de la pierre de taille. — Les parements de pierre de taille se terminent par les *ravalements* tant intérieurs qu'extérieurs, puis par le *ragréement* de toutes les parois vues, enfin par le *rejointoiement*

Le rejointoiement de la pierre dure se fait avec des joints accusés en ciment, et on prend pour cela du ciment à prise lente, généralement ; les ciments à prise rapide, étant plus colorés, risquent davantage de tacher la pierre.

On a vu au paragraphe 4 quelle est la forme donnée à ces joints.

Pour la pierre tendre, le joint se fait plus ordinairement en plâtre teinté de la couleur de la pierre, et le joint est plat au nu du mur. Quelquefois on passe le joint au fer, une tige recourbée de ce métal, nommée *tire-joint*, étant guidée par une règle.

67. Durcissement et conservation des parements de pierres de taille. — Les parements tendent souvent, suivant la nature de la pierre, à se désagréger sous l'influence des agents atmosphériques. Pour beaucoup de pierres, cette décomposition s'arrête par le durcissement de la paroi au contact de l'air ; il se forme une surface résistante, une patine qui protège le reste. Aussi l'usage du *grattage à vif des façades*, pratiqué à Paris d'après les règlements administratifs, est-il déplorable, puisqu'il détruit cette couche protectrice, et expose à l'air les parties intérieures, plus tendres, plus facilement décomposables jusqu'à ce qu'un nouveau durcissement se soit produit.

On a cherché depuis longtemps des moyens permettant de protéger les parements de pierre. Ceux qui ont donné les meilleurs résultats sont les suivants :

1° La *silicatisation*, qui consiste à imprégner et couvrir la surface calcaire avec du silicate de potasse, ou verre soluble, dissous dans six fois environ son poids d'eau. Ce procédé, inventé par Füchs, a été appliqué en grand par M. Dallemagne. L'acide carbonique de l'air intervenant, il y a action chimique, et il se forme un dépôt de silice dans les pores de la pierre, de là durcissement et préservation par une patine siliceuse.

2° La *fluatation*. — On couvre le parement des pierres tendres au pinceau avec une dissolution de fluosilicate d'alumine dissous dans l'eau, produit limpide pénétrant dans la pierre, et donnant par réaction sur le carbonate de chaux de la silice, du spathfluor, de l'acide carbonique et de l'alumine. Ces produits, insolubles ou gazeux, ne sont nullement hygrométriques, ce qui constitue un avantage sur le procédé précédent.

La fluatation permet d'obtenir des parements très durs, prenant presque le poli.

3° L'*imperméabilisation par la paraffine*. — Ce procédé consiste à imprégner la surface de la pierre d'une dissolution de paraffine dans l'essence de pétrole, ou encore de paraffine étendue sur le parement de pierre préalablement chauffé. Il empêche absolument l'eau de pénétrer les pierres et par conséquent leur surface se conserve sans aucune altération.

68. Jointoiements et réparations avec des mortiers. — Avant que l'emploi des ciments à prise lente se fût aussi répandu qu'aujourd'hui, on faisait souvent les joints avec des mortiers spéciaux, composés par exemple, comme celui qu'on nomme mastic Dihl, de brique pilée fine, de litharge et d'huile de lin. Ce mortier et d'autres analogues s'employaient dans les endroits humides.

Un ciment qui rend de grands services dans les réparations de pierres est le ciment d'oxychlorure de zinc. On lave les pierres avec la dissolution d'oxychlorure de zinc et on répare avec de l'oxyde de zinc gâché avec ce même liquide. Ce ciment jouit d'une grande adhérence.

Les tailleurs de pierres cachent les défauts de la pierre et en réparent les ébréchures au moyen d'un mastic composé de cire, de colophane et de pierre pilée.

Enfin on se sert souvent, pour les jointoyages et réparations au sec, de plâtre aluné, dit *ciment anglais*, gâché avec de l'eau alunée, teintée dans le ton de la pierre.

69. Des parements des murs en petits matériaux. — Les murs en petits matériaux doivent, ou bien rester apparents, ou bien être recouverts d'enduits.

Lorsque les matériaux doivent rester apparents, on soigne davantage leur pose ainsi que leurs faces ou parements vus ; on observe une certaine régularité dans la disposition des joints verticaux et on aligne bien de niveau les joints horizontaux ; on observe de plus une épaisseur bien uniforme.

Si le mur est en moellons, indépendamment de ce qui précède on fait un rejointoiement soit en chaux ou ciment, si le hourdis est en mortier de chaux, soit en plâtre si le hourdis est en plâtre. Ce rejointoiement consiste à dégrader les joints, à enlever sur 2 à 3 centimètres le mortier de pose et à le remplacer par un mortier plus fin, de meilleure qualité, que l'on appuie avec une truelle étroite.

Si le mur est en meulière on fait un *rocaillage des joints*, en ayant soin que les petites meulières des joints ne dépassent pas le parement des meulières de gros œuvre ; on donne à ces petites meulières une teinte très agréable, rosée ou couleur de sienne brûlée, en chauffant les blocs qu'on doit casser à un léger feu de bois. On peut aussi teinter le mortier de pose et les rocailles avec de l'ocre.

D'autres fois on fait un *rocaillage en plein*, c'est-à-dire qu'on recouvre tout le parement du mur de petites meulières posées au ciment et se touchant en tous sens. Ce parement est moins solide que le précédent.

Bien souvent, pour les travaux ordinaires, on se contente de jointoyer la meulière sans rocaille avec du ciment lissé, et dans plusieurs pays ce parement porte le nom de crépi à pierres vues. Si le mur est en briques, on fait le rejointoiement en mortier nouveau de plusieurs façons différentes : 1° en faisant le joint creux et le passant au fer comme on l'a vu pour les joints en pierre de taille ; 2° en formant le joint en saillie; on met alors plus de mortier qu'il ne faut pour remplir le vide, on étale l'excédant de manière à lui donner une saillie de 0,002 environ sur le nu de la brique, et on le découpe à la règle, au-dessus et au-dessous, pour lui donner une épaisseur uniforme. Lorsque les joints sont ainsi faits avec du mortier blanc, composé principalement de chaux grasse, on les nomme : « *joints anglais* » ; 3° enfin, on peut faire des joints plats en plâtre ou en mortier de chaux ou ciment.

On donne aux constructions en briques un aspect gai et satisfaisant, en profitant de la différence de couleur des faces en bout et des grandes faces, en disposant les briques par coloration et les arrangeant suivant des dessins symétriques. Cela conduit à une grande variété de dispositions.

70. Gobetages, crépis, enduits. — Les matériaux ne restent pas toujours apparents en parement ; on les recouvre souvent d'une couche complète de mortier de plâtre, chaux ou ciment, ayant pour but soit de les protéger, soit d'obtenir des surfaces planes, lisses, convenables pour recevoir des peintures, tentures, etc.

Les enduits en plâtre se font généralement à deux couches : la première, en gros plâtre, qui porte le nom de *crépi*, s'applique directement sur les matériaux qui forment le corps du mur ; une seconde couche, extérieure, *l'enduit proprement dit*, est faite avec du plâtre tamisé.

Pour appliquer le crépi, il faut préalablement dégrader les joints des matériaux, moellons, meulières ou briques, ou les hacher si ce sont des plâtras ou de vieilles maçonneries, de manière à augmenter les surfaces, multiplier les rugosités et faciliter l'adhérence ; puis, avant l'application, mouiller largement.

Ces préparatifs faits, on gâche le gros plâtre avec l'eau dans une auge (fig. 68), et lorsque la prise commence légèrement, lorsque le plâtre *coude* comme disent les maçons, on commence par le jeter à la truelle (fig. 69) sur la surface à recouvrir, ce qu'on appelle le *gobetage* ; puis, lorsque le plâtre continuant sa prise dans l'auge commence à être plus épais, on continue à l'étendre au moyen de la taloche, petit panneau en bois muni d'un manche perpendiculaire (fig. 70). On achève de le dresser avec le tranchant de la truelle, ou mieux avec le tranchant denté d'une *truelle brettelée* (fig. 71). On forme ainsi une série d'aspérités qui augmenteront l'adhérence de la deuxième couche, de l'enduit proprement dit.

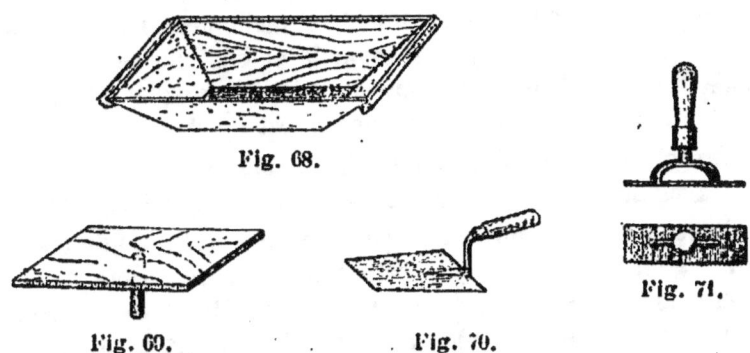

Fig. 68.

Fig. 69.   Fig. 70.   Fig. 71.

Le crépi doit être bien dressé et il faut laisser partout l'épaisseur nécessaire pour l'enduit ou seconde couche, soit 7 à 10 millimètres.

Pour faire l'*enduit proprement dit*, on prend du plâtre passé au tamis, dit *plâtre au sas*. On le gâche soigneusement avec l'eau, de manière à obtenir un mortier régulier, et le maçon le jette à la truelle tant qu'il est clair, puis l'étend à la taloche lorsqu'il coude, et achève de le répartir uniformément avec ce dernier outil. Les trous, les manques sont remplis à la truelle ordinaire, et l'ouvrier se guide sur des repères préalablement posés en plâtre qui encadrent son ouvrage et qu'il appelle des *cueillies* ou des *nus*. Lorsqu'un enduit vient d'être jeté, le plâtre dépasse partout un peu les nus, de telle sorte qu'il faut en enlever une certaine épaisseur pour le dresser et amener son parement dans le plan d'alignement définitif.

On enlève cet excédent de plâtre avec la *truelle bretlée* ou *brettelée* déjà vue (fig. 71), d'abord avec le tranchant denté, jusqu'à application d'une règle en tous sens, puis avec le tranchant uni pour parfaire l'ouvrage.

Les enduits à simple et double courbure se font de la même manière que les enduits plans, mais exigent plus d'habileté de la part du maçon. Il en est de même des plafonds dont on vient faire les enduits en les appliquant soit sur un hourdis, soit sur des augets préalables, comme il sera dit plus loin.

Une quantité trop grande d'eau dans le gâchage du plâtre donne de mauvais enduits ; ils sont creux, très poreux, ils se retraitent, se fendillent et se détachent facilement. On dit alors que les plâtres sont noyés. La truelle passée une demi-heure après l'emploi résonne comme sur de la pierre quand l'enduit est bon, et ne résonne pas si l'enduit est noyé.

On colore les enduits avec de l'ocre lorsqu'on veut les rougir, avec du noir de fumée si on veut obtenir une teinte grise.

Lorsqu'on veut imiter une paroi en briques avec du plâtre teinté, on cherche la proportion de matière colorante qui donne le ton de la brique, et on étend le plâtre gâché et teinté pour faire l'enduit, comme à l'ordinaire, sur un crépi blanc ; puis avec une règle et un crochet on trace dans l'enduit les joints de briques en creux sur une profondeur de 5 à 6 millimètres, et on étend sur toute la surface une couche mince de plâtre blanc fin gâché qui remplit tous les joints, et on nettoie de nouveau la surface avec le tranchant lisse de la truelle bretlée, qui fait reparaître le fond rouge avec les joints blancs.

Crépis apparents. — Quelquefois les crépis restent apparents, et on leur donne alors toute la régularité possible, tout en conservant leur gros grain sur l'effet duquel on compte.

On obtient un certain effet en jetant le mortier avec un balai de bouleau que l'on trempe dans l'auge de mortier et avec lequel on asperge les surfaces à recouvrir. On appelle ces crépis : *crépis mouchetés* ou *crépis au balai* : on les fait au plâtre ou à la chaux. Quelquefois on les teinte en rose en ajoutant de l'ocre rouge, ou en gris en ajoutant du noir de fumée ; on fait ainsi des panneaux qui doivent être encadrés de parties enduites ou faites avec des matériaux apparents.

Enduits de chaux. — Dans les pays qui manquent de plâtre, on le remplace pour les enduits par du mortier de chaux grasse ; on fait les revêtements intérieurs et les plafonds par ce que l'on appelle du *blanc en bourre* : on éteint de la chaux plusieurs mois à l'avance, on la passe pour enlever toute matière étrangère, on la mélange avec de la bourre et on l'applique à la truelle sur un lattis assez espacé pour que la pâte pénètre dans les intervalles et s'y accroche. On étend le blanc en bourre en deux ou mieux trois couches, dont la dernière plus fine est mélangée de bourre bien blanche, puis on lisse à la truelle jusqu'à ce qu'il ne se forme plus de gerçures et qu'on obtienne un beau poli.

On ne peut peindre sur ces enduits qu'après une année au moins d'exécution, lorsque toute la chaux superficielle est transformée en carbonate calcaire.

Enduits de mortiers hydrauliques. — On emploie aussi les mortiers de chaux hydraulique, principalement pour revêtir soit des soubassements de maisons, soit des murs et voûtes de fosses, citernes, égouts, réservoirs.

Pour recevoir un enduit de ce genre, les parements des murs doivent être préalablement nettoyés et lavés et les joints dégradés ; si ces joints sont gros, on les garnit d'un rocaillage.

Pour d'anciennes maçonneries le nettoyage très soigné est indispensable. On commence par faire en première couche un crépi, fouetté fortement à la truelle pour augmenter son adhérence, et sur cette couche bien prise on étend la véritable couche d'enduit proprement dit. La chaux faisant lentement prise, ces enduits sont difficiles à appliquer et demandent beaucoup de soin.

Le mortier de ciment à prise rapide s'emploie plus facilement en raison de sa prise. Cet enduit se fait d'une seule couche et on le dresse à mesure avec la truelle ; on achève à la truelle bretteléе si l'enduit doit être apparent à l'extérieur. On le lisse et on le repasse à siccité lorsqu'on le fait dans un but d'étanchéité, pour un réservoir, une fosse, un égout par exemple.

Le mortier de ciment à prise lente est très difficile à appliquer verticalement, en raison de son poids qui fait détacher le mortier ; on est obligé de repasser plusieurs fois pour obtenir une adhérence convenable.

Contiguïté des chaux ou ciments et du plâtre. — Les mortiers de chaux ou ciments et de plâtre s'excluent mutuellement ; ils n'adhèrent pas bien les uns aux autres.

On ne pourrait faire un enduit ou un crépi de chaux ou ciment sur un mur en plâtras et plâtre, sur un mur en meulière et plâtre, ou en moellon et plâtre ; il ne tiendrait qu'à la condition d'être en contact direct avec le moellon ou la meulière dont le parement serait parfaitement nettoyé et les joints profondément dégradés.

De même, on ne peut faire des enduits en plâtre sur des murs hourdés en chaux ou ciment qu'à la condition de prendre la même précaution, de dégrader fortement les joints et de nettoyer convenablement la surface des matériaux. Pour résister convenablement à l'humidité, on fait souvent les hourdis des planchers de cuisine en pierrailles et ciment, et il n'est pas rare, lorsqu'on n'a pas suffisamment décapé la surface des pierrailles et dégradé leurs joints, de voir le plafond en plâtre de la pièce inférieure se détacher par grandes surfaces.

Renformis. — Lorsqu'avant de faire un crépi ou un enduit sur de vieilles constructions mal dressées, ou sur des murs neufs montés sans le soin nécessaire, on reconnaît des parties plus creuses sur lesquelles l'enduit aurait une épaisseur notablement plus forte que partout ailleurs, on commence par remplir les creux par une maçonnerie spéciale de petits matériaux hourdés avec le mortier du crépi, si l'épaisseur à rattraper est de plus de 5 centimètres, et par une ou deux couches de crépi préalable si elle est plus faible.

C'est ce qu'on appelle *renformir, faire un renformis.*

Lorsque le mortier employé est du plâtre, le renformis se fait d'ordinaire en plâtras et plâtre.

Couche d'asphalte ou de ciment pour arrêter l'humidité. — Lorsque les matériaux employés à l'exécution d'un mur sont susceptibles pomper par capillarité l'humidité du sol, ce qui détruit facilement, en les salpêtrant, les crépis et enduits, on arrête l'humidité en étalant dans le joint horizontal situé immédiatement au-dessus du sol soit une couche d'asphalte posée à chaud, soit un enduit de ciment à prise lente qu'on laisse bien durcir avant de continuer à monter les murs.

Enduits imperméables. — Il faut exécuter les enduits qui doivent retenir les liquides en mortier de ciment ; pour augmenter leur cohésion et leur imperméabilité, on les appuie à la truelle pendant qu'ils sont encore un peu mous. De cette façon on rapproche leurs molécules, et on obtient une imperméabilité convenable.

Enduits brettelés. — Pour les enduits extérieurs, le lissage à la truelle se voit trop et leur fait perdre leur caractère de rectitude, en montrant sous certains jours les facettes dues à l'outil. On obtient des ouvrages de meilleur aspect en les recoupant à la truelle brettelée, ce qui leur donne l'apparence du grain de la pierre. Ce mode d'opérer comporte à la dessication des gerçures moins visibles et moins nombreuses.

71. Légers ouvrages en plâtre. — Tous les ouvrages en plâtre qui ne sont pas des murs épais prennent le nom de *légers ouvrages*, et comme prix ils sont rapportés à une *unité de légers* qui correspond à 4 m. sup. d'enduit sur mur en moellon ou en briques.

Les principaux ouvrages rentrant dans les *légers* sont :

Les aires ou enduits horizontaux en plâtre qui ont d'ordinaire 0,03 d'épaisseur. Chaque mètre superficiel est évalué le quart d'une unité de légers, soit 0,25

Les augets, hourdis de planchers, seront détaillés dans un chapitre suivant.

Les *crépis pleins* dont il a été question plus haut : chaque mètre superficiel est compté pour 0,17

Les *enduits*, compris crépis et gobetages, sur moellon, brique, pan de bois 0,25

Les *enduits*, compris crépis et gobetages, sur meulière. 0,33

Les *renformis* en plâtre pur ou excédants d'épaisseur d'enduit par chaque centimètre 0,08

Les *jointoiements* sur moellons, meulière 0,125

Les *jointoiements* sur briques 0,17

Les *arêtes* en plâtre sont comptées en plus, le mètre linéaire 0,05

Les *feuillures* sont évaluées, le mètre linéaire . . 0,10

Les *trous et scellements* en moellons ou plâtras, jusqu'à 0,32 de côté, le centimètre de profondeur . . . 0,01

Les *trous et scellements* en meulière ou béton . . . 0,015

Les *cloisons* en carreaux de plâtre de 0,06 d'épaisseur, plus un enduit sur chaque face, le mètre superficiel. . 1,00

CHAPITRE II

PROPORTIONS DES MURS

ET LEURS DIMENSIONS

SOMMAIRE :

72. Proportions des murs. — 73. Formules de Rondelet. — 74. Résistance des matériaux dans les maçonneries. — 75. Epaisseurs pratiques des murs des maisons d'habitation. — 76. — Murs de réservoirs. — 77. Murs de soutènement. — 78. Barbacanes. — 79. Cas où l'on peut diminuer l'épaisseur d'un mur de soutènement. — 80. Contreforts. — 81. Mur à surcharge de remblai. — 82. Consolidations aux murs des édifices.

CHAPITRE II

PROPORTIONS DES MURS ET LEURS DIMENSIONS

72. Proportions des murs. — L'épaisseur qu'il convient de donner à un mur dépend de la charge qu'il doit porter, des efforts latéraux qui peuvent le solliciter, des points d'appui qu'il peut trouver en dehors de lui-même, enfin des matériaux qui le constituent. Dans les conditions ordinaires, on se guide sur ce qui a été fait antérieurement.

73. Formules de Rondelet. — Rondelet a cherché à réunir dans les formules suivantes les diverses et nombreuses observations qu'il a pu faire à ce sujet :

Mur de clôture isolé. — Pour un mur de clôture isolé, mais non exposé aux grands vents, il a proposé la formule :

$$c = \frac{h}{8}$$

ce qui donne 0,325 pour un mur de 2 m. 60 de hauteur.

Mur de clôture relié à d'autres murs. — Si le mur de clôture est lié à d'autres murs perpendiculaires, distants d'un nombre l de mètres, il lui applique la formule :

$$c = \frac{h}{8} \cdot \frac{l}{\sqrt{l^2 + h^2}}$$

Ces formules ne donnent pas toujours une épaisseur suffisante, surtout à cause de l'action du vent. Cherchons en effet à apprécier cette action :

Une forte tempête peut exercer une poussée horizontale de

200 kilogrammes par mètre carré de surface verticale de mur ; l'effort sur un mètre courant de mur d'une hauteur h sera $200 \times h$, appliqué à une hauteur $\frac{h}{2}$.

Le poids de ce mètre courant est $\Pi e h$, e étant l'épaisseur et Π le poids du mètre cube ; son action sera la même que celle d'un poids égal appliqué en son centre de gravité, étant admis que le mur résiste comme une masse indéformable que le vent pourrait renverser, mais non briser en morceaux.

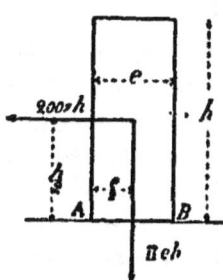

Fig. 72.

Cherchons l'épaisseur limite, celle qui correspond à l'instant où le mur va tourner autour de l'arête A. Les moments des deux forces par rapport à cette arête doivent alors être égaux, soit :

$$200\,h \times \frac{h}{2} = \Pi e h \times \frac{e}{2}$$
$$200\,h^2 = \Pi e^2 h$$
$$\frac{200}{\Pi} h = e^2$$
$$e = \sqrt{200 \times \frac{h}{\Pi}}$$

Si $\Pi = 1800^{\text{kgr}}$, $h = 2.60$, on a : $e = 0^{\text{m}}54$,

mais rarement les vents près de terre ont cette violence.

Une des causes habituelles de destruction des murs de clôture, c'est le défaut de fondation ; le mur n'a que de faibles poids à supporter, mais par suite des efforts transversaux le poids est concentré tantôt sur l'arête A, tantôt sur B, mais le plus souvent du côté opposé au vent régnant ; le sol se comprime inégalement et la stabilité est compromise si l'empattement de la fondation n'est pas suffisant.

Il y a un grand avantage à donner aux murs de clôture une épaisseur variable plus faible à la partie supérieure et allant en augmentant jusqu'à la base. On augmente ainsi leur stabilité, et leurs parements, au lieu d'être verticaux, présentent sur la verticale une inclinaison qu'on nomme *fruit*. On dit qu'un mur a un fruit de trois centimètres par mètre lorsque son parement s'écarte de la verticale de trois centimètres par mètre de hauteur.

La formule donne alors l'épaisseur moyenne du mur et la construction se fait comme le montre la figure 56.

D'ordinaire, la *fondation* se fait en moellons durs, meulière ou pierrailles, hourdés en mortier de chaux ; elle s'arrête à environ 0,20 du sol extérieur, pour ne pas être déchaussée par la moindre variation de niveau qu'on ferait subir à ce sol, et elle descend jusqu'à une couche capable de porter le mur. La fondation forme empattement de chaque côté du mur. Au-dessus, on construit soigneusement le *soubassement* qui forme la partie inférieure du mur hors du sol ; on le fait en mêmes matériaux hourdés en chaux hydraulique et jointoyés extérieurement en ciment. On évite les enduits dans les parties basses. Ce n'est que pour les clôtures très soignées qu'on fait les soubassements en pierres de taille.

Le soubassement émerge du sol de 0 m. 50 à 1 m. 00 et a ses parements verticaux.

Au dessus du soubassement, et en retraite (voir p. 72, fig. 56), on fait *le corps* même du mur avec le fruit nécessaire de chaque côté, et le mieux est de le construire en bons matériaux, apparents et jointoyés, surtout en raison de l'inclinaison des parements. Souvent, avec les matériaux médiocres, on recouvre les parois d'un enduit qui vient alors s'amortir sur la retraite du soubassement.

Enfin, on termine le mur par une couverture destinée à le protéger, et qu'on nomme le chaperon.

On peut construire ainsi des murs ayant jusqu'à 3 m. 20 au-dessus du sol et même plus, ayant 0 m. 40 d'épaisseur au sommet et 0 m. 50 à la base. On donne alors 0 m. 55 aux soubassements et 0 m. 60 à la fondation. Cette dernière dimension doit être augmentée si la résistance du sol laisse à désirer.

Murs curvilignes. — La formule de Rondelet relative aux murs curvilignes est la suivante.

$$e = \frac{h}{9} \frac{\frac{r}{2}}{\sqrt{\frac{r^2}{4} + h^2}}.$$

dans laquelle h représente la hauteur du mur et r le rayon de courbure.

Si l'on applique cette formule à un mur circulaire de 64 mètres de diamètre et de 7 m. 30 de hauteur, comme il s'en trouve un à Saint-Etienne-le-Rond, à Rome, qui dure depuis nombre de siècles, on trouve $e = 0^m,74$. L'épaisseur réelle est de 0 m. 71.

Si on cherche l'épaisseur d'un mur de cheminée circulaire de 2 m. 00 de diamètre et de 10 m. 00 de hauteur, on trouve $e = 0$ m. 055. L'épaisseur pratique de 0 m. 22 ou de 0 m. 33 que l'on donne dans ce cas, présente toute la stabilité désirable.

Murs des bâtiments ; murs reliés par des combles. — Lorsque deux murs parallèles, au lieu d'être isolés, sont réunis par la charpente d'un comble sans poussée, les fermes venant reposer leurs entraits sur les deux murs, ils se trouvent plus solides, mais fatiguent d'autant plus que la portée est plus grande, à cause de l'élasticité du bois. La formule en tient compte ; elle devient :

$$e = \frac{h}{12} \frac{L}{\sqrt{L^2 + h^2}}$$

Murs reliés par des murs intérieurs et des combles ou des planchers et des combles. — Lorsque, outre ces combles, il y a dans les bâtiments des murs intérieurs ou des planchers, la formule proposée devient :

$$e = \frac{h}{18} \cdot \frac{L}{\sqrt{L^2 + h^2}}.$$

Murs des maisons d'habitation. — Dans les maisons simples en profondeur, l'épaisseur e des murs de face est donnée par la formule :

$$e = \frac{L + \frac{h}{2}}{24}.$$

Pour les maisons doubles en profondeur, l'épaisseur est :

$$e = \frac{L + h}{48} \quad \text{pour les murs de face}$$

et
$$e = \frac{L + h}{36} \quad \text{pour les refends.}$$

Toutes ces formules s'appliquaient à des constructions en moellons et chaux, en moellons et plâtre, ou en briques employées avec ces deux mortiers et de gros joints comme on construisait autrefois ; elle ne tenaient compte que de la stabilité due au poids même des matériaux et non de leur plus ou moins d'adhérence, ni de leur résistance variable à l'écrasement.

74. Résistance des matériaux dans les maçonneries. — Les murs sont généralement percés de baies, portes, fenêtres, passages, etc., qui en isolent des portions relativement petites, chargées de supporter les matériaux situés au-dessus. Ces portions pleines situées entre deux baies se nomment *piles* ou *trumeaux*.

Il est indispensable de se rendre compte des charges verticales en kilogrammes que portent en chaque point très chargé les matériaux de construction, soit en plein mur, soit à la base des trumeaux minces ou des piliers. Il faut aussi apprécier les poussées horizontales qui peuvent se présenter et qui modifient la répartition des pressions.

Tous les matériaux ont leur résistance connue, ou facile à trouver par des moyens simples, par exemple avec les machines d'essai ; on sait donc pour chaque maçonnerie, pour chaque pièce, pour chaque mortier la charge par centimètre carré qui produit la rupture.

On admet, d'après les résultats pratiques, que l'on ne doit pas charger les matériaux de maçonnerie, sauf les moellons, à plus du dixième de la charge de rupture pour les constructions ordinaires, et à plus du sixième pour les constructions très légères ; on connaît donc pour chaque genre de matériaux la charge de sécurité qui lui correspond. Les murs en moellon, à cause de l'irrégularité de la taille et de la surface prise par les joints et garnis, ne doivent pas subir une pression supérieure au quinzième de la charge d'écrasement des calcaires dont ils se composent.

En pratique, la question se pose de deux façons différentes : ou bien les dimensions sont déterminées par des considérations autres que celle de la résistance ; alors on calcule aux divers points la charge qu'aura à supporter chaque maçonnerie et l'on choisit parmi les matériaux de résistance suffisante ceux qui conviendront le mieux comme aspect, prix, teinte, construction. Ou bien, les matériaux étant donnés, il s'agit de déterminer les formes, épaisseur, arrangement pour que la pression effective, l'ouvrage une fois terminé et en service, ne dépasse pas les limites de sécurité des matériaux donnés.

On voit de suite que dans une maçonnerie on a à considérer à la fois la résistance des matériaux inertes et celle des mortiers qui les doivent réunir, et que l'on a tout avantage dans presque tous les cas à assortir leur résistance.

On appelle *calepin* la figure en élévation et en plan d'un ouvrage, d'un mur par exemple.

Les calepins des murs offrent un moyen très commode de se rendre compte des charges qu'ils ont à supporter en leurs différents points, et permettent de déterminer la forme, les dimensions et les matériaux à employer pour offrir toute sécurité. On y trace également l'appareillage de ces matériaux.

Les formules de Rondelet ne servent plus alors que de contrôle pour se renseigner sur les dimensions qu'autrefois on eût été amené à donner à l'ouvrage ; mais il ne faut pas atteindre *nécessairement* les dimensions de Rondelet, lorsqu'on emploie les excellents matériaux dont on dispose aujourd'hui.

Un autre genre de contrôle, et des meilleurs, consiste à se rendre compte des dimensions des ouvrages analogues à celui que l'on construit, et qui ont été plus récemment exécutés.

Le tableau suivant donne la densité, les charges par centimètre carré produisant l'écrasement des principaux matériaux, en même temps que les charges de sécurité dont on peut les charger par centimètre carré de section.

Résistance à l'écrasement

NATURE DE LA MATIÈRE	Poids du mètre cube.	Charge par centimètre carré produisant la rupture.	Charge de sécurité par centimètre carré.
Pierres diverses			
1. Château Landon, Souppes (S.-et-M.)	2500 à 2600	700 à 800	70 à 80
2. Hauteville (Ain)	2760	1100	110
3. Villebois (Ain)	2600 à 2700	800 à 900	80 à 90
4. Corgoloin (Côte-d'or)	2700	900 à 1000	90 à 100
5. Granit de Normandie	2700	700	70
6. Lave dure du Vésuve	2600	590	59
7. Porphyre	2880	2400	240
8. Comblanchien (Côte-d'Or)	2700	900	90
9. Grimault	2600	700	70
10. Belvoye (Jura)	2000 à 2700	800 à 900	80 à 90
11. Liais de Courville (Marne)	2150	350 à 400	35 à 40
12. Echaillon blanc (Isère)	2500	750	75
13. Anstrude (Marne)	2150 à 2250	325 à 400	32 à 40
14. Liais de Clamart (Seine)	2300 à 2500	400 à 500	40 à 50
15. Laversine (Aisne)	2300	300 à 450	30 à 45
16. Roche de Bagneux (Seine)	2200 à 2400	300 à 350	30 à 35
17. Euville (Meuse)	2300	300 à 350	30 à 35
18. Ravières (Yonne)	2200	280 à 330	28 à 33
19. Roche fine de St-Maximin (Oise)	2100 à 2300	100 à 150	10 à 15
20. Roche de Chassignelles (Yonne)	2300	450	45
21. Chauvigny (Vienne)			
21. Lerouville (Meuse)	2300	250 à 300	25 à 30
22. Roche ordin. St-Maximin (Oise)	2100 à 2300	100 à 150	10 à 15
23. Vitry (Seine)	1900 à 2000	120 à 250	12 à 25
24. Courson (Yonne)	1900	85	8.500
25. Palotte (Yonne)	1750	130 à 150	13 à 15
26. Isle-Adam (S.-et-O.) Banc franc			
27. Marly-la-Ville (S.-et-O.)	1750	80 à 90	8 à 9
28. Méry (S.-et-O.)	1700 à 1800	90 à 130	9 à 13
29. St-Waast (Oise) Banc royal	1550 à 1650	60 à 80	6 à 8
30. Abbaye du Val (S.-et-O.)	1800	80 à 100	8 à 10
31. St-Leu (Oise) Vergelé	1750 à 1790	80 à 100	8 à 10
32. St-Maximin (Oise) Vergelé	1500 à 1600	50 à 70	5 à 7
33. St-Waast (Oise) Vergelé	1500 à 1600	50 à 70	5 à 7
34. Lambourdes	1500 à 1600	20 à 35	2 à 3.5
35. Meulière	1500 à 2200	30 à 150	3 à 15
Briques			
36. Briques moyennes de Bourgogne	2200	100 à 200	10 à 20
37. Briques moyennes de Vaugirard	1500	90	9
Mortiers			
38. Plâtre gâché serré après 30 heures	1570	52	5
39. id. gâché au lait de chaux	1570	73	7
40. Mortier, chaux grasse et sable	1600	35	3.500
41. id. chaux hydraulique		74	7.500
42. id. chaux très-hydraulique		144	14
43. id. Ciment de Vassy		154	15
44. id. Ciment de Portland		300 à 350	30 à 35
45. Pisé de mâchefer (très bien fait)		40 à 60	4 à 6

Les murs en moellons, à cause de l'irrégularité de la taille et de la surface prise par les joints et garnis, ne doivent pas être chargés à plus du 1/15° de la charge d'écrasement de la roche dont ils sont formés. Nous insistons sur ce point déjà signalé.

Les moellons calcaires durs, hourdés en bonne chaux très hydraulique ou ciment de Vassy, ne devraient être chargés en toute sécurité à plus de 10 kilog. par centimètre carré.

Les moellons traitables, hourdés en plâtre, à plus de 3 kilog. et les moellons tendres également hourdés en plâtre à plus de 2 kilog. par c. m. q.

Voici, d'après L. Reynaud (T. I, p. 153), quelques exemples de pressions par centimètre carré, de maçonneries exécutées dans plusieurs constructions auxquelles on reconnaît de la hardiesse :

Mur de refend de la basilique de Constantin à Rome, maçonnerie de blocage revêtue de briques.	24k 510
Colonnes du rez-de-chaussés, Palais de la Chancellerie à Rome; pierre de taille	34 110
Piliers du dôme de St-Pierre de Rome, blocage revêtu en travertin.	16 350
Piliers du dôme de St-Paul de Londres, pierre de taille calcaire	19 350
Piliers de la tour de l'église St-Merry, pierre de taille calcaire	29 420
Piliers du dôme du Panthéon à Paris, pierre de taille calcaire	29 430
Mur de soutènement du réservoir de Gros-Bois au canal de Bourgogne, moellons quartzeux.	14 000
Piliers du réservoir d'eau de la rue de l'Estrapade à Paris, béton de cailloux	8 000

75. Épaisseurs pratiques des murs des maisons d'habitation. — Pour une maison de 5 étages sur entresol et rez-de-chaussée, c'est-à-dire montée à toute hauteur, le mur de face est généralement en pierres de taille de 0,50 d'épaisseur jusqu'à la corniche. La fondation de ce mur a ordinairement 0,65 à 0,70 dans la hauteur des caves ; au-dessous, l'épaisseur nécessitée par le terrain.

Si le mur était en briques de bonne qualité, on pourrait lui donner à l'entresol, au premier et au deuxième étage, 0,36 d'épaisseur, et dans bien des cas on continuerait ainsi jusqu'à la corniche. Cette faible épaisseur est suffisante pour la résistance, suffisante aussi pour protéger contre le froid, étant donné que la chaleur traverse aussi difficilement un mur en briques de 0,36 qu'un mur en pierres, moellon ou meulière de 0,50.

Pour une construction plus légère, où une stricte économie est commandée, on réduira à 0,25 l'épaisseur des derniers étages.

Le mur de refend longitudinal, parallèle à la façade, est plus chargé par le poids des planchers dont il porte deux demi-travées ; il est de bonne construction de le monter en briques de 0,36 jusqu'au plafond du deuxième étage, et en 0,25 au-delà.

Le mur de face sur cour se traite ou en maçonnerie de petits matériaux de 0,50, ou en pierre de taille de 0,40 à 0,45, ou comme le refend longitudinal.

Les murs de refend à cheminées sont d'au moins 0,40 à 0,45 pour pouvoir contenir les tuyaux, et cette considération fait maintenir cette dimension jusqu'en haut.

Lorsque les tuyaux doivent contenir de la fumée très chaude, il faut augmenter l'épaisseur de leurs parois et le mur arrive à avoir 0,55 à 0,60 d'épaisseur.

Les murs de refend mitoyens ne doivent pas contenir de tuyaux de fumée ; on doit les fonder sur le bon sol, avec un béton en rapport avec la résistance de ce sol. Leur épaisseur, dans la hauteur des caves, doit être de 0,65, et l'épaisseur du corps du mur, jusqu'au-dessus de la plus haute des toitures, doit être de 0,50. Le mur doit être partout symétrique par rapport à la ligne séparative des deux propriétés.

Pour les hôtels, où les hauteurs d'étages sont plus considérables, où les planchers ont plus de portée, on augmente ces dimensions, surtout pour les murs de face auxquels on donne 0,55 à 0,65.

Dans les édifices, les épaisseurs sont plus considérables et en rapport avec la hauteur, l'isolement, les charges, les poussées horizontales des voûtes et autres, enfin la décoration.

Ces dimensions ne sont données que comme renseignements généraux. Dans la pratique, on l'a vu, on ne doit construire aucun mur, soit de face, soit surtout de refend, sans en avoir fait le *calepin*, avec indication de la disposition, du choix et de l'appareil des matériaux divers qui y entreront. Ces calepins font voir la composition du mur ; ils permettent de se rendre compte des charges variables aux divers points et d'approprier les matériaux à ces charges. — L'étude des murs par les calepins évite bien des mécomptes dans les constructions.

76. Murs de réservoirs. — La mécanique permet de déterminer mathématiquement les dimensions qu'il y a lieu d'adopter dans chaque cas particulier pour les voûtes, les murs de réservoirs, les murs de soutènement ; cette étude ne sera pas abordée dans ce livre. Il va être seulement donné quelques formules résultant du calcul pour les cas les plus simples.

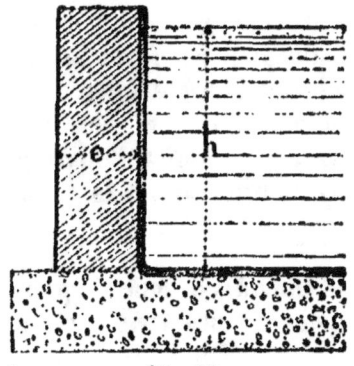

Fig. 73.

S'il s'agit d'un mur de réservoir d'épaisseur uniforme e, d'une hauteur h, supportant dans toute cette hauteur la pression de l'eau, la limite inférieure de cette épaisseur sera donnée par la formule :

$$e = h \sqrt{\frac{100 R}{3 R \delta - 4 \delta^2 h}},$$

dans laquelle h est la hauteur d'eau, égalant celle du mur ;

δ la densité de la maçonnerie ;

R la limite de résistance de sécurité des matériaux à employer.

Au lieu de donner au mur une épaisseur uniforme dans toute sa hauteur, il est plus rationnel de faire varier cette épaisseur en raison de la pression de l'eau, et, par suite, de faire le mur plus épais à la partie inférieure. La valeur de e donnée par la formule est alors une valeur moyenne.

Nous citerons deux exemples de murs de réservoirs exécutés et se comportant bien : l'un est un mur de 5 m. seulement au-dessus du radier; sa face mouillée est verticale ; la face postérieure, contrebutée par un remblai, est à redans ; son épaisseur varie de 1 m. 50 au sommet à 2 m. au niveau du radier. L'autre exemple se rapporte, au contraire, à un mur de grand réservoir, ayant 50 m. de la base au sommet, et supportant au maximum une charge d'eau de 44 m. 50; c'est le célèbre barrage du Furens, dont nous donnons la coupe transversale;

Fig. 74.

son épaisseur est de 5 m. 70 au sommet et de 49 m. 04 à la base, mais il résulte de la forme du profil que l'épaisseur moyenne est inférieure à la moyenne des épaisseurs extrêmes.

Nous renvoyons aux livres spéciaux pour les formules et calculs qui donnent dans ce cas l'épaisseur du mur; voir notamment, dans l'*Encyclopédie des travaux publics*, l'ouvrage de M. Flamant sur la stabilité des constructions et la résistance des matériaux.

77. Murs de soutènement. — Quand un mur d'épaisseur uniforme doit résister à la poussée des terres, si on désigne par:

Π le poids du m.c. de terre ;

π le poids du m.c. de mur;

h la profondeur du terrain à soutenir ;

α L'angle du talus naturel des terres avec l'horizon, la formule qui donne cette épaisseur uniforme et qu'on nomme la formule de Navier est la suivante :

$$e = 0.59\, h\, \text{tg}\left(45° - \frac{\alpha}{2}\right) \sqrt{\frac{\Pi}{\pi}}.$$

Cette formule est d'un usage commode dans la pratique ; elle suppose qu'il n'y a pas de surcharge et que la terre à soutenir s'arrase à la partie supérieure du mur.

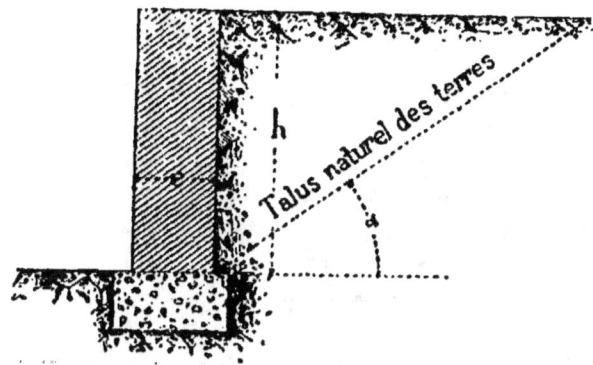

Fig. 75.

Elle suppose aussi que les deux parements du mur sont verticaux, alors que dans la pratique la face extérieure a un talus ou fruit de 0 m. 05 à 0 m. 12 par mètre, tandis que l'autre parement se décroche en gradins successifs.

Cette disposition, représentée par la fig. 76, est préférable au point de vue de la stabilité, et l'on obtient d'excellents ouvrages en donnant à l'épaisseur moyenne du mur la valeur déduite de la formule de Navier.

L. Raynaud, dans son *Traité d'architecture* (I, 156), donne les valeurs suivantes de la densité H de diverses matières employées en remblai :

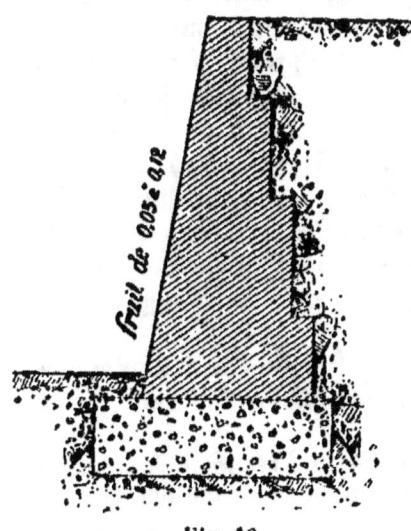

Fig. 76.

Terre végét.	1400 k. mc.
Terre franche	1500 —
Terre argil.	1600 —
Terre glaise	1900 —
Sable terreux	1700 —
Sable pur	1900 —

Et pour les poids π du mètre cube de maçonnerie :
Maçonnerie de moellons calcaires ou siliceux.   1700 à 2300 kg.
Maçonnerie de moellons de granit. . . . . .   2300 kg.
Maçonnerie de moellons de basalte . . . . .   2500 kg.

Les valeurs de x, angle du talus naturel des terres, sont les suivantes :

Sable fin et sec	21°
Sable très fin	30° à 33°
Sable de rivière	33°
Terre non cohérente, très sèche. .	39°
Terre ordinaire sèche et pulvérisée	47°
Même terre, légèrement humectée.	51°
Sol très dense et très compact. . .	55°

78. Barbacanes. — Un mur destiné à soutenir de l'eau doit être plus épais que s'il avait à soutenir de la terre ; par conséquent, si des eaux de pluie ou autres venaient à délayer la terre derrière un mur de soutènement, elles pourraient, en augmentant la pression, compromettre la solidité du mur.

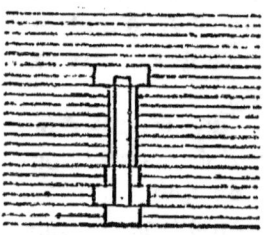

Fig. 77.

On prend des précautions pour empêcher les eaux de s'accumuler en arrière des murs ; on facilite leur écoulement en faisant entre le mur et le terrain un remblai en pierres sèches sur une certaine épaisseur, et en ménageant de distance en distance dans le bas du mur des ouvertures de 0,08 à 0,10 de largeur sur 0,50 à 0,60 de hauteur qui donnent passage à l'eau ; on les appelle des *barbacanes* (fig. 77).

Quelquefois on en pratique à divers points de la hauteur du mur, là où l'on peut craindre l'accumulation de l'eau.

79. Cas où l'on peut diminuer l'épaisseur d'un mur de soutènement. — Lorsque des terres n'ont pas été remuées, elles conservent leur cohésion, et lorsque, en raison de la nature du terrain, cette cohésion est considérable, on peut en profiter pour faire moins épais les murs appelés à les soutenir.

Il faut en ce cas bloquer les maçonneries des murs contre le terrain sans laisser aucun vide. La cohésion ne risque pas d'être détruite par une fissure ou un tassement du sol supérieur.

80. Contreforts. — On diminue encore l'épaisseur des murs de soutènement par des contreforts, sortes de piliers en saillie augmentant de distance en distance la résistance du mur.

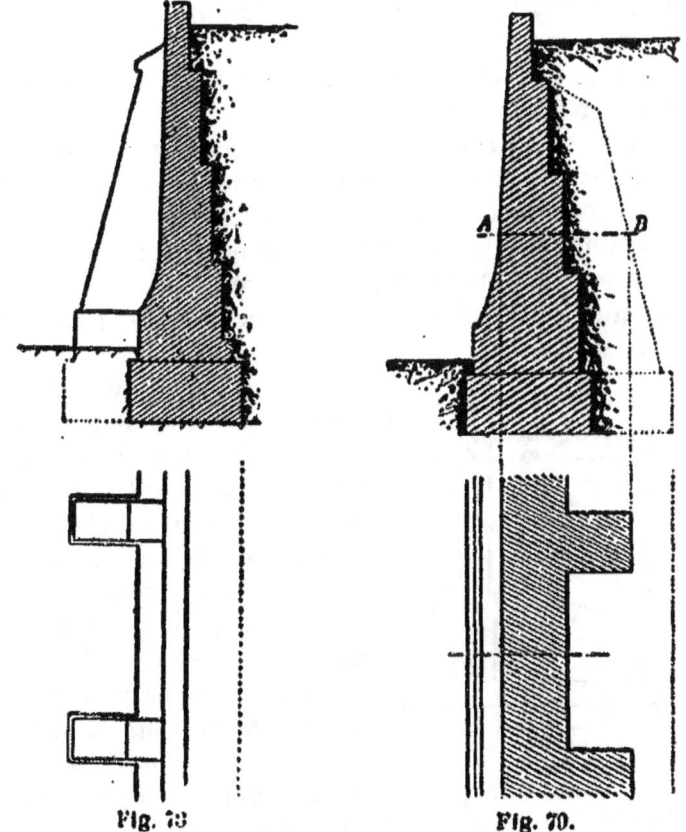

Fig. 69.   Fig. 70.

Ces contreforts peuvent être extérieurs ou intérieurs.

Extérieurs, ils sont plus résistants pour un même cube, se prêtent même à former un motif de décoration ; mais, ils prennent du terrain et sont plus chers en raison de la plus grande surface de parements vus.

Intérieurs, ils sont moins onéreux, moins gênants, mais ont plus de tendance à se séparer des murs qu'ils doivent épauler. Il est donc nécessaire de soigner davantage la liaison.

La fig. 78 donne en coupe et en plan la disposition d'un mur de soutènement consolidé par des contreforts extérieurs. L'espacement de ces contreforts dépend de l'épaisseur du mur ; ordinairement on les écarte de 3 à 4^m d'axe en axe. Leur section est variable avec la hauteur ; la plus forte saillie est à la partie inférieure du mur. Leur épaisseur varie également de bien des manières ; elle est environ du quart de leur distance d'axe en axe.

La fig. 79 donne la disposition d'un mur de soutènement avec contreforts intérieurs.

La section en plan des contreforts n'est pas toujours un rectangle ; on les raccorde souvent avec le mur lui-même, soit par des pans coupés, soit par des arcs de cercle.

On comprend que la disposition à adopter pour les murs de soutènement dépend beaucoup de la nature des remblais, et il faut ajouter que la mise en œuvre de ceux-ci est également très importante.

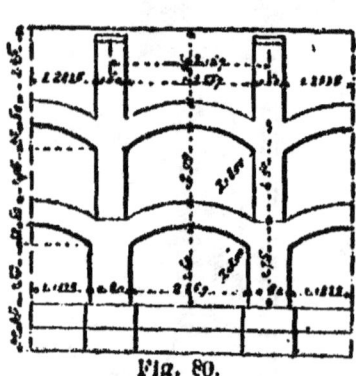

Fig. 80.

Ainsi, il conviendra d'exécuter par couches de 0^m,20 les remblais de terre plus ou moins plastique, et de pilonner parfaitement chaque couche ; si le remblai peut être fait en débris pierreux, on procédera avec les mêmes soins que pour un emmétrage, afin d'éviter des mouvements ultérieurs, qui se propageraient dans la masse du remblai et ne pourraient qu'être nuisibles. Quelques ingénieurs et architectes ont construit, depuis un certain nombre d'années des murs de soutènement avec contreforts reliés à diverses hauteurs par de petites voûtes figure 80; les terres employées au-dessus de celles-ci, en même temps qu'elles poussent le mur, chargent les voûtes et par suite les contreforts, ce qui tend à empêcher les rotations du mur autour de son arête extérieure. Le résultat est surtout avantageux lorsqu'on a soin d'employer au remblai contre le mur les débris de moellons, meulières et en général tous les matériaux qui, à l'aide d'un bon arrangement ou du pilonnage, peuvent être amenés à n'exercer que peu ou point de poussée. Quelquefois, on laisse les terres prendre leur talus naturel sur les voûtes inférieures; celles-ci sont alors moins chargées, mais la poussée sur le *masque* se trouve diminuée [1].

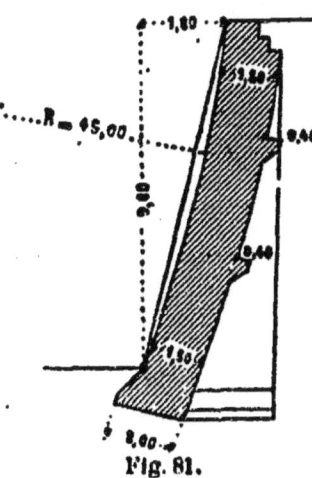
Fig. 81.

Les voûtes chargées, en s'opposant avec force au mouvement que tend à prendre le mur principal ou masque, pourraient provoquer des arrachements à la jonction des contreforts et du mur; il faut donc tout particulièrement se préoccuper des liaisons aux points de jonction. Au quai de l'Archevêché, à Paris, les contreforts sont reliés au mur par des ancres en fer.

En Angleterre, on construit souvent des murs ayant un fruit intérieur en même temps qu'un fruit extérieur, ce qui n'est possible qu'en faisant le remblai par couches à mesure qu'on monte la maçonnerie. Le profil ci-dessus, qu'on a même souvent adopté sans les contreforts qui y sont indiqués, montre avec quelle économie ce système permet d'opérer; il est dû à Brunel, qui en a fait des applications multipliées; depuis quelques années, on est aussi entré en France dans cette voie, et l'on n'a eu qu'à s'en féliciter. Il est surtout avantageux

---

[1]. La figure 80 représente l'élévation postérieure d'un mur de soutènement avec contreforts reliés par des voûtes à diverses hauteurs.

lorsque l'on peut bloquer directement la maçonnerie sur le terrain naturel.

81. Mur à surcharge de remblai. — La formule qui a été donnée plus haut pour les murs de soutènement ne s'applique pas au cas (fig. 82) où le terrain monte plus haut que

Fig. 82.

la crête du mur, ce qui se présente souvent dans les fortifications.

La surcharge de terre exige une surépaisseur de l'ouvrage.

C'est aussi le cas des murs de soutènement des quais, où se font des dépôts volumineux et où circulent de lourds chargements.

Le calcul conduit à des formules plus compliquées, qui ne rentrent pas dans notre cadre.

89. Consolidations aux murs des édifices. — Dans les édifices, lorsque les murs sont exposés à des efforts obliques, ou lorsqu'ils sont abandonnés à eux-mêmes sur une hauteur inusitée, on les consolide aussi par des surépaisseurs en certains points.

Ces surépaisseurs prennent le nom de pilastres lorsqu'elles 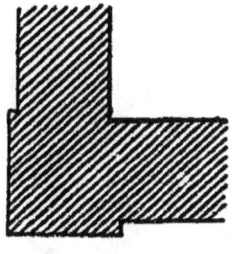 font une saillie restreinte. On les emploie souvent aux angles des bâtiments, auxquels ils donnent une plus grande stabilité et en même temps une meilleure liaison, ainsi qu'il est représenté en plan, fig. 83.

D'autres fois, ces excédants d'épaisseur prennent la forme de contreforts, comme le montrent les fig. 84, 85, 86, 87.

Fig. 83.

Tantôt on donne à ces contreforts une saillie uniforme

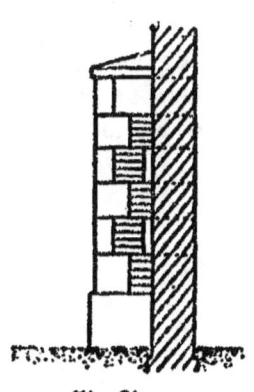
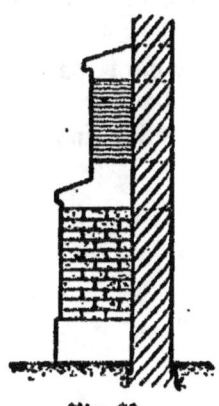

Fig. 84.   Fig. 85.

dans toute la hauteur, fig. 84, tantôt on les divise en plusieurs étages verticaux en diminuant l'épaisseur à la partie haute, fig. 85, ou bien on leur donne des parements inclinés, fig. 86 et 87.

On les exécute généralement en maçonnerie mixte, réservant la pierre de taille pour les parements les plus exposés aux intempéries, et aussi pour relier les matériaux du contrefort à ceux du mur.

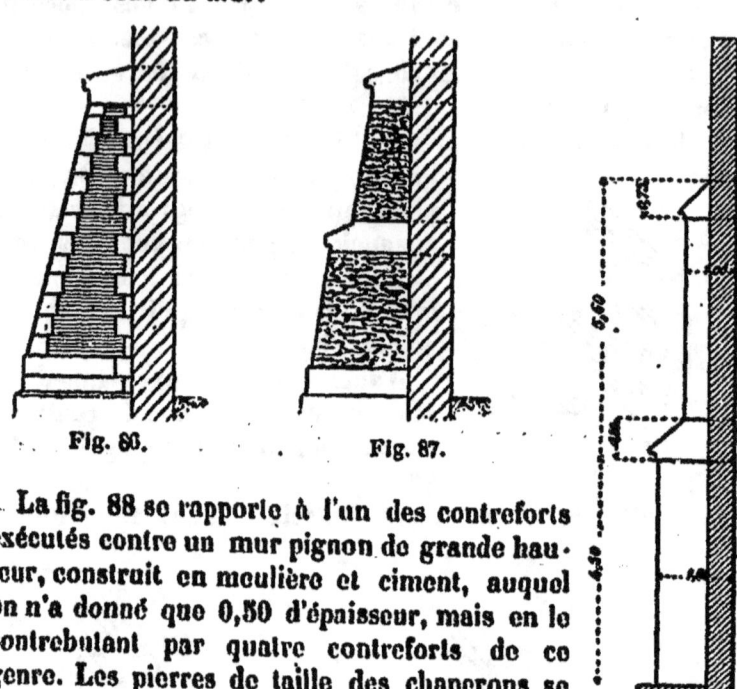

Fig. 86.   Fig. 87.   Fig. 88.

La fig. 88 se rapporte à l'un des contreforts exécutés contre un mur pignon de grande hauteur, construit en meulière et ciment, auquel on n'a donné que 0,50 d'épaisseur, mais en le contrebutant par quatre contreforts de ce genre. Les pierres de taille des chaperons se prolongent dans toute l'épaisseur du pignon.

CHAPITRE III

FONDATIONS, MURS DE CAVES

ET MURS EN ÉLÉVATION

§ 1. *Fondations.*
§ 2. *Murs de caves.*
§ 3. *Des murs en élévation*
§ 4. *Façades.*
§ 5. *Murs intérieurs.*

SOMMAIRE :

§ 1ᵉʳ. — *Fondations :* 83. Responsabilité des architectes et des entrepreneurs. — 84. Fondation des murs. — 85. Fondations sur terrains incompressibles. — 86. Fondation par puits bétonnés. — 87. Fondations par épuisement. — 88. Fondations sur pilotis. — 89. Fondations par batardeaux. — 90. Encaissements. — 91. Fondation d'un puits ordinaire. — 92. Fondation d'un puits dans un terrain sablonneux. — 93. Fondation à l'air comprimé. — 94. Fondations sur les terrains compressibles. — 95. Radier général. — 96. Amélioration du sol.

§ 2. — *Murs de caves :* 97. Murs dans la hauteur des caves. — 98. Des baies de portes dans les murs de caves. — 99. Voûtes de caves. — 100. Diverses formes de voûtes. — 101. Poussée des voûtes. — 102. Détermination approchée des épaisseurs des voûtes. — 103. Détermination des dimensions des piédroits. — 104. Différentes parties d'une voûte. — 105. Tracé des anses de panier à 3 et à 5 centres. — 106. Dimensions pratiques des voûtes de caves. — 107. Planchers en fer remplaçant les voûtes de caves. — 108. Des fosses d'aisances fixes. — 109. Règlement sur la construction des fosses fixes à Paris. — 110. Exemples de fosses fixes. — 111. Des soupiraux. — 112. Eclairage d'un sous-sol de boutique. — 113. Eclairage pour cour anglaise.

§ 3. — *Des murs en élévation :* 114. Des murs en élévation. — 115. Des murs de clôture. — 116. Des chaperons de murs de clôture. Chaperons en plâtre. — 117. Chaperons en tuiles. — 118. Chaperons en pierre. — 119. Murs de clôture en maçonneries mixtes. — 120. Refends et bossages. — 121. Des baies dans les murs de clôture. — 122. Portes de piétons. — 123. Portes charretières. — 124. Murs de clôture avec grilles dormantes.

§ 4. — *Façades :* 125. Murs de face des bâtiments. — 126. Portes. — 127. Fenêtres. — 128. Fermeture des baies à leur partie supérieure. Linteaux. Arcs de décharge. — 129. Baies cintrées. Diverses formes d'arcs. — 130. Arc plein cintre extradossé. — 131. Arc plein cintre en tas de charge. — 132. Arcs en briques ; divers appareils. — 133. Arcs surhaussés. — 134. Arcs outrepassés. — 135. Arcs surbaissés à un centre. — 136. Arcs surbaissés elliptiques ou en anse de panier. — 137. Arcs en ogive. — 138. Voûtes en platebandes. — 139. Linteaux en bois ou en fer. — 140. Combinaisons du linteau avec l'arc. Porte à imposte sur corbeaux. — 141. Portes sur pilastres en tableau. — 142. Porte à linteau soutenu au milieu. — 143. Fenêtres géminées ; fenêtres à meneaux. — 144 Voussures. — 145. Corniches et bandeaux. — 146. Lucarnes. — 147. Balcons. — 148. Murs pignons.

§ 5. — *Murs intérieurs :* 149. Murs de refend. — 150. Murs mitoyens. — 151. Jours de souffrance. 152. — Jours de servitude. — 153. Adossement des souches. Pied d'aile. — 154. Tuyaux de fumée dans les murs mitoyens. — 155. Etablissement de contre-murs dans quelques cas. — 156. Construction des tuyaux de fumée dans l'épaisseur des murs. — 157. Tuyaux réservés dans la construction des murs. — 158. Tuyaux de fumée en briques ordinaires. — 159. Tuyaux en briques cintrées. — 160. Tuyaux en wagons. — 161. Construction des tuyaux adossés. Boisseaux Gourlier ; tuyaux en briques. — 162. Souches de cheminées hors comble. — 163. Souches en briques ordinaires, en briques cintrées. — 164. Souches au-dessus de tuyaux construits en wagons. — 165. Souches au-dessus des tuyaux adossés.

CHAPITRE III

FONDATIONS, MURS DE CAVES ET MURS EN ÉLÉVATION

§ 1

FONDATIONS

83. Responsabilité des architectes et des entrepreneurs. — La loi rend les architectes et les entrepreneurs responsables des vices du sol qui porte les ouvrages, ainsi que de toutes les conséquences des mauvaises fondations. Or, une mauvaise fondation peut entraîner à des dépenses matérielles dépassant la valeur même des bâtiments et il peut s'y ajouter des chômages ou autres dommages parfois très considérables.

84. Fondations des murs. — La partie basse des murs portant sur le terrain prend le nom de *fondation*. La fondation doit s'appuyer sur une couche de terrain capable de porter les charges qu'elle lui transmet dans toutes les circonstances possibles. De la fondation dépend la stabilité et la durée de l'ouvrage.

Diverses natures de sols. — Lorsqu'on fait des fouilles pour des constructions, on peut rencontrer des sols très variables de qualité, de résistance et d'épaisseur. On les range dans deux catégories : les terrains *incompressibles* et les terrains *compressibles*.

Les terrains incompressibles comprennent les rocs, les tufs, les terrains pierreux, graveleux, sablonneux.

Les terrains compressibles sont les argiles, les tourbes, les vases, les terres végétales, les terres rapportées.

Dans chaque cas, des essais permettent de se rendre compte au moins approximativement de la résistance de chaque couche du sol.

D'ordinaire, on regarde comme insuffisants les terrains compressibles, et l'on descend à la profondeur nécessaire pour asseoir la construction sur une couche incompressible résistante. Pour apprécier convenablement la sécurité que pourra offrir une couche, il faut se rendre compte si sa solidité apparente se continue à une plus grande profondeur, si sous telle roche ne se trouve pas à faible distance une couche compressible, une excavation, etc. Il faut voir si les eaux naturelles du sol pourront, la construction faite, continuer à s'écouler sans s'accumuler contre elle, ou, plus généralement, sans qu'il y ait risque de ramollissement de certaines couches, d'entraînement de certaines autres. Il faut penser aussi aux perturbations et crues des eaux de la surface.

C'est au moyen de sondages et d'expériences directes que l'on peut avoir des notions sur la succession des couches superposées, sur la résistance que peut offrir chacune d'elles.

On doit toujours, dans chaque cas, compléter les résultats directs par des renseignements pris dans la localité. Les constructions élevées précédemment donnent de précieux indices sur la valeur du sol, sans qu'il faille oublier d'ailleurs qu'elle peut varier brusquement d'un point à un autre.

65. Fondations sur terrains incompressibles. — On peut s'appuyer immédiatement au-dessous du sol des caves sur les terrains de rocher ou de tuf; mais on préfère toujours s'enfoncer d'au moins 0^m,50 plus bas, pour éviter que le plus léger travail sur la surface du sol des caves ne vienne à déchausser les murs et pour prévenir tout glissement de la construction.

On fait donc à l'emplacement de tous les murs à élever des

§ 1. — FONDATIONS

fouilles étroites qui doivent loger les premières assises ; les fouilles étroites s'appellent des *rigoles*.

Lorsque les fondations sont partout à peu près à la même profondeur, on dresse les fonds de rigoles au même niveau ; dans le cas contraire, on découpe les fondations par gradins successifs horitaux.

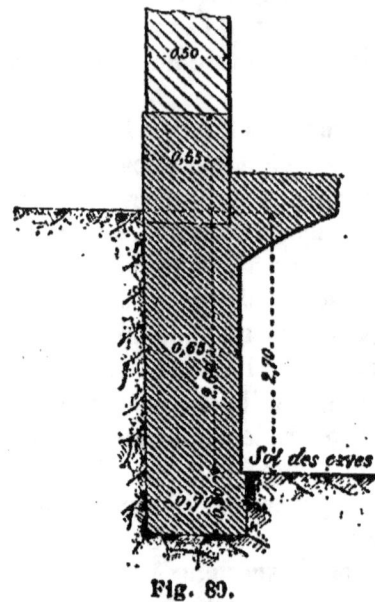

Fig. 89.

En aucun cas, on n'établit les fondations sur un sol de rigoles en pente.

La fig. 89 donne la coupe transversale du mur d'un bâtiment appuyé sur un terrain de rocher. Le mur de face a 0,50 d'épaisseur ; il se termine près du sol extérieur par un soubassement en pierre dure de 0,55 d'épaisseur, qui porte sur le mur de cave. Ce dernier a 0,65 d'épaisseur au-dessus du sol intérieur et 0,70 au-dessous.

On procède ainsi par augmentations successives, surtout quand le rocher est de plus faible résistance que la maçonnerie ; cela permet de répartir sur une plus grande surface du terrain la pression que le mur va exercer.

La surépaisseur du mur en rigoles sur le mur en caves s'appelle *empattement* ; elle varie avec la résistance du sol de fondation, mais en raison inverse.

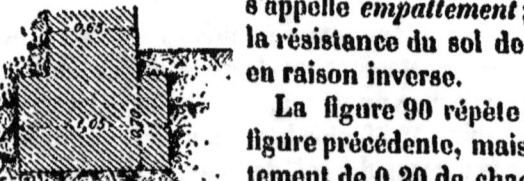

Fig. 90.

La figure 90 répète l'exemple de la figure précédente, mais avec un empattement de 0,20 de chaque côté, ce qui porte à 1,05 la largeur de la rigole et du mur qu'elle doit contenir.

Le même genre de fondation s'applique aux terrains de cailloux ou de sable, qui sont des meilleurs, en raison de leur incompressibilité absolue toutes les fois qu'ils sont à l'abri des érosions par les eaux.

Lorsque les cailloux et sables peuvent être entraînés par les eaux, on donne plus de profondeur aux fondations ; pour retenir les sables, on met des encaissements en charpente ou des murs de garde en maçonnerie. Mais tout cela suppose qu'on puisse atteindre un niveau où les courants ne soient plus à craindre.

Les matériaux que l'on choisit pour construire un mur du genre indiqué par la fig. 89 sont les suivants :

L'encaissement formé par la rigole sera rempli en meulière ou moellon et mortier hydraulique mais plus souvent en béton, qui presque partout est moins cher que la maçonnerie de petits matériaux ; ce béton sera fait avec mortier de chaux hydraulique et pilonné avec soin, par couches de $0^m,20$ au plus.

Le béton sera arasé au moins à $0^m,20$ en contrebas du sol des caves, pour qu'une légère dénivellation ne vienne pas le mettre à découvert.

Au-dessus du béton, les murs de caves se construisent en petits matériaux et mortier hydraulique, à base de chaux ou de ciment, suivant l'importance ou la destination de la construction.

86. Fondation par puits bétonnés. — Les terrains capables de porter les murs des édifices ne se rencontrent pas toujours à la surface même du sol, ce qui oblige à approfondir plus ou moins les rigoles. Lorsqu'il faut creuser celles-ci à une profondeur de plus de 2^m à 3^m d'une façon continue, elles deviennent dangereuses à exécuter et exigent des étaiements considérables et onéreux pour maintenir leurs parois. On a souvent alors recours à un moyen économique.

On élargit l'épaisseur du mur en fondation au moyen de deux empattements et, au lieu de faire une rigole continue, on se borne à creuser des trous successifs à 3 ou 4^m les uns des autres, l'espacement exact étant déterminé par la position des points les plus chargés du mur.

Ces trous sont ordinairement rectangulaires, et l'on règle leur section d'après la charge que doit porter par centimètre

§ 1. — FONDATIONS

carré soit le sol inférieur, soit la maçonnerie qu'il reçoit (le moins résistant des deux).

Les trous ou *puits* une fois foncés jusqu'à 0ᵐ,50 environ dans le sol résistant, sont remplis de béton jusqu'à un niveau tel qu'il laisse la place d'une série de voûtes allant d'une pile à la suivante.

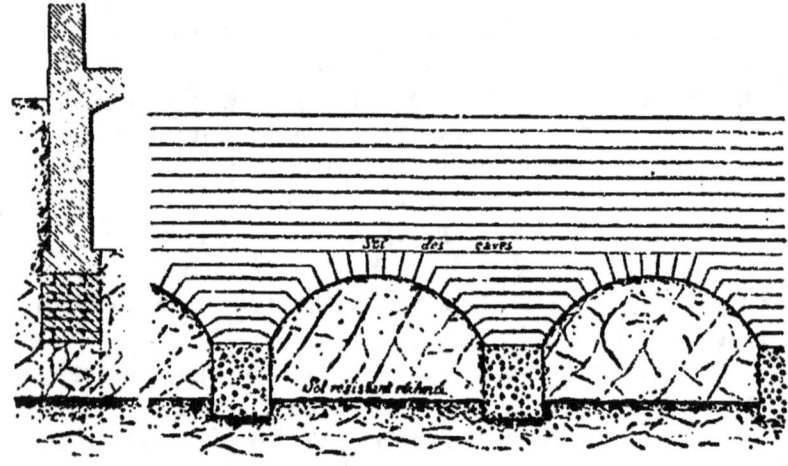

Fig. 91.

Pour exécuter ces voûtes, on taille en forme de cintre le terrain dans les intervalles des puits successifs, et sur ces cintres on exécute la maçonnerie des voûtes en petits matériaux, moellons, meulières ou briques, avec mortier hydraulique ; on dresse l'extrados de ces voûtes suivant un plan horizontal à 0ᵐ,20 en contrebas du sol des caves, et l'on monte sur cette fondation le mur des caves.

On a donc ainsi, au moyen d'une série d'arcades, reporté la charge du mur sur une suite de piliers de béton qui, de distance en distance, sont assis sur un bon sol ; d'où économie de fouille et économie de maçonnerie.

Pour étudier la fondation d'un mur par ce procédé, il est indispensable d'en faire le calepin, c'est-à-dire l'élévation complète avec ses baies et toutes les particularités de sa construction. Cela permet de se rendre compte de la charge du mur en ses différents points, de répartir judicieusement les piliers aux endroits les plus chargés, de déterminer leurs sections pour qu'ils puissent porter la charge en toute sécurité et la répartir sur le sol en raison de sa résistance.

Dans plusieurs quartiers de Paris et dans beaucoup de localités de la banlieue, le sous-sol a été autrefois exploité en carrières qui ont été remblayées imparfaitement, soit que l'exploitation ait été faite à ciel ouvert, soit qu'on ait procédé par galeries souterraines.

Dans le premier cas on se trouve en présence d'un remblai sur lequel il est impossible de compter. Dans le second, on peut avoir près du sol un terrain solide en apparence, mais sous lequel des vides imparfaitement remplis donneraient des mécomptes.

Le bon sol réel se trouve ainsi reculé à 8, 10, 15, 20 mètres mêmes, suivant les cas en contrebas du sol extérieur.

Pour faire dans un pareil terrain les fondations d'un bâtiment, on emploie le procédé précédent, mais en le modifiant un peu.

On cherche les points de la construction qu'il peut être utile de soutenir et de préférence les encoignures, les intersections de murs, les axes des trumeaux, et c'est en ces points que l'on trace la position des piliers, qu'il faut asseoir sur le bon sol à la profondeur voulue.

Pour fouiller économiquement et presque sans étayer les trous nécessaires, on leur donne, non plus une section rectangulaire, mais une section circulaire qui offre bien plus de sécurité; les parois tiennent mieux, c'est un véritable puits que l'on fonce. On traverse ainsi les terrains les plus mauvais en prenant les seules précautions suivantes :

Si la paroi tend à s'égrener un peu, on lui forme avec du mortier de plâtre gâché à l'eau un enduit de 4 à 6 centimètres d'épaisseur, de manière à former un anneau de la hauteur de la partie ébouleuse. Cela s'appelle *chemiser le puits*.

Lorsqu'on craint pour la solidité du terrain sur une certaine épaisseur, on garnit la paroi de planches verticales, on les maintient appliquées au pourtour au moyen d'un certain nombre de cercles en fer, et on chemise en plâtre par dessus pour ne laisser aucun interstice.

§ 1. — FONDATIONS

Chaque puits une fois foncé, et reconnu poussé jusqu'au bon sol dans lequel il doit pénétrer d'environ 0^m,50, on commence à le remplir de béton avec mortier convenable. Ordinairement, on emploie de bonne chaux hydraulique.

On calcule le volume de béton à employer, et l'on en verse la quantité nécessaire pour qu'une fois régalée dans le puits elle forme sur toute la surface une couche d'environ 0^m,20 d'épaisseur. A chaque versement de béton, on fait descendre un ouvrier pour régaler parfaitement et bien pilonner la couche avant de mettre une nouvelle mesure, et petit à petit on emplit le puits jusqu'au niveau déterminé pour la naissance des arcs.

Fig. 92.

Deux cas peuvent alors se présenter :

Ou bien les murs de cave sont percés de baies et l'on fait comme précédemment les arcs qui doivent relier les puits successifs dans la hauteur des rigoles et en contrebas du sol des caves, ainsi que le montre la figure 92.

Cette disposition laisse toute latitude pour donner aux baies du sous-sol la position, la forme et la hauteur qui conviennent à leur destination.

Ou bien les murs de cave sont pleins ou percés de baies basses vers le milieu des intervalles des puits ; alors on peut, par économie, remonter les arcs dans la hauteur des caves, ce qui diminue la profondeur des rigoles.

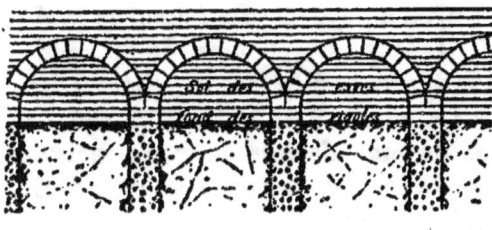

Fig. 93.

La figure 93 donne la disposition de la fondation du mur dans la dernière hypothèse.

Le béton du puits est arasé d'abord au niveau du fond des rigoles, à environ 0m.50 en contrebas du sol des caves.

Les cintres des voûtes sont alors formés par la maçonnerie des intervalles qui, elle, ne repose que sur le fond des rigoles ordinaires ; ce qui suffit largement, les puits consolidant le terrain en même temps qu'ils portent la construction.

Il est bon de foncer tous les puits qui doivent former la fondation d'un bâtiment et de les remplir de béton au niveau voulu avant de faire la fouille en excavation des caves et des sous-sols. On dépense quelques mètres de fonçage en plus, mais on évite des chances d'éboulement toujours terribles pour les puisatiers qui travaillent à ces profondeurs.

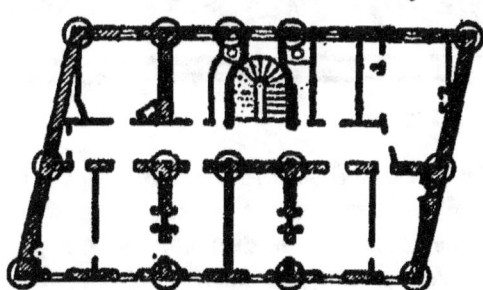

Fig. 94.

La figure 94 montre la disposition des puits destinés à supporter une maison à loyers. Les puits se mettent sous les points les plus chargés : aux angles du bâtiment, sous les trumeaux, aux intersections des divers murs ; leur espacement est d'ordinaire de 3 à 4 mètres d'axe en axe, quelquefois 5 et 6 mètres. Quand on dépasse cette dernière portée, il est utile de les chaîner fortement aux naissances, pour éviter l'effet des poussées des arcs.

La figure précédente montre ce cas particulier, certains axes ayant jusqu'à 9 mètres de portée. Pour maintenir les puits qui reçoivent ces arcs, on a noyé dans le béton de la rigole de doubles barres de fer, appelées chaînes, de 60 millimètres de largeur sur 11 millimètres d'épaisseur, reliées à des barres transversales en fer carré de 40 millimètres de côté. La figure 95 donne la coupe du mur de face de cette maison dans sa partie en fondation, avec la forme des arcs et le chaînage des grandes voûtes.

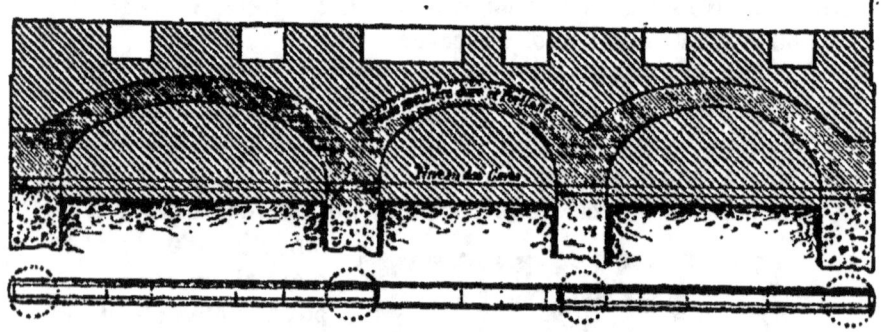

Fig. 95.

Pour des maisons ordinaires, le diamètre des puits est de 1 m. 10 à 1 m. 30. Les puits d'angle ont 1 m. 20 à 1 m. 40. Pour les édifices publics, les puits ont des dimensions en rapport avec leur hauteur et avec la charge à porter. L'église du Sacré-Cœur, à Montmartre, est élevée ainsi sur une série de piliers traversant les anciennes carrières à plâtre de la butte, ils vont trouver le bon sol à une profondeur de 28 mètres, et les piliers sont construits en meulière et ciment et ont un diamètre de 4, 5, et 6 m. Plusieurs sont carrés et ont jusqu'à 8 m. de côté.

Dans les constructions ordinaires les puits sont remplis de béton fabriqué avec une bonne chaux hydraulique, et les arcs sont construits en matériaux très résistants, comme de la meulière caillasse ou de bonnes briques bien cuites, associés à du mortier de ciment de Portland. Lorsque la charge est très considérable, on fait utilement en mêmes matériaux que l'arc le dernier mètre supérieur de chaque pile.

Pour des habitations privées, l'épaisseur de l'arc varie de 0 m. 50 à 0 m. 70 et sa largeur est l'épaisseur même du mur.

Dans chaque cas particulier, il faut se rendre compte pour chaque point des efforts exercés, en kilogrammes, et mettre les dimensions et qualités des matériaux en rapport avec les efforts calculés.

87. Fondations par épuisement. — Lorsque les terrains qui recouvrent le bon sol sont aquifères, ce qui arrive souvent dans le fond des vallées, l'eau peut être peu abondante et la couche solide peu distante de la surface. On fait alors la fouille comme à l'ordinaire, on épuise l'eau à l'aide de pompes et d'engins divers et l'on emploie des mortiers très hydrauliques. Il peut être utile de ménager un passage aux eaux, par le moyen de tuyaux noyés dans un bon mortier et débouchant le long de l'édifice, à l'extérieur.

88. Fondations sur pilotis. — Lorsque le terrain résistant est à plus grande profondeur, on peut être amené à fonder sur *pilotis*, surtout quand l'affluence des eaux permet de compter que ceux-ci seront toujours noyés. La fondation par pieux ou pilotis est, en effet, basée sur ce principe : que *le bois immergé pour toujours sous l'eau s'y conserve indéfiniment;* la conservation des pieux d'anciens monuments et celle des bois de certaines forêts, immergées à des dates connues, en donnent la démonstration.

On prend des tronçons d'arbres de 0 m. 18 à 0 m. 30 de diamètre moyen ; on les écorce, on les affûte du petit bout que l'on arme d'une pointe en fer nommée sabot. On les coupe au gros bout perpendiculairement à l'axe ; on arme ce gros bout d'une frette en fer posée à chaud, et l'on a ce qu'on appelle *un pieu*.

§ 1. — FONDATIONS

Si, avec une lourde masse appelée *mouton*, on vient à frapper sur ce pieu posé sur le sol par la pointe, le pieu s'enfoncera ; des coups répétés lui feront traverser les couches supérieures du terrain et il ne s'arrêtera que lorsque sa pointe en fer aura plus ou moins pénétré dans la couche solide.

Un pieu est susceptible en cet état de porter une charge considérable, en rapport avec le poids du mouton et la hauteur dont on l'a laissé tomber.

On regarde un pieu comme pouvant porter 25.000 kilogrammes lorsqu'il ne s'enfonce plus que de 0m.01 environ par volée de 10 coups d'un mouton de 600 kilogrammes tombant de 3 m. 60 de hauteur, ou par volée de 30 coups de ce même mouton tombant de 1 m. 20. On le dit alors *battu à refus*. Lorsque l'on cherche à faire pénétrer des pieux dans la glaise compacte, dans laquelle les transmissions de pression se font lentement, on obtient des refus qui ne persistent pas ; au bout de quelques heures le pieu, sous de nouveaux coups, continue à s'enfoncer pour refuser encore. Il faut donc s'assurer que l'on n'est pas dans le cas d'un refus apparent, qui ne donnerait aucune sécurité.

Fig. 96.

On comprend qu'on puisse réunir un certain nombre de ces pieux et les disposer convenablement pour supporter les fondations d'un bâtiment et en reporter le poids sur le bon sol inférieur.

Les sabots dont on arme la pointe des pieux se font de plusieurs manières :

La figure 97 montre une pointe de fer forgé soudée à quatre branches que l'on cloue sur la pointe du pieu. Ce genre de sabot présente l'inconvénient de se déranger et de se déformer fréquemment pendant le battage, à la rencontre des pierres dures ; les branches du sabot pénètrent alors dans le bois de la pointe et contribuent à le désorganiser, de sorte qu'elle n'arrive plus jusqu'au bon sol ou s'y appuie mal. Cependant ce sont les sabots les plus anciens et les plus fréquemment employés.

Fig. 97.

Les sabots en fonte représentés en coupe longitudinale sur

la figure 98, sont fondus avec une épaisseur croissante jusqu'à leur extrémité inférieure. Dans le culot épais qui forme la pointe on a noyé pendant le coulage une tige en fer barbelée qu'on fait pénétrer dans le pieu et qui fournit une attache solide.

Fig. 98.

Ces sabots peuvent quelquefois se casser pendant le battage dans des terrains de traversée difficile.

Enfin, on fait aussi des sabots en tôle, de forme conique, où le métal enveloppe parfaitement l'extrémité affûtée du pieu et la protège efficacement (fig. 99). L'épaisseur de la tôle de ces sabots est de 0,003 pour les gros pieux et de 0,002 pour les petits. L'extrémité est constituée par un petit culot plein, soudé à la tôle.

Fig. 99.

La frette qui serre le bois de la tête du pieu, pour l'empêcher de se fendre pendant le battage sous les coups du mouton, est en fer forgé soudé, elle se pose très juste à chaud, et le fer, en se refroidissant, se resserre et comprime les fibres du bois. Chaque pieu battu, on enlève la frette, qui sert pour les suivants. Les frettes sont exactement circulaires et les têtes de pieux sont taillées en conséquence si l'on emploie les bois quarrés du Nord ; dans tous les cas il y a un règlement à faire aux dimensions des frettes disponibles.

Pour manœuvrer les lourds marteaux appelés moutons qui servent à battre les pieux, on emploie un appareil en charpente appelé sonnette.

La sonnette la plus simple est la *sonnette à tiraudes*, qu'on emploie de préférence pour les petits pieux et quelquefois pour d'autres.

C'est un bâti formé de deux pièces de bois verticales (figure 100) destinées à supporter à leur partie supérieure la poulie qui permettra de soulever le mouton. Les deux *jumelles*, ainsi qu'on les appelle, servent aussi à guider la pièce qui doit s'enfoncer dans le sol et le mouton qui doit la battre.

Les jumelles reposent sur une *semelle* et portent à leur partie supérieure *un chapeau*. La semelle se relie à une pièce horizontale appelée *queue* et est maintenue par deux contrefiches qui assurent la liaison et l'invariabilité des angles. Toutes ces pièces horizontales constituent l'*enrayure*, sur laquelle on met un plancher pour faciliter les manœuvres.

§ 1. — FONDATIONS

Les jumelles sont maintenues verticales dans un sens par

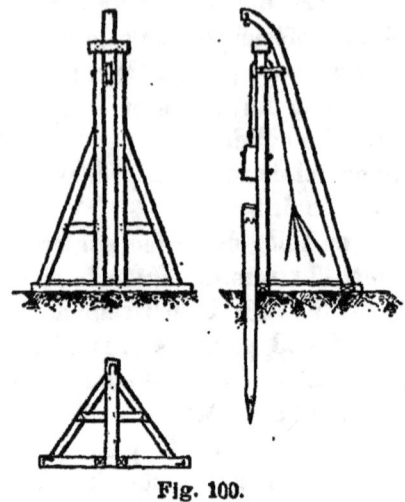

Fig. 100.

deux liens ou *hanches* assemblées avec la semelle, et dans l'autre par un arc-boutant relié au *chapeau* et à la queue, et muni de chevilles saillantes servant à monter en haut de la sonnette. Il est quelquefois prolongé supérieurement pour porter un crochet destiné à la manœuvre des pieux.

L'ensemble de cette charpente forme un appareil facile à déplacer, et que l'on fait glisser sur des pièces horizontales disposées sur le sol.

Sur la poulie passe une corde fixée d'une part au mouton et de l'autre terminée par un faisceau de cordelettes appelées *tirandes*.

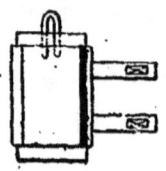
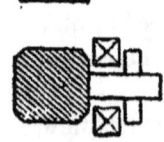

Fig. 101.

Le mouton, pour les petites sonnettes, est quelquefois en bois. C'est une masse prismatique frettée à ses deux extrémités, haute et basse, et terminée en haut par un anneau auquel se fixe la corde.

Deux tenons fixés latéralement au mouton s'engagent entre les deux jumelles, se terminent au-delà par des clefs saillantes et servent à guider l'appareil dans ses mouvements verticaux.

Une équipe d'hommes, actionnant chacun une tiraude et exerçant leurs efforts avec ensemble, soulèvent le mouton à une hauteur d'environ 1 m. 00 et le laissent retomber sur le pieu que l'on a *mis en fiche* le long des jumelles et que l'on a retenu par un cordage lâche qui descend avec lui.

Si l'on a besoin de faire descendre la tête du pieu plus bas que le niveau où le mouton peut atteindre, on interpose entre le mouton et le pieux une pièce de bois, appelée *faux pieu*, frottée aux deux bouts, maintenue sur la tête du pieu par une fiche en fer et attachée aux jumelles par une corde lâche. Le faux pieu reçoit alors le choc du mouton et en transmet l'effet au pieu.

La sonnette à tirandes ne permet de manœuvrer qu'un mouton de 200 à 300 kilog. au plus. Pour les gros pieux à enfoncer dans un terrain difficile, elle ne suffit pas. On emploie alors la sonnette à déclic, plus grande, ayant un mouton de 500 à 600 kilog. et quelquefois jusqu'à 1.000 kilog.

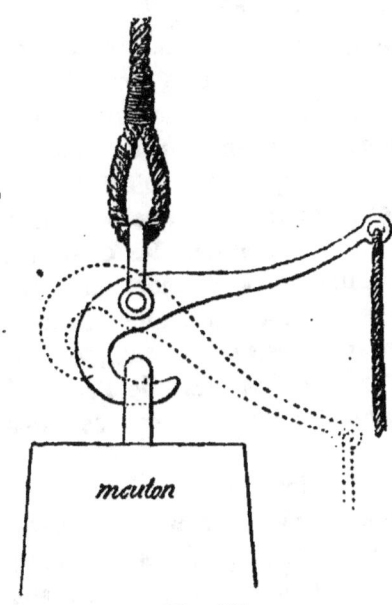

Fig. 102.

La construction repose sur le même principe, sauf que les tirandes sont remplacées par un treuil à bras ou à vapeur agissant sur la corde du mouton.

Une disposition particulière, dite *déclic*, permet à tout point de la montée du mouton de le détacher instantanément de sa corde et de le laisser tomber librement sur le pieu. Un crochet est mobile entre les deux branches d'une chape terminant la corde du treuil ; il soutient l'anneau du mouton et est terminé par une queue formant levier et à laquelle est fixée une cordelette. Il suffit, au moment opportun, de tirer légèrement la cordelette pour dégager le crochet et lâcher le mouton.

Lorsqu'il s'agit de faire la fondation d'un mur au moyen de pieux, on dispose ces derniers par paires, et l'on distance les paires de 1 m. 00 à 1 m. 50, suivant la charge à porter.

Les pieux battus à refus, on les recèpe bien horizontalement à une hauteur uniforme au moyen d'une scie spéciale, et la hauteur du recépage est déterminée par la considération que tous les bois employés soient toujours recouverts par l'eau.

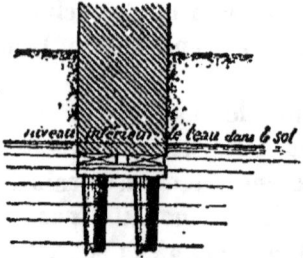

On réunit les pieux d'une même paire par des *racinaux*, pièces de bois transversales de 0 m.20 à 0 m.25 sur 0 m. 12 à 0 m. 20, et ces racinaux sont brochés par une pointe en fer sur la tête de chaque pieu.

Chaque paire de pieux réunis par un racinau forme une sorte de chevalet solide. Sur ces racinaux et dans le sens de la longueur du mur, on pose de longues pièces de bois appelées plateformes ; elles sont jointives et brochées sur les chevalets. Ces plateformes forment un plancher sur lequel on commencera les premières assises du mur, en faisant baisser le niveau de l'eau suffisamment pour pouvoir les construire.

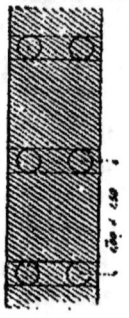

Fig. 103.

Si au lieu d'un mur étroit on a à élever un mur plus épais, on multiplie les pieux de chaque rangée, de manière qu'il s'en trouve le nombre voulu pour porter le poids de l'ouvrage en toute sécurité. Ils sont alors espacés suivant les cas de 0,60, 0,80 et 1 mètre d'axe en axe, figure 104 ; l'espacement de un mètre se rencontre souvent.

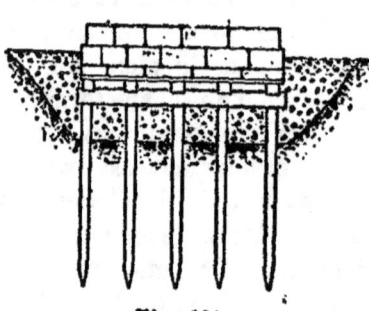

Fig. 104.

On réunit comme précédemment chaque rangée par une traverse ou racinau, et on relie les traverses au moyen de *longrines* ; puis on cloue sur celles-ci un plancher épais qui portera la construction.

Toutes les fois que l'on emploiera le système de fondation par pilotis, on commencera par se rendre compte du niveau le plus bas auquel peut descendre l'eau dans le terrain, et on recépera à hauteur telle que les bois de la fondation n'aient aucun risque d'être jamais à sec.

Souvent après le recépage on enlève la terre délayée qui entoure la tête du pieux et on la remplace par des enrochements que l'on coule à sec.

D'autres fois, on remplace ces enrochements par du béton qui englobe la tête des pieux ; quelquefois les racinaux et la plate-forme en bois sont alors remplacés par des fers plats brochés dans les deux sens.

Tous les bois peuvent être employés pour faire des pieux. Pour les grandes charges on préfère le chêne qui est un bois dur ; comme il a rarement plus de 8 à 10 mètres de longueur, et que souvent on a à exécuter des fondations avec des pilotis enfoncés plus profondément, on met alors deux pieux au bout l'un de l'autre en faisant un assemblage qu'on nomme une *enture*.

On bat d'abord le premier pieu, jusqu'à ce que sa tête soit arrivée au niveau de la semelle de la sonnette, puis on ajoute le second fretté des deux bouts sur le premier, et une même broche en fer, enfoncée de 0 m. 20 dans l'axe de chaque pièce, sert à les réunir.

Un autre système d'enture, plus solide, à employer surtout lorsque les pieux ayant à traverser des terrains pierreux sont exposés à subir des efforts de torsion, est dû à M. Lechalas, ingénieur des ponts et chaussées, et a été appliqué aux fondations du nouveau pont de la Belle-Croix, à Nantes. Les deux extrémités à réunir sont équarries, les faces posant l'une sur l'autre, frettées préalablement, sont séparées par une tôle pour éviter la pénétration des bois ; elles sont centrées par un goujon qui n'est pas indispensable, et enfin un manchon en tôles et cornières de 0 m. 70 de hauteur vient envelopper les deux pièces au niveau du joint, le dépassant de 0 m. 35 au-dessus comme au-dessous, fig. 105.

Ce système a parfaitement réussi.

Quant on veut éviter les entures, on emploie des pieux en

§ 1. — FONDATIONS

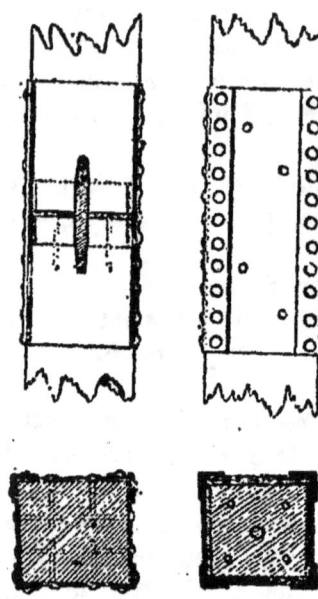

Fig. 105.

bois de pin ou de sapin qu'on peut obtenir jusqu'à une longueur de 20 mètres. Mais il faut d'énormes sonnettes, plus difficiles à manœuvrer. Ce système n'est à employer que lorsqu'une grande quantité de pieux à battre permettent de payer une installation spéciale.

Pour les bâtiments de peu d'importance ou pour tenir des berges de canaux ou rivières, on se sert souvent d'acacias ou d'aulnettes.

On se sert quelquefois de pieux terminés inférieurement par une hélice, et que l'on nomme des *pieux à vis*, figure 105. L'enfoncement n'a pas lieu au mouton, mais au moyen d'une rotation dans le sens convenable. Ils s'enfoncent facilement dans certains sols sans produire d'ébranlements. Le pieu est en bois ou en tôle, la vis généralement en fonte.

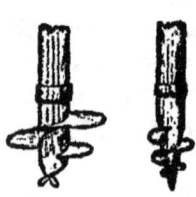

Fig. 106.

Pour les terrains mous, on emploie des vis cylindriques à filet très saillant ayant jusqu'à 1 m. 20 de diamètre et ne faisant qu'un tour ou un tour et demi.

Pour les terrains plus résistants, on a des vis coniques à filet restreint formant trois tours. Les têtes des pieux sont coiffées de chapeaux à mortaises pour recevoir des leviers, et la manœuvre se fait comme celle du cabestan.

Ces pieux pénètrent dans certains terrains impénétrables aux pieux ordinaires, comme les couches de gravier compact.

Un autre moyen, que l'on a employé avec succès pour enfoncer des pieux dans du sable compact, consiste à munir l'extrémité du pieu d'un tuyau mince débitant de l'eau forcée par des pompes foulantes. Le sable est déplacé constamment devant la pointe du pieu, en sorte que celui-ci, chargé convenablement, s'enfonce d'une façon continue, généralement sans battage, sous le poids statique du mouton.

89. Fondations par bâtardeaux. —

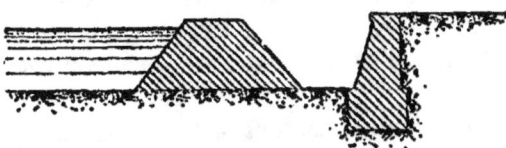

Fig. 107.

Lorsqu'on doit faire un ouvrage dans l'eau, sur le bord d'une rivière par exemple, que le terrain du fond ne laisse pas passer l'eau en trop grande quantité, enfin que l'eau est peu profonde, ou isole la place où doit s'élever la construction au moyen d'une digue en terre argileuse, on enlève l'eau au moyen d'un épuisement, et on maintient le chantier à sec en continuant de pomper l'eau des suintements, pendant toute la durée de la fondation de l'ouvrage.

On enlève ensuite la digue à la drague.

Lorsque la hauteur d'eau dépasse 0 m. 60 et va jusqu'à

Fig. 108.

2 mètres, on remplace la digue en terre par un ouvrage mieux fait, plus résistant, que l'on appelle un batardeau. C'est une digue à parois continues verticales, en bois.

Pour faire un bâtardeau, on commence par battre deux lignes de petits pilotis espacées de l'épaisseur que l'on veut donner à l'ouvrage, et dont la tête dépasse le niveau de l'eau. On réunit longitudinalement tous les pieux d'une même ligne par un cours de doubles moises laissant entre elles un intervalle de 6 à 8 c/m.; transversalement on réunit les deux lignes par des traverses d'écartement.

On complète l'encaissement en battant entre les moises de

§ 1. — FONDATIONS

chaque ligne des cloisons en planches épaisses, affutées d'un bout, nommées palplanches, que l'on pose pièce par pièce en leur donnant, pour former joint, une section dite à grain d'orge, figure 109.

Entre les deux cloisons ainsi formées on vient mettre de l'argile, ou terre glaise, corroyée préalablement et que l'on pilonne avec beaucoup de soin.

Fig. 109.

Lorsque l'encaissement est complètement rempli de terre glaise, on obtient un véritable mur impénétrable à l'eau, surtout si l'on a eu soin de nettoyer le fond de l'encaissement à la drague, pour assurer un contact plus parfait entre la glaise et le sol du fond.

Lorsqu'on a ainsi isolé le chantier, on épuise dans l'intérieur, et on le maintient à sec pendant que l'on exécute les travaux de fondation de l'ouvrage.

90. Encaissements. — Une autre méthode de construction dans l'eau consiste à établir autour de la pile à fonder un *encaissement*, c'est-à-dire une enceinte de pieux et palplanches. On drague ensuite le fond de l'encaissement, dans l'eau, l'on dresse le bon sol à la profondeur voulue sur une

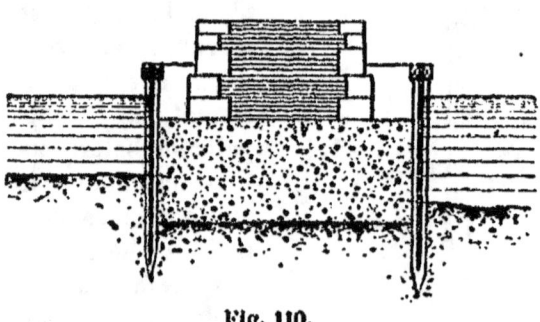

Fig. 110.

surface horizontale à l'abri des affouillements, et, toujours dans l'eau, on coule du béton de manière à remplir l'encaissement sur toute la largeur. Lorsque la surface supérieure du béton est arrivée à 0 m. 30 ou 0 m. 40 en contrebas du niveau de l'eau, on s'arrête, on laisse durcir quelques jours, on épuise de manière à mettre sa surface à sec et l'on élève la base de la pile. Pour faciliter l'épuisement, on établit souvent un bourrelet de béton à l'intérieur de l'enceinte. La figure 110 est une coupe en travers faite entre deux pieux de chaque ligne.

On préserve par des enrochements les parois de l'encaissement.

Caissons étanches. — D'autres fois on construit, soit en bois, soit en tôle, un caisson étanche, dans lequel, pour le lester, on commence à construire la base de la maçonnerie ; on échoue ce caisson, soit sur un sol bien horizontalement dragué, soit sur les têtes d'une série de pieux parfaitement récepés. Le caisson échoué, on épuise, on continue au sec la maçonnerie commencée, et sur cette fondation on établit l'ouvrage. Les parois verticales sont enlevées lorsque les maçonneries sont suffisamment montées, et le fond du caisson reste seul incorporé à l'ouvrage.

91. Fondation d'un puits ordinaire. — Le forage d'un puits à eau dans les conditions les plus ordinaires ne présente pas de difficultés. On fonce la fouille jusqu'à la couche aquifère. On traverse celle-ci en épuisant l'eau qui se présente et quand on s'est enfoncé dans cette couche de 2 à 3 mètres, on s'arrête, on établit sur le fond un *rouet*, un anneau circulaire en bois de chêne qui reçoit les maçonneries de revêtement. Ces maçonneries dans la hauteur de la couche aquifère doivent être perméables à l'eau qu'il s'agit de recueillir. On les fait avantageusement de briques creuses très cuites, les trous dirigés suivant le rayon, et hourdées en mortier de ciment. Les trous de la brique laisseront ultérieurement passer l'eau. Au-dessus on fait le mur circulaire en matériaux durs, résistant à l'eau, et hourdés en ciment. Dans ces conditions l'épaisseur à donner aux murs est de 0 m. 20 à 0 m. 25, en raison de la forme circulaire. On a soin en montant le revêtement de bloquer contre le terrain sans laisser d'intervalle libre entre le mur neuf et les parois du puits. On évite ainsi des dégâts et éboulements.

92. Fondation d'un puits dans un terrain sablonneux. — Cette méthode ne saurait s'appliquer si le terrain

§ 1. — FONDATIONS 133

aquifère est du sable. Ce dernier prend un talus si faible dans l'eau, qu'en cherchant à épuiser, les parois de sable se désagrégeraient, viendraient avec l'eau, il se formerait à la base du puits une excavation circulaire profonde et les terrains supérieurs non soutenus s'ébouleraient et l'ouvrage serait compromis, figure 111.

On emploie quelquefois pour traverser les sables mouillés

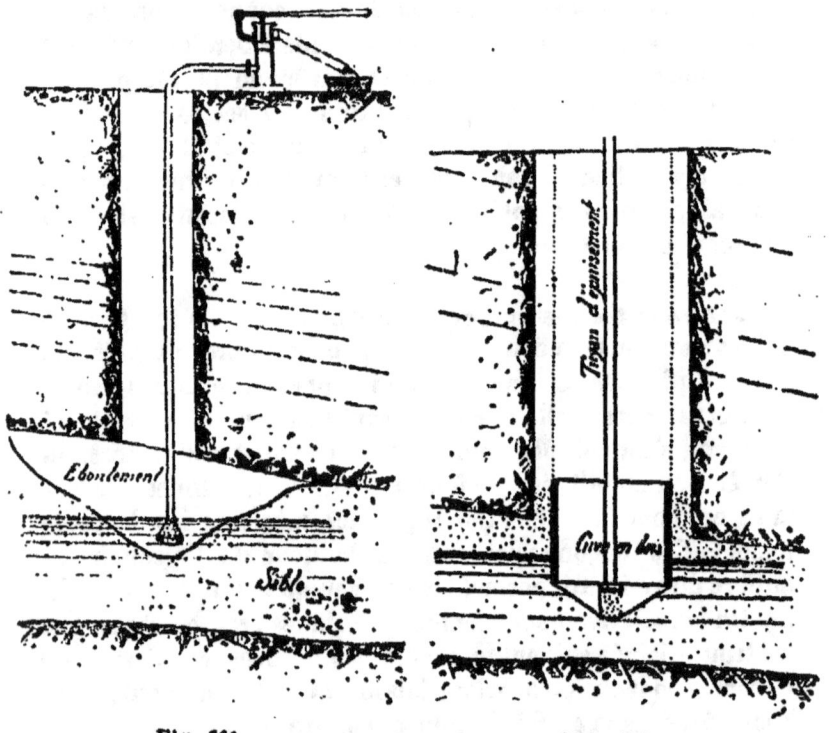

Fig. 111.   Fig. 112.

et coulants, une cuve en bois sans fond sous laquelle on creuse en rejetant les sables extraits entre la cuve et le terrain ; en maintenant la partie inférieure toujours dégarnie, et exerçant une pression verticale, on arrive à faire pénétrer la cuve dans le sable sans exagérer les excavations. On remblaie en sable entre la cuve et le terrain, et sur ce sable on construit la maçonnerie du puits.

Un procédé plus sûr consiste à faire préparer, pour remplacer la cuve en bois, une cuve en tôle qui porte le nom de

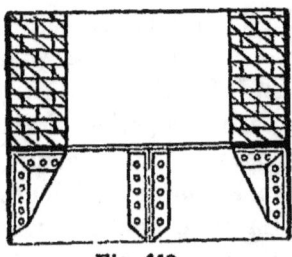

Fig. 113.

trousse coupante ; c'est un cylindre en tôle à bords inférieurs tranchants qui doivent pénétrer dans le terrain; sur une série de consoles, rivées sur le pourtour et à l'intérieur du cylindre, vient se fixer un rouet en tôle qui doit porter la maçonnerie dont on voit le commencement dans la figure 113.

Pour se servir de cet appareil, on fonce le puits jusqu'au sable au diamètre convenable, laissant le jeu nécessaire pour introduire la trousse coupante, et on descend cette dernière en la posant sur la surface du gravier. Pour la charger on construit sur le rouet une certaine hauteur de la maçonnerie du puits et on commence à fouiller le sable et à l'enlever ; à mesure qu'on dégarnit la base de la trousse, elle descend naturellement avec la maçonnerie qu'elle porte, et on règle la fouille pour que la descente soit bien verticale. On ajoute pendant ce temps de la maçonnerie au mur circulaire pour obtenir une charge croissante.

Il est entendu que durant ce travail on se débarrasse des eaux souvent très abondantes au moyen d'une pompe d'épuisement.

Lorsque le puits est arrivé à profondeur, on garnit le fond de gros gravier et de galets, jusqu'au rouet. Ce procédé ne produit que des excavations sans importance ; on l'emploie non-seulement pour des puits à eau, mais encore pour des puits destinés à des fondations de bâtiments.

63. Fondations à l'air comprimé. — Lorsque l'on a à traverser un terrain aquifère d'une grande hauteur et qu'il est impossible d'épuiser la quantité d'eau que ce terrain peut fournir, on emploie encore le procédé de la trousse coupante, en refoulant l'eau au moyen de l'air comprimé. La trousse C reçoit alors de bas en haut une poussée considérable égale au poids du liquide qu'elle déplace ; elle aura donc besoin d'être lestée pour pouvoir descendre.

Nous représentons sur la figure 114 une trousse coupante, posée sur le terrain qu'il s'agit de fouiller dans l'eau ; sa partie supérieure est disposée pour recevoir, entre sa paroi extérieure et un tube central, une masse annulaire D de béton ou de maçonnerie qui formera lest.

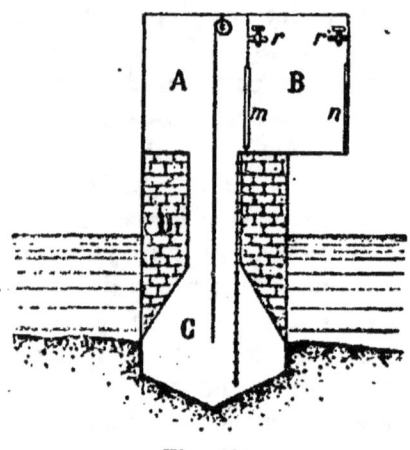

Fig. 114.

Au moyen de brides, cette trousse se raccorde avec un appareil appelé *sas à air*, double chambre qui par deux portes m et n parfaitement étanches peut communiquer soit avec l'air extérieur, soit avec le tube central ; deux robinets r et r' existent dans les parois de la chambre et un tuyau venant déboucher dans la chambre A permet d'y amener de l'air comprimé, au moyen de pompes mues par une machine à vapeur.

Ceci posé, voici la marche de l'appareil : les portes m, n et les robinets r, r' étant fermés, on met les pompes en mouvement ; l'air se comprime dans la chambre A, fait baisser le niveau de l'eau dans le tube central, dégage la chambre de travail de la trousse, et l'eau chassée, ainsi que l'air en excès, va passer entre la trousse coupante et le terrain.

Si maintenant un ouvrier veut s'introduire dans l'appareil, il commence par ouvrir la porte n, entre dans la chambre B et s'y enferme ; puis, ouvrant le robinet r, il établit *doucement* la communication entre A et B et l'équilibre de pression s'établit, il peut alors ouvrir la porte m, et ensuite la refermer. Il descend alors au moyen du tube central dans la chambre de travail, au milieu de l'air comprimé. Les ouvriers fouillent ainsi au pourtour de la trousse coupante et remontent les matériaux extraits dans la chambre A, pendant qu'on règle la descente du tube au moyen de quatre grandes vis appelées *vérins*, disposées sur un échafaudage qui maintient le tube.

Le béton de l'espace annulaire est là pour charger l'appareil, contrebalancer la poussée de l'eau, et permettre ainsi de régler commodément la descente.

Lorsqu'on est descendu d'une certaine quantité on arrête le travail, on fait sortir l'équipe d'ouvriers, on enlève le sas à air, on ajoute à la trousse un ou plusieurs anneaux de rallonge, on rétablit le sas et on recommence ainsi jusqu'à ce que la trousse inférieure soit arrivée au bon sol et y ait pénétré d'une quantité reconnue suffisante. On arrête alors la fouille et on remplit de maçonnerie ou de béton d'abord la chambre de travail, puis le tube central, et en fin de compte on a obtenu une colonne de maçonnerie, revêtue de métal, tôle ou fonte, reposant sur le sol solide et pouvant reporter sur le sol la charge de tout ou partie de la construction.

Quand la profondeur en contre-bas du niveau de l'eau dépasse 18 à 20 mètres, les ouvriers sont incommodés par la forte pression à laquelle ils sont soumis, et ne peuvent rester longtemps dans l'appareil. Cependant, on peut aller ainsi jusqu'à 26 à 30 mètres. Il est indispensable alors de prendre les plus grandes précautions pour la sortie des ouvriers de l'air comprimé ; il faut qu'ils passent lentement de la pression intérieure du tube à la pression extérieure, sous peine d'accidents mortels.

On a amélioré le système des fondations à l'air comprimé en établissant une noria à l'intérieur d'un tube ouvert aux deux bouts où l'eau se maintient au niveau de la nappe ou de la rivière.

Cette noria a pour but d'extraire les produits de la fouille directement sans les faire passer par le sas à air, ce qui exigeait des manœuvres longues et onéreuses. Le sas à air ne sert alors que pour la circulation des ouvriers et le passage des matériaux pour le remplissage, en dernier lieu, de la chambre de travail et des tubes. Souvent on met un sas spécial pour les ouvriers, et un sas plus gros pour les matériaux. Nous donnons, en plan et en coupe longitudinale sur l'axe, le système de fondation adopté pour le pont de Kehl par MM. Vuigner et

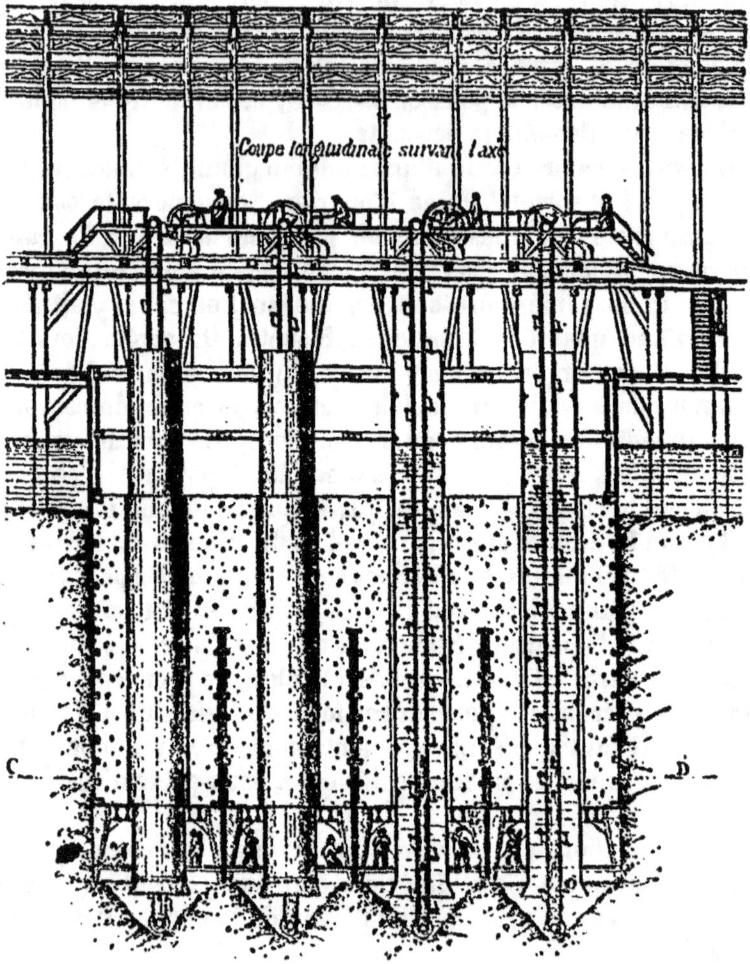

§ 1. — FONDATIONS

Coupe longitudinale suivant l'axe

Plan

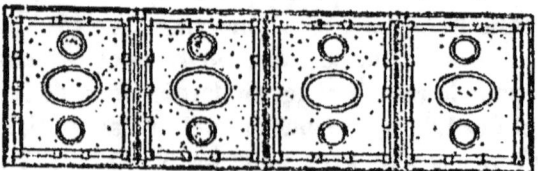

Fig. 113.

Fleur-Saint-Denis ; on voit que la pile culée, à laquelle se rapportent nos dessins, comportait quatre grandes cheminées elliptiques avec les norias précédemment indiquées. Huit petites cheminées cylindriques, de 1 m. de diamètre, qu'on voit sur le plan, étaient coiffées de sas à air de 2 m. de diamètre sur 3 m. de hauteur (Voir la coupe en travers, figure 115 *bis*, où l'un des sas à air est figuré).

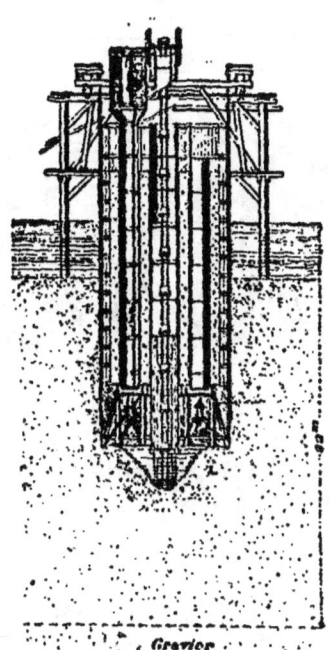

Fig. 115 *bis*.

Il faut remarquer que le grand caisson de Kehl est, en réalité, le produit de la juxtaposition des quatre caissons partiels auxquels on avait songé d'abord ; mais ce n'est pas moins l'origine des caissons à grandes surfaces auxquels on a eu recours depuis.

Nous citerons en ce genre les piles colossales du pont de Brooklyn ; leur fondation a 52 m. sur 31 m., soit plus de 16 ares de superficie. Dans la crainte de quelques inégalités dans la résistance du sol, on a pris le parti d'asseoir les maçonneries sur un vaste plateau de charpente, assez épais et assez rigide pour rendre impossible toute inégalité de tassement. On a donné à cette charpente la forme d'un grand caisson fermé par le haut, de façon à l'amener facilement en place et à l'immerger sans avoir à le soutenir avec des vérins. Le plafond de la chambre est composé de cinq cours superposés de *yellow-pine* de 0 m. 30 de côté, se croisant et reliés en tous sens par de forts boulons. La chambre de travail a 2 m. 70 sous plafond et est divisée en six compartiments. Le caisson a été monté sur la rive et lancé comme un navire, mais en présentant sa longueur.

Les sas à air étaient placés sur les deux puits circulaires

les plus rapprochés du centre et fixés sur le plafond de la chambre de travail. Les puits extrêmes servaient à l'enlèvement des déblais, fouillés à l'aide de dragues Morris et Cummings, qui consistent en un demi-cylindre dont les deux moitiés sont descendues vides et écartées, jusqu'au contact du fond ; en se refermant lorsqu'on les soulève, elles saisissent et

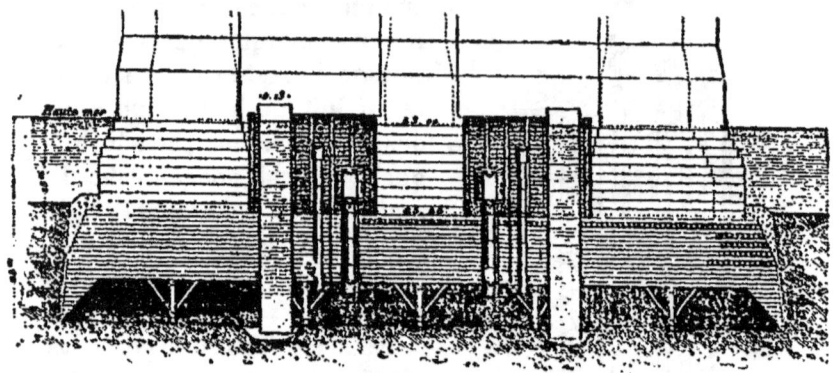

Fig. 116.

emmagasinent le déblai ou les blocs. Enfin, les deux petits puits intermédiaires, qu'on voit sur la figure, étaient destinés à l'introduction des matériaux pour le remplissage final de la chambre de travail.

Lorsque le caisson a une profondeur un peu grande, on étrésillonne ses parois avec des charpentes provisoires destinées à les renforcer suffisamment contre les pressions de l'eau, et l'on enlève ces charpentes à mesure que l'on maçonne. — D'autres fois on supprime tout le caisson supérieur, réduisant ainsi la construction en tôle à la chambre de travail, à son plafond supérieur qui reçoit la maçonnerie, et aux sas à air. On maintient alors la maçonnerie hors de l'eau à mesure de la descente, que l'on règle avec des verrins. — Dans quelques cas, on s'est servi de caissons à air comprimé comme de véritables cloches à plongeur. Les poutres du plafond comprises entre deux tôles forment une chambre dans laquelle on peut introduire plus ou moins d'eau pour lester le caisson, sous lequel les ouvriers travaillent pour construire le massif de fondation. Une fois la maçonnerie hors de l'eau, on enlève le caisson et on le porte plus loin pour établir la pile suivante.

Ces caissons à air comprimé sont si commodes et d'un emploi si sûr, qu'on les applique dans les fondations des bâtiments, pour peu qu'elles présentent des difficultés un peu sérieuses avec les moyens ordinaires.

Aux nouveaux magasins du *Printemps*, on a employé les caissons à air comprimé pour descendre de 2 m. 00 dans une couche de sable aquifère coulant. Le caisson une fois descendu et rempli de béton, on enlevait le plafond qui servait pour le caisson suivant.

94. Fondations sur les terrains compressibles. — Quand le terrain solide se trouve à une trop grande profondeur pour qu'on puisse l'atteindre et lui faire porter directement les constructions, il faut se résigner à s'établir sur le terrain compressible, ce qui est loin, malgré toutes les précautions qu'on puisse prendre, d'offrir la même sécurité. On emploie alors les dispositions capables de diminuer la charge par unité de surface, et d'autre part on améliore le sol lui-même pour augmenter sa résistance.

Empattements. — On fait reposer les murs sur le fond des rigoles par une large base au moyen de forts empattements successifs, ainsi que le montre la figure 117, et si l'on a eu soin, d'autre part, de rendre aussi légère que possible la construction du bâtiment, en ne mettant que la maçonnerie strictement nécessaire, on obtient que la surface inférieure du béton ne charge le terrain que d'un à deux kilogrammes et souvent moins par centimètre carré, alors que le bas des murs en *cd* éprouve une pression de 10 à 12 kilogrammes pour cette même unité de surface.

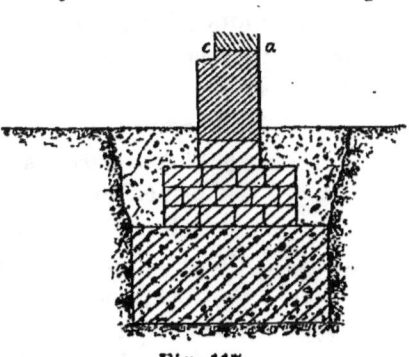

Fig. 117.

§ 1. — FONDATIONS

On s'attache également dans les terrains compressibles à rendre sur tous les points des fondations la charge bien uniforme, pour que le tassement inévitable du sol une fois chargé, soit lui-même uniforme.

Lorsqu'on le peut, une bonne précaution est de charger le terrain d'un poids supérieur au bâtiment qu'il devra porter, et cela pendant plusieurs mois avant la construction.

Plateformes en bois. — On augmente la surface de terrain contribuant à porter la construction, en posant les murs sur des plateformes en bois, perpendiculaires à la direction du mur, et sur lesquelles on vient quelquefois mettre un plancher jointif recevant la première assise de l'empattement du mur. On a donc ainsi réparti le poids de la fondation sur une largeur de *ef* de sol, en rapport avec sa résistance.

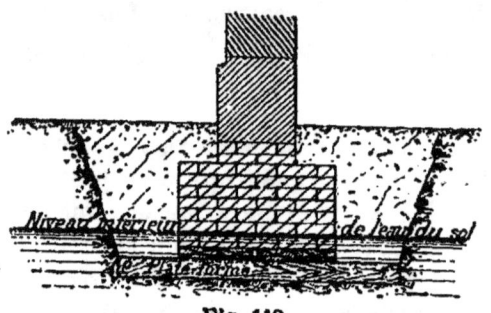
Fig. 118.

Mais on comprend que ce genre de fondation ne sera durable que si les bois sont posés dans un terrain aquifère et à un niveau inférieur à celui des plus basses eaux.

Plateformes en fer. — Dans les terrains non aquifères, on peut remplacer les plateformes en bois par des fers à planchers posés comme les plateformes, perpendiculairement à la direction du mur. Ces fers, espacés d'environ 1 m. 00, sont reliés par des files de boulons et leurs intervalles sont remplis de bonne maçonnerie. C'est sur cette première assise que l'on vient construire le premier empattement du mur. Si l'on s'ar-

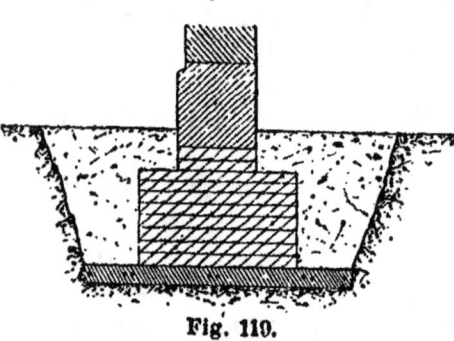
Fig. 119.

range de manière que les fers soient bien enveloppés de mortier de chaux ou de ciment, ils se conserveront pour ainsi dire indéfiniment. La chaux a, en effet, la propriété de préserver de la rouille, même à l'humidité, les fers avec lesquels elle est en contact.

95. Radier général. — On diminue encore la charge par unité de surface du sol en établissant sur toute la surface que doit occuper le bâtiment un vaste *plateau* ou *radier* de béton ou de maçonnerie que l'on a soin de faire déborder de son épaisseur au moins au-delà du périmètre extérieur. Le poids de la construction se répartit ainsi presque uniformément sur toute la surface du sol intéressé et la pression par centimètre carré devient très faible.

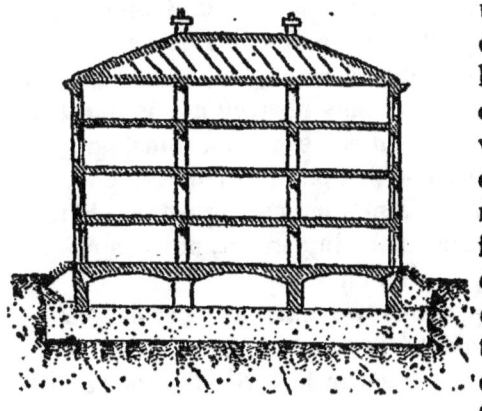

Fig. 120.

Ces radiers en béton ont 1 m. 50, 2 m. 00, 2 m. 50 d'épaisseur, et cette épaisseur varie avec l'écartement des murs de la construction. Plus les murs sont éloignés, plus la charge est difficile à répartir, plus l'épaisseur du béton doit être grande.

En noyant dans la masse du béton, et préférablement à sa partie inférieure, des fers à planchers, qui lui donnent de la résistance et de la liaison, on peut diminuer l'épaisseur et, par suite, le poids propre du radier.

Lorsque les abords du bâtiment ne risquent pas d'être affouillés, on remplace quelquefois le béton par du sable bien arrosé, qui forme de même une assise incompressible et répartit la pression sur le sol inférieur. Le mieux serait d'établir en béton ou en maçonnerie ordinaire le pourtour du radier, et de remblayer en sable noyé la surface circonscrite.

Le bétons de radiers se font le plus économiquement possible, en réduisant au minimum la proportion de chaux.

96. Amélioration du sol. — Le sol compressible sur lequel on peut être forcé de construire peut être amélioré de bien des manières, suivant sa nature.

Certains sols tourbeux peuvent être serrés au moyen de petits pieux. Ces pieux, destinés à augmenter la cohésion du sol, seront longs si la couche inférieure est plus compacte que la surface. Sinon, il n'y a pas intérêt à les enfoncer profondément.

Un moyen de serrage qui a donné d'excellents résultats consiste à enfoncer dans le sol un tube en tôle de 0 m. 30 environ de diamètre et à remplir ce tube de sable, que l'on bat à la sonnette par l'intermédiaire d'un faux pieu, ou mieux que l'on arrose à grande eau. On ajoute du sable jusqu'à refus, puis on arrache le tube et on le replace un peu plus loin pour recommencer la même opération. En opérant ainsi par lignes régulières, on arrive à serrer le terrain méthodiquement, puis on établit un radier général avec plancher en fer.

Certains sols argileux peuvent être améliorés par dessèchement ; en donnant écoulement à l'eau au moyen d'un drainage convenablement disposé, on assèche la partie du sol sur laquelle on doit construire.

D'autres sols, glaiseux, détrempés par les eaux, peuvent tendre à se soulever au pourtour d'une construction. On est obligé de charger les surfaces exposées à ce mouvement et de les limiter latéralement par des encaissements en maçonnerie.

La glaise détrempée présente les plus grandes difficultés lorsque les surfaces sont inclinées et que les terrains qui les recouvrent tendent à glisser. Il faut se garantir des eaux en leur assurant un écoulement, assécher la couche et installer les fondations à une certaine profondeur dans la pleine masse que l'on comprimera uniformément.

On parvient à serrer la glaise insuffisamment compacte en y enfonçant des pieux, au moyen de battages successifs et espacés, puis retirant ces pieux et remplissant de béton les alvéoles restées libres.

D'autres fois, on laisse les pieux eux-mêmes. Pour empêcher leur soulèvement par la réaction de la glaise, on les enfonce par le gros bout.

Dans chaque cas particulier, en étudiant le terrain compressible auquel on a affaire, et se rendant compte du régime des eaux au pourtour et au-dedans, on arrive à choisir le meilleur mode d'amélioration de ce sol, et la meilleure manière de répartir sur son étendue la charge de la construction.

Un essai direct, soutenu un peu longtemps, permet de se rendre compte de la résistance du sol par unité de surface, et, par suite, de déterminer le poids dont on peut le charger avec sécurité.

C'est sur les premières assises de maçonnerie ainsi fondées que l'on vient construire les murs de cave ou du sous-sol des constructions, parties que nous allons maintenant étudier.

§ 2.

MURS DE CAVES

97. Murs dans la hauteur des caves. — Lorsqu'on a établi les fondations d'un bâtiment en contre-bas du sol des caves, on construit ces caves elles-mêmes. Elles seront limitées par les murs extérieurs dont l'épaisseur dépend :

1° De celle des murs à rez-de-chaussée et de leurs saillies ;
2° Des poussées des voûtes et du terrain extérieur.

Dans les maisons ordinaires, où les murs de face ont 0 m. 50 d'épaisseur, on donne 0 m. 65 à 0 m. 75 aux murs de cave, davantage s'ils viennent à recevoir des voûtes devant produire une poussée considérable ; mais on évite autant que possible de cintrer des voûtes en les appuyant sur les murs de face : on les fait retomber le plus souvent sur les murs de refend, où les poussées des voûtes se font équilibre et ne laissent subsister que des charges verticales.

La figure 121 donne la coupe verticale de la partie basse d'un mur d'une maison à loyers.

Le mur a 0 m. 50 au rez-de-chaussée et est construit en moellons ; il repose sur un soubassement en pierre de taille dure de 0 m. 60 d'épaisseur, et ce soubassement est porté par le mur de cave qui est en moellons de 0 m. 70. Le plan de coupe passe par l'axe d'une cave dont il sectionne la voûte à la clef, et, comme le reste, cette voûte est en moellons. Elle a ses retombées sur les murs de refend et ne tend pas à pousser au vide le mur de face.

Dans les édifices publics, les diverses saillies nécessitées par la décoration extérieure amènent à avoir de bien plus fortes épaisseurs pour les murs de cave ou de sous-sol.

Les murs de refend établis dans la hauteur des caves peuvent simplement porter les murs supérieurs, ou bien sont, en outre, destinés à recevoir les voûtes. Dans le premier cas on leur donne de 0 m. 55 à 0 m. 60 d'épaisseur ; dans le second, une épaisseur en rapport avec la charge additionnelle et la poussée provenant des voûtes. Il est entendu que ces dimensions s'appliquent aux maisons ordinaires et que, dans chaque cas particulier, on dresse le calepin du mur ; on se rend compte des pressions exercées aux divers points et on détermine soit les dimensions de toutes les parties du mur, en tenant compte de la résistance des matériaux que l'on a économiquement à sa disposition, soit les matériaux à employer si les dimensions des murs sont limitées pour d'autres raisons spéciales.

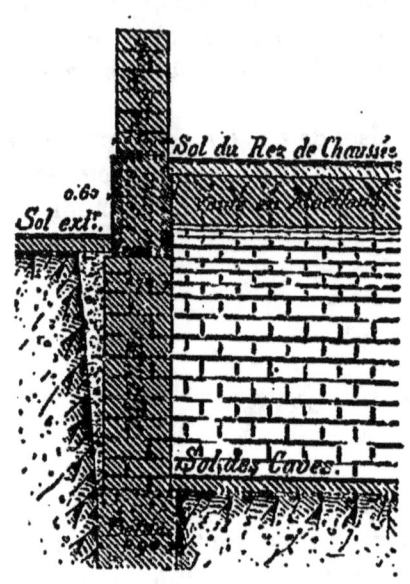

Fig. 121.

99. Des baies de portes dans les murs de cave. — Lorsque les murs de cave sont en moellons, généralement à parements piqués, les portes ont leurs parements en mêmes moellons. Les deux côtés de la porte se nomment *jambages*.

Les parements des jambages dans l'épaisseur du mur a se nomment *les tableaux* de la porte. fig. 122.

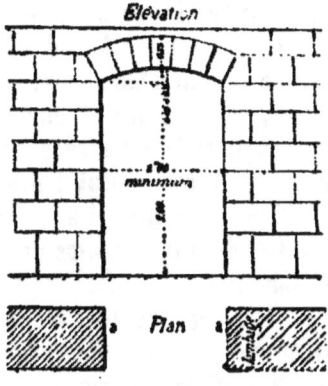

Fig. 122.

La porte est cintrée en forme de voûte surbaissée à sa partie supérieure, avec une flèche de 0 m. 10 à 0 m. 15.

La largeur minima, déterminée par la condition de laisser passage pour les pièces de vin, est de 1 m. 00, ou mieux 1 m. 05; la hauteur minima est de 2 m. 00 ; l'épaisseur de la voûte est d'au moins 0 m. 25.

Lorsque le mur est en meulière, comme les trous de scellement des ferrements des portes sont difficiles à y percer, on construit souvent les jambages et la voûte en briques.

Les jambages sont formés de groupes successifs de 5, 6 ou 7 assises de briques, et alternativement de 0 m. 22 et 0 m. 35 d'épaisseur, comme le montre la figure 123.

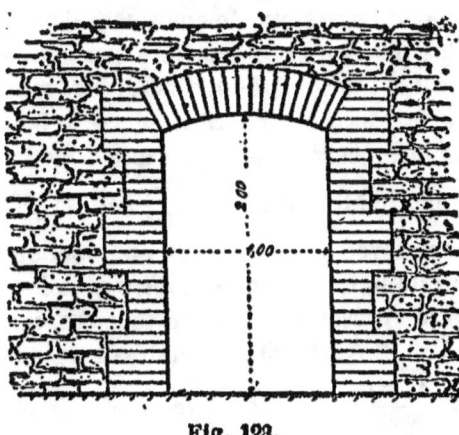

Fig. 123.

La voûte est construite en briques de 0 m. 22 et retombe sur deux portées inclinées, taillées dans les derniers groupes de briques que l'on appelle *sommiers*.

Un second avantage de l'emploi des briques, pour les portes à ménager dans un mur en meulière, est de présenter une paroi plus lisse en ce passage rétréci.

Avec les excellents mortiers dont on dispose, chaux hydraulique et ciments, et de la meulière employée bien propre,

§ 2. — MURS DE CAVES

on fait des murs de cave aussi solides pour le moins que s'ils étaient construits en pierre de taille ordinaire. Aussi, même pour les monuments, la tendance est-elle de supprimer complètement l'emploi de la pierre de taille dans les caves.

Cependant, il est bon de conserver les pierres de taille pour recevoir les bases des colonnes, qui transmettent par leur base une charge de 20.000 à 60.000 kilogrammes qu'il s'agit de répartir.

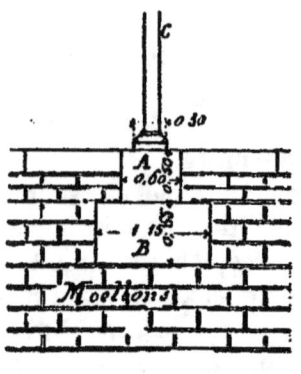

Fig. 124.

La figure 124 représente l'élévation d'un mur de face érigé dans la hauteur de caves en petits matériaux, meulières ou moellons. Une colonne CA, portant une charge de 40.000 kilog., vient reposer sur une première pierre A par sa base qui a 0 m. 30 × 0 m. 30, soit 900 centimètres carrés, ce qui donne une pression de $\frac{40000}{900}$, soit 44 kilog. par cmc.; il est nécessaire que la pierre A puisse résister à cette pression. On cherchera dans le tableau de la résistance des pierres, et on trouvera que le liais de Clamart s'écrasant sous une charge de 400 à 500 kilog. remplit les conditions de sécurité. La base de cette pierre a 0.60 sur 0.75 soit 4.500 centimètres carrés ; elle pressera donc les matériaux inférieurs par centimètre carré de $\frac{40000}{4500}$ soit 8ᵏ800.

Cette charge serait trop élevée pour un mur en moellons ordinaires, on interposera donc une seconde pierre plus longue de 1 m. 15 par exemple présentant une surface d'assise inférieure de 1 m. 15 × 0 m. 75 = 8625 centimètres carrés et exerçant une pression de $\frac{40000}{8625}$ = 4 k. 640 par unité sur les moellons inférieurs, ce qui présentera toute sécurité, d'après les chiffres donnés dans le chapitre II.

La pierre de taille sert donc dans ce cas à répartir la charge sur une surface suffisante de maçonnerie de petits matériaux; on obtiendrait le même résultat, à défaut de pierre de taille, au moyen d'un socle en fonte, de forme appropriée (voir charpente en fer, colonnes).

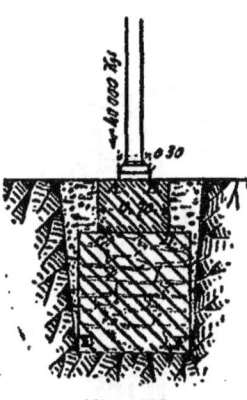

Fig. 125.

Si la colonne, au lieu de faire partie d'un mur, devait porter sur une fondation isolée *de faible hauteur*, et que la maçonnerie de cette fondation pût supporter une charge de 8 kilog. par centimètre carré, on se contenterait de mettre sous la base de la colonne une pierre très dure ayant 0 m. 70 × 0 m. 70 en plan et une épaisseur appropriée, soit 0 m. 50. (fig. 125).

Cette pierre avec ces dimensions chargerait la fondation inférieure à raison de 8 kilog. environ par cm. carré et on donnerait à la forme et à la section de la fondation les dimensions nécessaires pour permettre au sol, chargé à son tour, sur la surface EF, de porter en toute sécurité la charge de 40000 kilog., fondation en plus.

99. Voûtes de caves. — Les caves sont généralement recouvertes supérieurement par des voûtes qui les séparent du rez-de-chaussée et dans les bâtiments d'habitation ordinaires les portées de ces voûtes varient de 4 à 8 et 10 mètres.

En raison de leur faible portée et aussi pour construire économiquement, on fait presque toujours ces voûtes en petits matériaux : moellons, meulières, briques. Lorsqu'on peut craindre leur poussée sur les murs, on cherche à rendre ces voûtes légères et on prend les matériaux qui comportent la plus faible épaisseur, les briques, par exemple. Lorsque la butée est très bonne, que les murs sont suffisamment épais ou soutenus par la poussée des terres voisines, il y a économie à prendre le moellon ou la meulière.

Quand on veut que les caves soient à une température presque constante en hiver et en été, ce qui est la condition la plus favorable à la conservation des vins, il faut une plus grande épaisseur des voûtes et un remblai par dessus.

La figure 126 donne la coupe d'une cave recouverte par une

§ 2. — MURS DE CAVES

voûte cylindrique, se raccordant à la partie inférieure avec les deux parements verticaux plus ou moins hauts des murs de retombée.

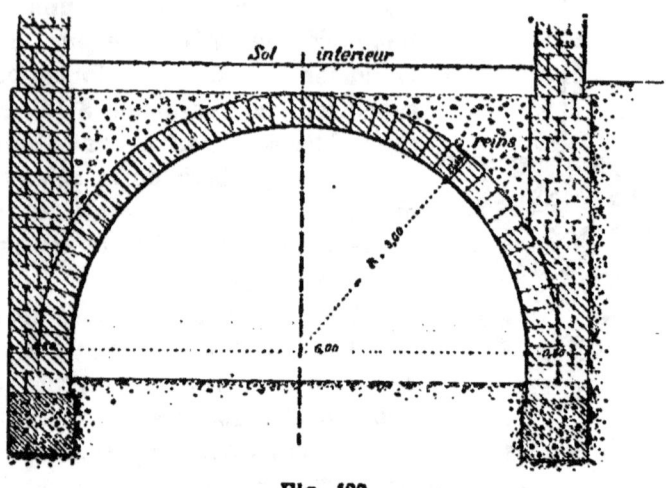

Fig. 126.

La voûte cylindrique porte souvent le nom de *berceau* et la cave correspondante prend souvent aussi le même nom par extension.

160. Diverses formes de voûtes. — Les voûtes de caves se construisent avec une section de forme variable suivant les cas.

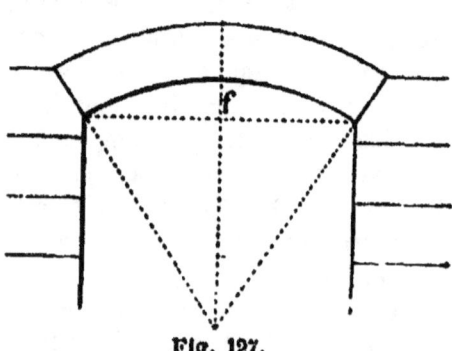

Fig. 127.

La section peut être un demi-cercle complet. La voûte est dite alors en plein cintre, figure 126.

La section peut être une portion d'arc inférieure à 180°, figure 127. Les voûtes sont appelées alors *en arc* ou *surbaissées à un centre*. La courbure de la voûte est déterminée par la distance des jambages ou piédroits que l'on nomme *la portée*, et la hauteur du segment *f* qui s'appelle *la flèche*.

La section de la voûte peut être formée par une demi-ellipse, figure 128. L'ouvrage porte alors le nom de voûte *en ellipse*, ou voûte *surbaissée elliptique*.

Les deux axes de l'ellipse servent à la déterminer.

Souvent on remplace l'ellipse par une courbe formée de plusieurs arcs de cercles se raccordant, qui est quelquefois plus facile à tracer dans la pratique ; on a alors les voûtes *surbaissées à plusieurs centres*, ou *anses de panier*.

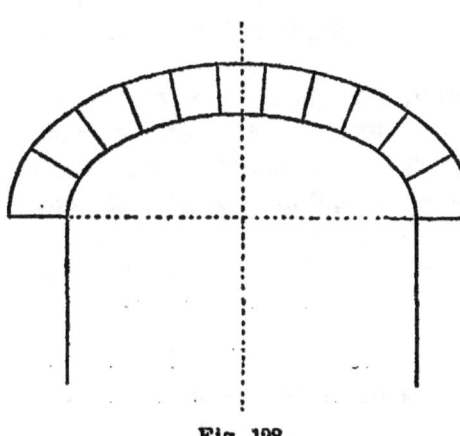

Fig. 128.

101. Poussée des voûtes. — Parmi ces diverses formes, les voûtes en plein cintre sont celles qui donnent le moins de poussée sur les piédroits, puis viennent les voûtes surbaissées elliptiques ou en anses de panier ; puis enfin les voûtes surbaissées à un centre. Dans ces dernières, plus la flèche est petite pour une portée donnée, plus la poussée est grande.

La valeur de la poussée est facile à établir dans chaque cas.

Considérons une demi voûte, figure 129, d'un seul morceau, et désignons par Q la réaction

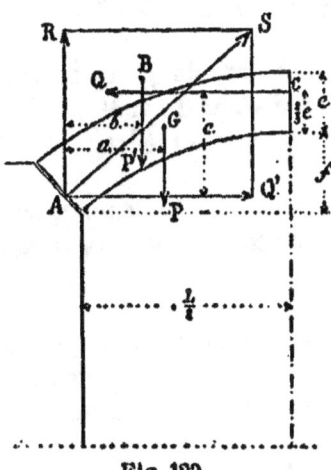

Fig. 129.

ou poussée horizontale de la demi voûte de droite sur la partie considérée, au tiers supérieur de l'épaisseur de la voûte.

Soient : P le poids de la demi voûte appliqué en son centre de gravité.

P' la résultante des surcharges de toutes sortes qu'il est facile d'évaluer pour chaque ouvrage, et B son point d'application.

S la réaction du piédroit, appliquée en un point A au tiers inférieur du joint sur le sommier. Cette réaction peut être décomposée en deux forces, R verticale, Q' horizontale.

La partie de voûte AC est en équilibre sous l'action des forces qui la sollicitent : R, Q', Q, P et P'.

La somme des projections de ces forces sur un axe horizontal est nulle :

$$Q' - Q = o, \quad \text{d'où} \quad Q' = Q.$$

La somme des projections de ces forces sur un axe vertical est nulle :

$$R - P - P' = o, \quad \text{d'où} \quad R = P + P'.$$

Enfin la somme des moments de ces forces par rapport au point A est nulle :

$$Pa + P'b - Qc = o, \quad \text{d'où} \quad Q = \frac{Pa + P'b}{c}.$$

De cette dernière égalité on tire la valeur de Q, qui est égale à Q', réaction horizontale du piédroit sur la voûte, qui est égale à l'action horizontale de la voûte sur le piédroit, c'est-à-dire à *la poussée* cherchée.

Quant à la poussée oblique S, on l'obtient facilement, puisque l'on connaît en grandeur et en direction ses deux composantes Q' et R.

102. Détermination approchée des épaisseurs de voûtes. — On peut en déduire un moyen approché de déterminer la charge qu'ont à subir les matériaux au sommet de la voûte.

La mécanique démontre que la section DE, figure 130, étant chargée au tiers de sa hauteur en C par la pression Q, les matériaux de cette section sont chargés inégalement aux différents points, et que cette charge par unité de surface, nulle au point E, va en augmentant jusqu'au point D, où elle atteint son maximum.

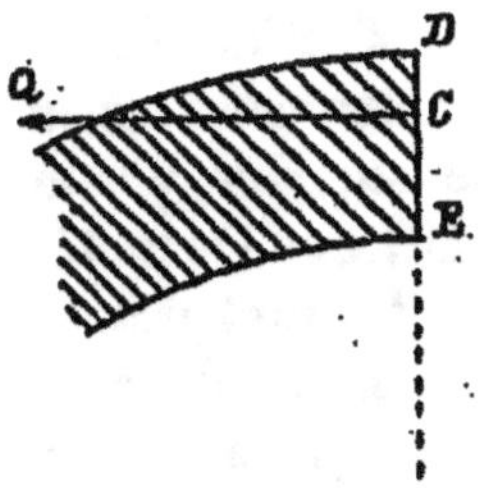

Elle démontre aussi que cette charge maximum en D est double de la pression moyenne qui s'exerce sur la section DE = Ω.

$\dfrac{Q}{\Omega}$ = pression moyenne par unité de surface ;

Fig. 130.

$\dfrac{2Q}{\Omega}$ = pression maxima supportée par les matériaux de la section DE.

Si la voûte est tracée, on choisira les matériaux pour cette charge. Si on a les matériaux, on déterminera l'épaisseur de la voûte à son sommet, de manière que la pression en D, double de la pression moyenne, donne avec les matériaux toute sécurité.

Par le même raisonnement, on déterminera les matériaux nécessaires à la naissance, ou bien les dimensions de ce joint pour des matériaux donnés.

Des méthodes plus rigoureuses existent pour déterminer les dimensions des voûtes, mais elles sortent du cadre de cet ouvrage.

103. Détermination des dimensions des piédroits. — Le piédroit étant supposé établi avec une épaisseur e' et posé sur un joint horizontal MN, figure 131, on voit qu'il est sollicité par les forces suivantes :

1° La poussée oblique S de la voûte ;

2° Le poids Π des maçonneries supérieures appliqué au point O.

3° Son poids propre Z appliqué en son centre de gravité g.

On peut composer les forces Π et Z en une seule force verticale Y, dont la direction est la verticale rt qui rencontre en u la direction de S, transportant en u les points d'application des forces Y et S, et les composant, on obtient une résultante

uX dont on peut mesurer la valeur sur l'épure et qui coupe le joint MN en un point I.

La mécanique démontre qu'on n'est pas loin de la vérité en supposant que l'action de la force uX ne s'exerce dans le joint MN que sur une partie MK triple de MI, que les matériaux de ce joint seront pressés d'une façon inégale dans la section MK, la pression par unité de surface partant d'une valeur nulle en K pour atteindre son maximum en M, et que ce maximum est double de la pression moyenne sur MK.

On en déduit la charge des matériaux en M, et, s'ils sont déterminés d'avance, on voit s'ils sont suffisants. S'ils sont à choisir, on se trouve en mesure de le faire avec sécurité.

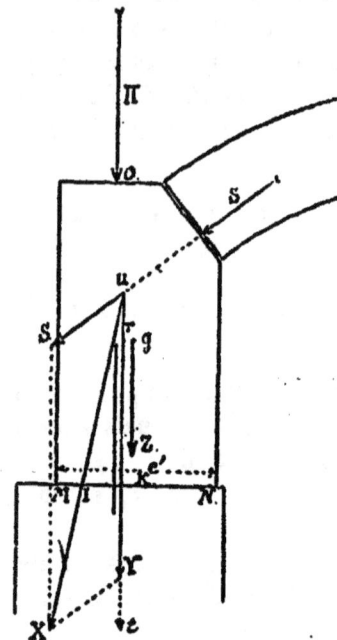

Fig. 181.

104. Différentes parties d'une voûte. — La jonction de la voûte sur le piédroit se nomme *la naissance*. La surface intérieure du cylindre se nomme *l'intrados* ; la surface extérieure, *l'extrados*.

Dans la construction des voûtes, on a pour principe de donner aux différentes pierres qui la composent, et que l'on appelle *claveaux* ou *voussoirs*, la forme de coins, les joints qui les séparent étant perpendiculaires à la surface d'intrados. C'est le moyen d'obtenir de ces voussoirs la plus grande résistance.

Si la voûte est en pierre de taille, les claveaux sont tracés géométriquement. Si la voûte est en petits matériaux, on s'approche le plus possible de la forme géométrique.

105. Tracé des anses de panier à 3 et à 5 centres. — Les anses de panier les plus répandues dans la construction des bâtiments sont celles à 3 et à 5 centres.

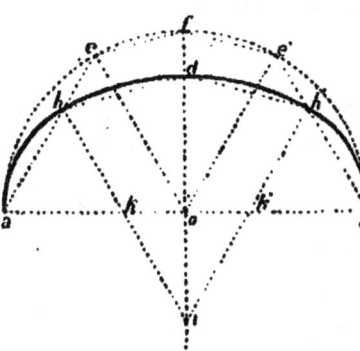

Fig. 132.

Anse de panier à 3 centres, figure 132. Soit aa' l'ouverture de la voûte, od la flèche que l'on appelle quelquefois aussi *la montée*.

On trace une demi-circonférence sur aa' comme diamètre, on la partage en trois parties égales ae, ee', $e'a'$, et l'on mène les cordes.

On trace dh parallèle à ef, hi parallèle à eo. Les points k et i et le point k' symétrique de k sont les centres cherchés.

Anse de panier à 5 centres. On peut d'une manière analogue établir une anse de panier à 5 centres, figure 133. Soient l'ouverture aa' et la montée ol.

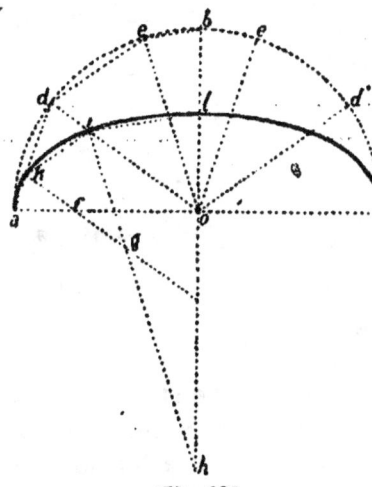

Fig. 133.

On décrit une demi-circonférence sur aa' comme diamètre, on divise cette demi circonférence en cinq parties égales et on joint les points de division par les cordes ad, de, eb, etc.

On prend af égal à environ le rayon de courbure [1] en a de

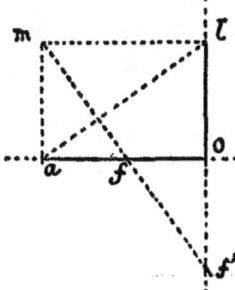

1. On rappelle ici que pour trouver les rayons de courbure en a et en l de l'ellipse dont les deux demi-axes sont oa et ol, et sans tracer cette ellipse, on mène le rectangle $amlo$, la diagonale al et une perpendiculaire mf sur al. Cette ligne mf coupe les axes aux centres de courbure; c'est ainsi qu'on obtient facilement le point f cherché.

§ 2. — MURS DE CAVES

l'ellipse qu'on tracerait avec les demi-axes oa, ol, et on mène fh parallèle à do, ki parallèle à de, ig parallèle à eo. Les points f, g, h, et les symétriques de f et g sont les centres cherchés.

106. Dimensions pratiques des voûtes de caves. — Voici quelques exemples de construction de voûtes de caves.

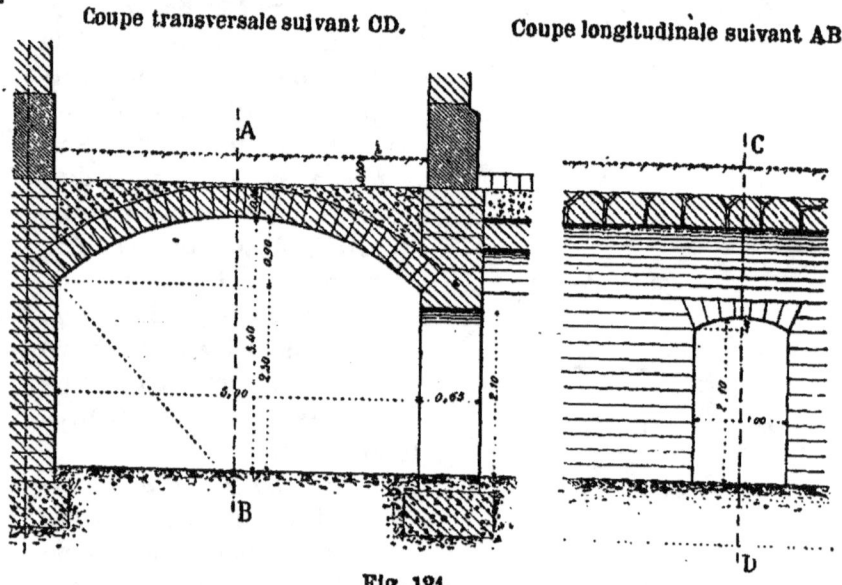

Fig. 134.

La figure 134 représente en coupe transversale et coupe longitudinale une cave dont la voûte à 5 m. de portée, 0 m. 90 de flèche et est surbaissée à un centre, autrement dit en arc de cercle. La voûte est en moellons et a 0 m. 40 d'épaisseur. C'est la plus petite dimension qu'on puisse donner à une voûte en moellon; on emploiera donc cette épaisseur même pour des portées plus petites.

Les *reins* de la voûte sont remplis en béton.

La figure 134 donne en même temps une porte de cave érigée en moellons, avec la forme des claveaux de la voûte qui la ferme à la partie haute.

La figure 135 indique la construction d'une voûte en berceau de 5 m. 50 de portée construite en briques hourdées en mortier de ciment.

Cette voûte est prise dans une construction pour hôtel particulier. Le sol du rez-de-chaussée est élevé de 1 m. au-des-

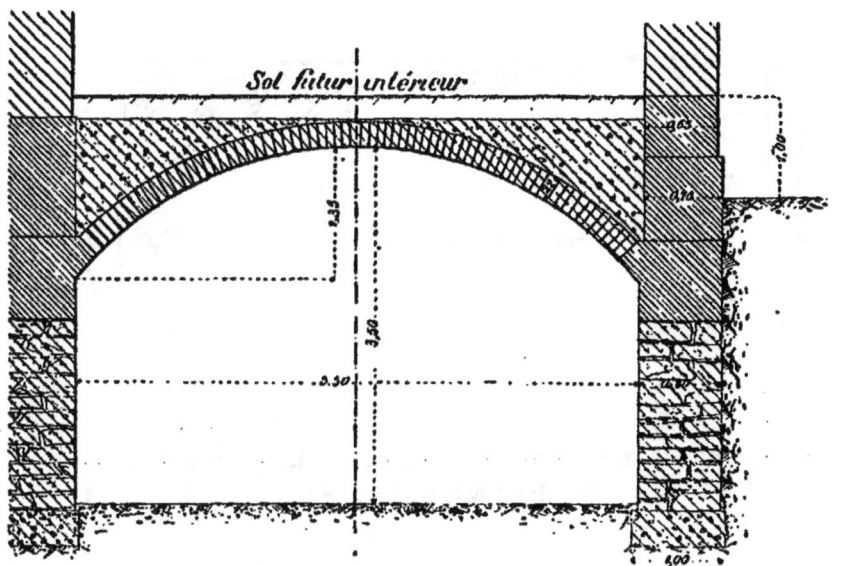

Fig. 135.

sus du sol extérieur. Les murs de sous-sol ont une épaisseur de 0 m. 80 et sont en meulière et mortier hydraulique ; au niveau des retombées de la voûte, une assise en pierre de taille forme sommier. La voûte a 0 m. 22 d'épaisseur, 1 m. 35 de flèche. La différence de longueur de l'extrados et de l'intrados est prise sur les joints qui sont plus épais du côté extérieur. Les reins de la voûte sont remplis en béton, ce qui la consolide beaucoup.

La figure 136 donne la coupe transversale des voûtes en arc exécutées en meulière et ciment à l'hospice de Corbeil. C'est un tracé hardi qu'il faut considérer comme limite. La voûte a 8 mètres de portée, 1 m. 10 de flèche, 0 m. 26 d'épaisseur à la clef et une épaisseur plus forte aux naissances ; les reins sont remplis en même maçonnerie jusqu'à l'horizontale. Les murs de retombée ont 0 m. 80 d'épaisseur et sont chargés des murs de face sur une hauteur de 10 mètres environ au-dessus du rez-de-chaussée.

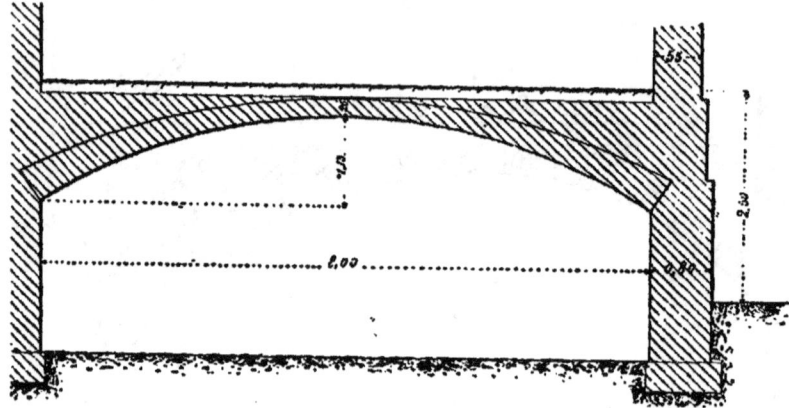

Fig. 136.

La coupe transversale suivante, figure 137, donne la disposition d'anciens entrepôts à Bercy. La portée est de 8 m. 70,

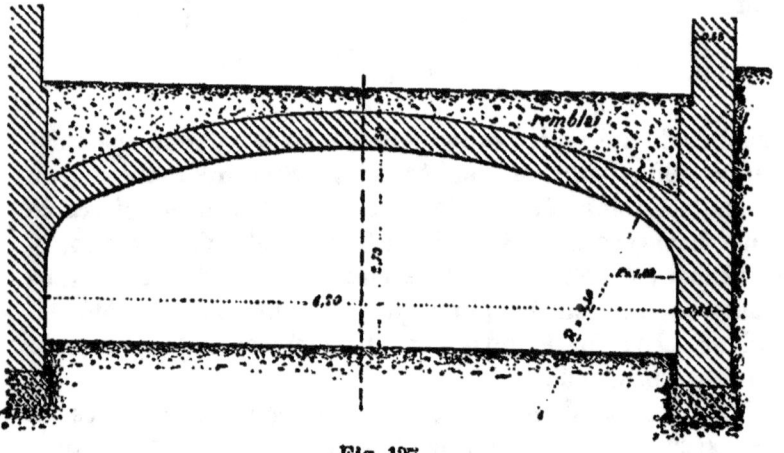

Fig. 137.

la voûte, très surbaissée, est en moellons de 0 m. 50 d'épaisseur ; elle porte un remblai en terre de 0 m. 30 au moins à la clef, et qui remplit les reins. Les murs qui reçoivent la retombée de cette voûte n'ont que 0 m. 75 d'épaisseur et ne sont chargés que d'un rez-de-chaussée ; ils ne seraient pas stables tout seuls, mais ils sont enterrés et la poussée du sol contribue à la stabilité de la voûte.

107. Planchers en fer remplaçant les voûtes de cave. — Dans bien des maisons, aujourd'hui, on remplace les voûtes de cave par des planchers en fer hourdés en maçonnerie. Cette substitution présente des avantages sérieux lorsque le sous-sol doit servir d'atelier. Il offre alors avec son plafond droit et une plus grande facilité d'éclairage, l'apparence et la commodité d'une pièce à rez-de-chaussée. Mais lorsqu'il s'agit de faire une cave fraîche, le plancher en fer, plus mince, est bien inférieur aux anciennes voûtes auxquelles il y a lieu de revenir.

Tous les détails de hourdis des planchers en fer remplaçant les voûtes de cave seront donnés plus loin (voir *hourdis de planchers*).

108. Des fosses d'aisances fixes. — La construction des étages souterrains comprend l'établissement des fosses d'aisances. Ces fosses sont de deux sortes : les *fosses fixes* sont de grandes citernes que l'on vide à des époques éloignées ; les *fosses dites mobiles* renferment des réservoirs de petite capacité en bois ou en métal, que l'on enlève lorsqu'ils sont pleins pour les remplacer par d'autres vides.

Les fosses fixes s'établissent toutes les fois qu'on le peut en dehors des caves, sous les cours ; quelquefois au niveau des caves et sous les bâtiments, enfin dans d'autres cas en contrebas des caves.

109. Règlement sur la construction des fosses fixes à Paris. — La ville de Paris a établi un règlement très étudié pour la construction des fosses fixes, et les articles qui sont énumérés ci-après devraient servir de programme partout où l'on établit des fosses fixes. Voici les principaux articles de ce règlement.

1° On ne peut employer pour fosses d'aisances des puits, puisards, égouts, aqueducs ou carrières abandonnées sans y faire les constructions prescrites par le présent règlement ;

2° Lorsque les fosses fixes seront placées sous le sol des caves, ces caves devront avoir une communication immédiate avec l'air extérieur ;

3° Les caves sous lesquelles seront construites les fosses d'aisances devront être assez spacieuses pour contenir quatre travailleurs et leurs ustensiles, et avoir au moins 2 m. 00 de hauteur sous voûte ;

4° Les murs, la voûte et le fond des fosses seront entièrement construits en pierre meulière maçonnée avec du mortier de chaux hydraulique et de sable de rivière bien lavé.

Les parois des fosses seront enduites au mortier de ciment lissé à la truelle. On ne pourra donner moins de 0 m. 30 à 0 m. 35 d'épaisseur aux voûtes et moins de 0 m. 45 à 0 m. 50 aux massifs et aux murs ;

5° Il est défendu d'établir des compartiments ou divisions dans les fosses, d'y construire des piliers et d'y faire des chaînes ou des arcs en pierre apparente ;

6° Le fond des fosses sera fait en forme de cuvette concave, tous les angles intérieurs seront effacés par des arrondissements de 0 m. 25 de rayon ;

7° Autant que les localités le permettront, les fosses seront construites sur un plan circulaire, elliptique ou rectangulaire. On ne permettra pas la construction de fosses à angle rentrant, hors le seul cas où la surface de la fosse serait au moins de 4 mètres carrés de chaque côté de l'angle, et alors il sera pratiqué de l'un et l'autre côté une ouverture d'extraction ;

8° Les fosses, quelle que soit leur capacité, ne pourront avoir moins de 2 m. 00 de hauteur sous clef ;

9° Les fosses seront recouvertes par une voûte en plein cintre ou qui n'en différera que de 1/3 du rayon.

10° L'ouverture d'extraction des matières sera placée au milieu de la voûte, autant que les localités le permettront. La cheminée de cette ouverture ne devra pas excéder 1 m. 50 de hauteur, à moins que les localités n'en exigent impérieusement une plus grande ;

11° L'ouverture d'extraction correspondant à une cheminée de 1 m. 50 au plus de hauteur devra avoir au moins 1 m. 00 sur 0 m. 65. Lorsque cette ouverture correspondra à une cheminée excédant 1 m. 50, les dimensions ci-dessus spécifiées seront augmentées de manière que l'une d'elles soit égale aux 2/3 de la hauteur de la cheminée.

12° Il sera placé, en outre, à la voûte, dans la partie la plus éloignée du tuyau de chute et de l'ouverture d'extraction si elle n'est pas dans le milieu, un tampon mobile dont le diamètre ne pourra être moindre de 0 m. 50 ; ce tampon sera en pierre, encastré dans un châssis en pierre et garni en son milieu d'un anneau en fer ;

13° Néanmoins, ce tampon ne sera pas exigible pour les fosses dont la vidange se fera au niveau du rez-de-chaussée et qui auront une superficie moindre de 6 m. 00 dans le fond, et dont l'ouverture d'extraction sera au milieu ;

14° Le tuyau de chute sera toujours vertical ; son diamètre intérieur ne pourra avoir moins de 0 m. 25 s'il est en terre cuite et 0 m. 20 s'il est en fonte.

15° Il sera établi parallèlement au tuyau de chute un tuyau d'évent, lequel sera conduit jusqu'à la hauteur des souches de cheminées de la maison ou de celles des maisons contiguës si elles sont plus élevées. Le diamètre de ce tuyau sera de 0 m. 25 au moins. S'il dépasse cette dimension, il dispensera du tampon mobile.

16° L'orifice intérieur des tuyaux de chute et d'évent ne pourra être descendu au-dessous des points les plus élevés de l'intrados de la voûte.

La seule critique à faire de ce règlement est l'adoption du principe de la ventilation des fosses ; cette ventilation entretient une fermentation active des matières et les ventilateurs établis, en vertu de l'article 15 ci-dessus, déversent constamment dans l'atmosphère des villes des torrents de gaz infects et dangereux. Les habitants des étages élevés de nos maisons connaissent ce gros inconvénient. Les ventilateurs devraient être établis avec fermeture facile à manœuvrer et ne devraient servir que pendant l'opération de la vidange, activés même au besoin par un foyer spécial.

110. Exemples de fosses fixes. — La figure 138 donne la disposition d'une fosse fixe établie sous une cour, le long d'un bâtiment, suivant les prescriptions ci-dessus.

§ 2. — MURS DE CAVES

La fosse étant supposée construite après coup le long d'un mur en moellons, on a doublé le mur d'un contre-mur en matériaux non poreux, meulière, par exemple, de 0 m. 25 d'épaisseur. Les autres murs ont 0 m. 50. La fosse a en plan

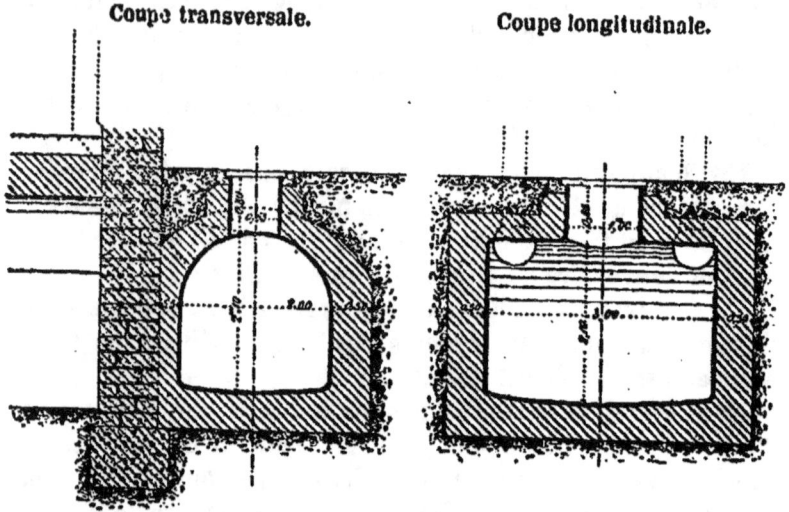

Fig. 138.

2 m. 00 × 3 m. 00, elle est voûtée en plein cintre et la cheminée est réglementaire. Elle est fermée par un tampon en fonte en 2 pièces de 1 m. 00 × 0 m. 65 posé dans un châssis également en fonte. Ces tampons et châssis se trouvent dans le commerce et sont préférables aux châssis et tampons en pierre que l'on employait autrefois.

La coupe longitudinale de la figure 138 montre en ponctué la position du tuyau de chute et du ventilateur, et ces deux tuyaux ont leurs projections superposées dans la coupe transversale ; dans cette dernière on voit en ponctué la forme de la pénétration qui doit aller de chacun de ces tuyaux au sommet de l'intrados.

La voûte doit avoir son extrados protégé par une chape en ciment pour la garantir des eaux de la cour.

La figure 139 représente en coupe et en plan une fosse d'ai-

162 CHAPITRE III. — FONDATIONS ET MURS

Coupe transversale suivant AB.

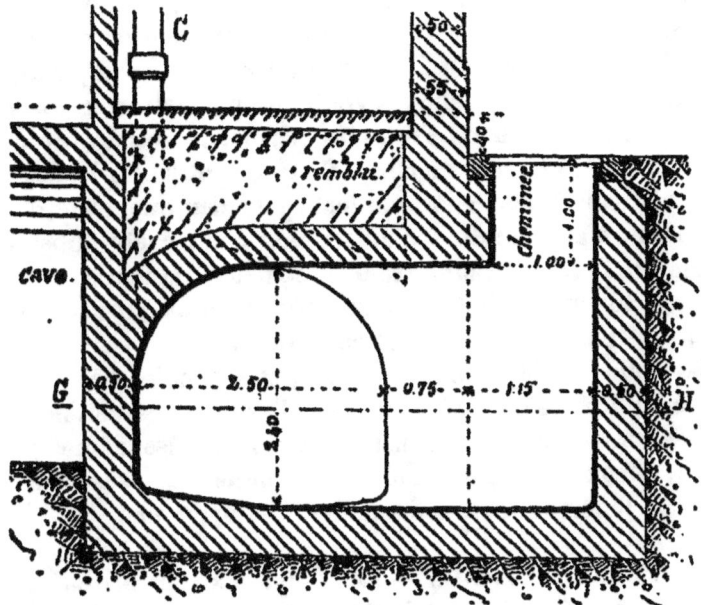

Plan suivant GH.

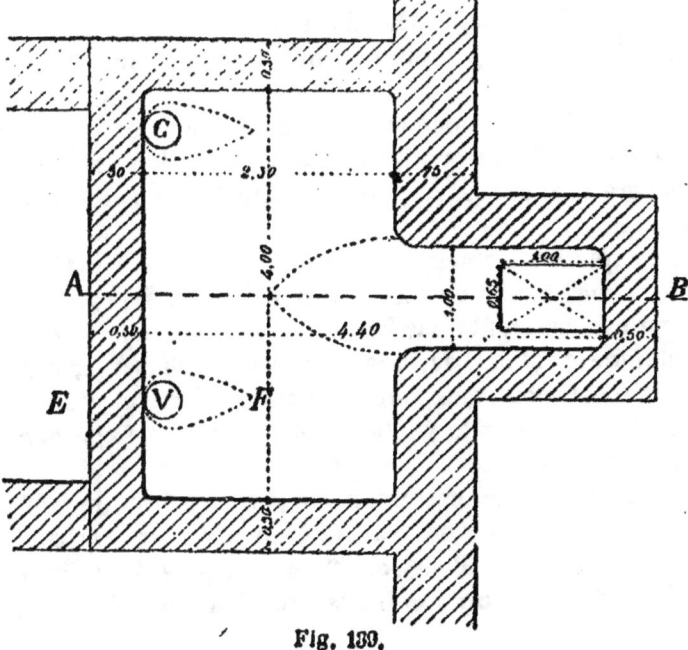

Fig. 139.

sance établie dans l'intérieur d'un bâtiment, au niveau des caves, avec cheminée et orifice d'extraction reportés en dehors dans la cour. La fosse a 2 m. 50 sur 4 m. 00 en plan, 2 m. 40 de hauteur sous clef ; elle est voûtée en plein cintre et une pénétration au niveau de l'intrados permet le raccord avec la cheminée. Les tuyaux de chute C et de ventilation V descendent verticalement et se raccordent également au moyen d'une pénétration avec l'intrados du sommet de la voûte, ainsi que le montre la coupe transversale en ponctué. Dans ces croquis, un seul tuyau de chute est indiqué ; il peut y en avoir plusieurs, disposés tous de la même manière.

Le radier est légèrement concave, et son point bas est réservé immédiatement au-dessous de l'orifice d'extraction.

Les fosses mobiles se construisent suivant les mêmes principes ; elles sont moins grandes et se limitent à l'espace nécessaire au logement et à la manœuvre des appareils.

111. Des soupiraux. — Les soupiraux sont les baies, de dimensions généralement restreintes, qui servent à éclairer et aérer les caves et sous-sols.

S'il s'agit d'éclairer, on cherche à donner à ces baies les plus grandes dimensions possibles et souvent on les garnit de véritables croisées.

S'il s'agit d'aérer seulement, comme il convient de le faire très modérément pour avoir la moindre variation possible de la température des caves, on se contentera de très petites ouvertures.

Les soupiraux viennent déboucher près du sol extérieur, dans le soubassement ou socle du mur de face. Le cas le plus fréquent est représenté par la figure 140. La coupe transversale indique le sol extérieur, le sol du rez-de-chaussée, le mur de face du bâtiment, son soubassement en pierre reposant sur le mur de cave, enfin la voûte de cette cave, cintrée perpendiculairement à la façade.

Dans la pierre du soubassement on perce un trou de 1.00 de largeur sur 0 m. 30 de hauteur. Ce trou est d'abord horizontal, sur une profondeur d'environ 0 m. 20, puis il s'infléchit ; son plafond se raccorde en biais avec l'intrados de la voûte de cave ; en bas, sa partie inférieure forme un *glacis* allongé qui permet d'éclairer le plus près possible du pied du mur.

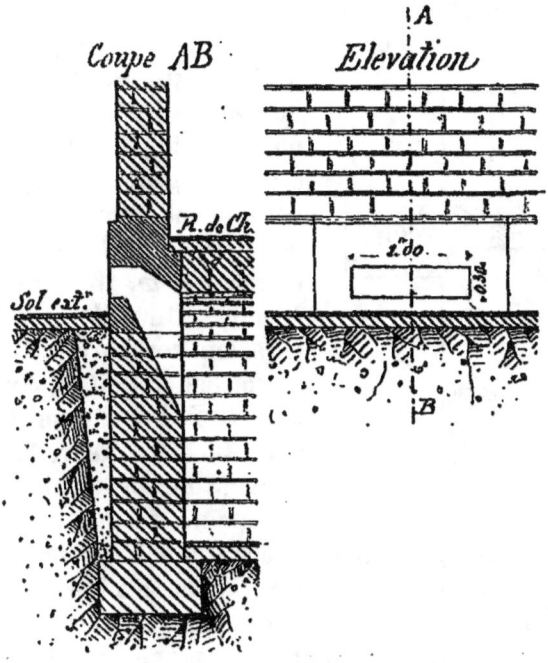

Fig. 140.

La disposition varie peu lorsque la voûte de cave est cintrée contre le mur de face. La figure 141 en donne un exemple ; l'orifice est toujours taillé dans une pierre de soubassement. D'abord horizontal, il s'incline à 0 m. 20 environ du parement extérieur, et son plafond incliné forme pénétration dans la voûte jusqu'à l'intrados, tandis que son glacis va retrouver la partie verticale du mur. Une partie de la baie est donc percée dans la pierre de taille, l'autre ménagée dans les petits matériaux du mur et de la voûte.

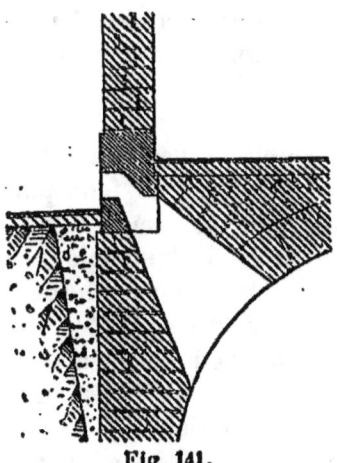

Fig. 141.

Les soupiraux se placent généralement dans l'axe des baies à rez-de-chaussée du bâtiment ; ils n'affaiblissent pas, ainsi, les parties portantes de la construction.

Les dispositions ci-dessus peuvent donc correspondre à des fenêtres du rez-de-chaussée. Si un soupirail est à ériger au droit d'une porte, la place disponible est moins grande. On peut avoir entre le sol du rez-de-chaussée et le sol extérieur la hauteur d'une marche, 0 m. 16 à 0 m. 18 par exemple. On taille alors dans le parement vertical de cette marche un orifice réduit à 0 m. 08 ou 0 m. 10 de hauteur sur 0 m. 25 à 0 m. 30 de largeur, figure 142, et on le raccorde comme précédemment.

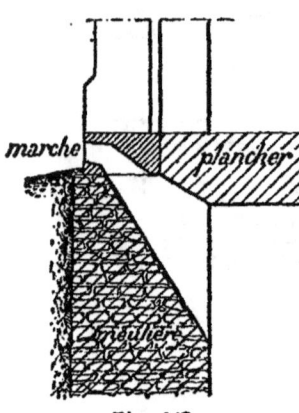

Fig. 142.

La distance entre le sol intérieur et le sol extérieur peut être très faible. On perce alors le trou sur la face horizontale de la pierre qui forme le seuil de la porte, et on le raccorde avec les plafond et glacis préparés dans la maçonnerie de petit matériaux, figure 143.

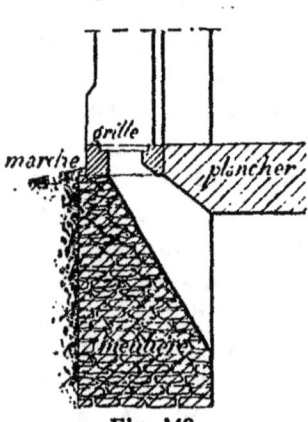

Fig. 143.

L'orifice supérieur est disposé avec une encoche ou *feuillure* au pourtour, pour recevoir une grille en fer sur laquelle on pourra marcher.

Les soupiraux destinés à donner de l'éclairage se font plus grands ; leur axe coïncide toujours avec celui d'une baie, une fenêtre, par exemple ; leur largeur est souvent celle de cette fenêtre, et leur construction dépend de la distance qui sépare le sol intérieur du sol extérieur.

Lorsque cette distance est grande, 1 m. 00 à 1 m. 20 par

exemple, figure 144, le soubassement peut être composé de deux assises de pierres surmontées d'une chaîne horizontale saillante, nommée bandeau, qui accuse le plancher. On compose alors les jambages d'une première assise formant pié-

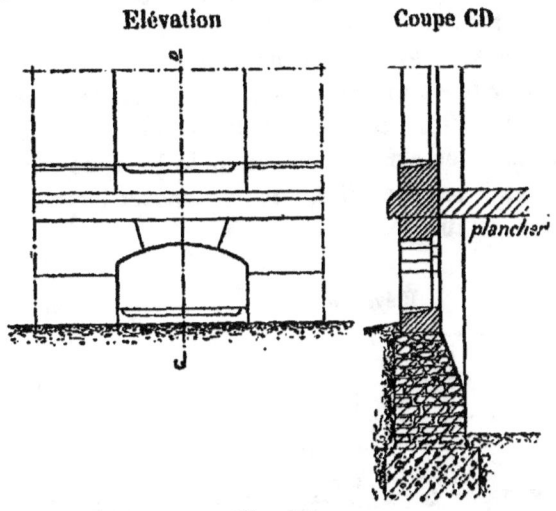

Fig. 144.

droit, d'une seconde formant sommier, et on complète une petite voûte au moyen d'une dernière pierre formant voussoir de clef et arasant la deuxième assise, sur laquelle vient se poser le bandeau.

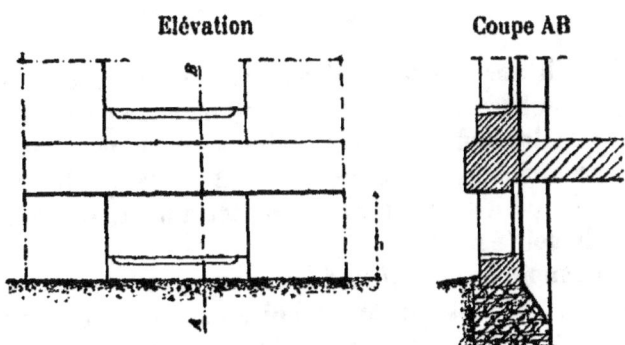

Fig. 145.

Enfin, on termine la baie à la partie inférieure par une

pierre, dite *appui*, avec pente vers le dehors pour rejeter les eaux.

La figure montre la correspondance du soupirail avec la fenêtre au-dessus.

La distance entre les deux sols peut être plus petite que dans l'exemple précédent et ne pas permettre cette construction. On prend alors la disposition de la figure 145. Les deux piédroits sont composés chacun d'une seule assise, recevant directement l'une des pierres du bandeau qui forme couverture de la baie ; c'est le *linteau* de la baie, comme l'on dit. — Sur le bandeau vient directement se poser l'appui de la fenêtre du rez-de-chaussée.

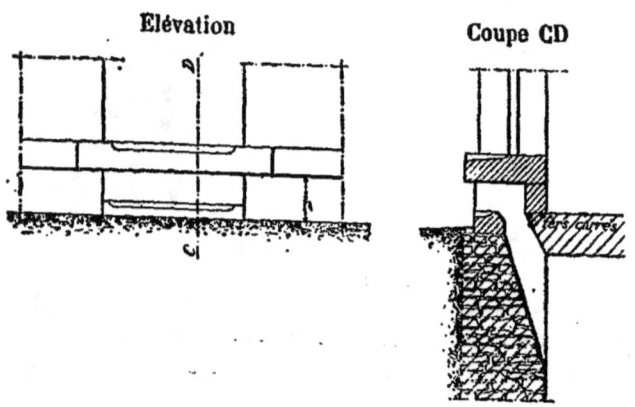

Fig. 146.

Si la distance entre les deux sols devient encore plus petite, l'appui de la fenêtre du rez-de-chaussée peut former bandeau ; on lui donne toute l'épaisseur du mur et on établit à l'arrière sur deux fers carrés un petit muret qui limite le soupirail. Un petit appui, comme précédemment, le préserve des eaux du sol (fig. 146).

Ces soupiraux, destinés à l'éclairage, sont souvent aménagés pour être clos par des menuiseries. On réserve pour cela, le long des deux jambages et de la maçonnerie supérieure, une cavité en angle rentrant que l'on nomme *feuillure*. Ces feuillures sont indiquées dans les figures ci-dessus 144 et 145.

112. Éclairage d'un sous-sol de boutique. — Les boutiques destinées au commerce, au rez-de-chaussée de nos maisons de ville, sont souvent accompagnées de sous-sols annexes, qui ont besoin d'être éclairés le plus possible. Le rez-de-chaussée est séparé du sous-sol par un plancher dans lequel on fait une ouverture s'ajoutant à celle d'un soupirail très large, et l'on trouve l'éclairage dans de larges jours que l'on ouvre dans le soubassement en bois de la devanture de la boutique. Un coffre en bois, servant aux étalages, vient recouvrir l'orifice du soupirail et le séparer du rez-de-chaussée. La figure 147 donne la coupe transversale d'un soupirail établi dans ces conditions.

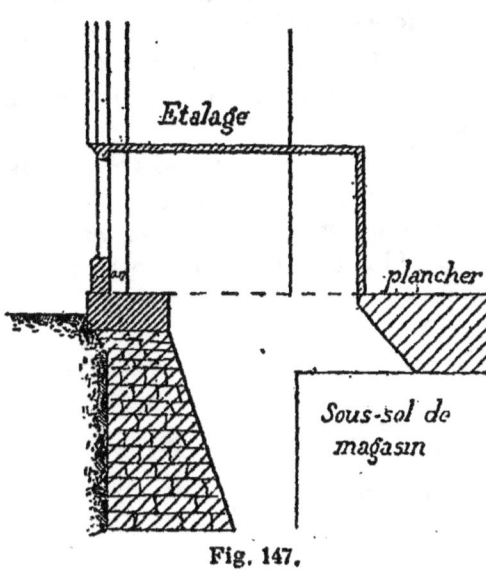

Fig. 147.

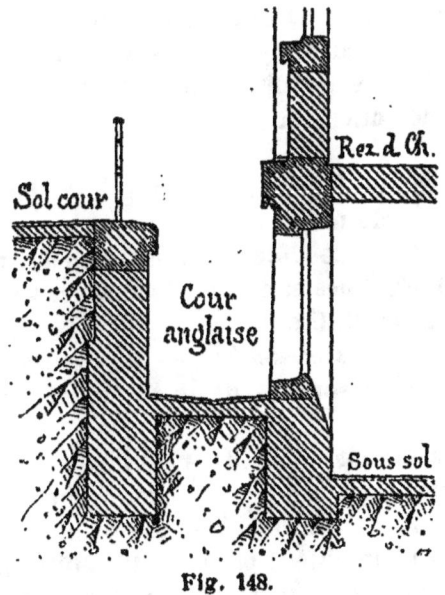

Fig. 148.

113. Éclairage par cour anglaise. — Une autre manière d'éclairer les sous-sols d'une façon très large, pour des bâtiments en façade sur cour, consiste à établir le long du mur de face un fossé d'une profondeur en rapport avec les baies à créer. Ce fossé porte le nom de *cour anglaise*, il a 1 m. 00 à 1 m. 50 de largeur, et est limité par un mur de soutènement surmonté d'une balustrade.

Le sous-sol à éclairer devient alors un véritable rez-de-chaussée par rapport à la cour anglaise ; on traite les baies à y percer comme on le ferait pour éclairer ou aérer un rez-de-chaussée. La figure 148 donne une coupe en travers d'un sous-sol ainsi disposé.

§ 3.

MURS EN ÉLÉVATION

114. Des murs en élévation. — Les murs dans la partie hors terre s'appellent *murs en élévation*. Ils se montent sur les fondations qui ont été précédemment décrites et qui doivent être d'une solidité et d'une stabilité donnant toute garantie pour la construction de l'ouvrage.

115. Murs de clôture. — Les murs les plus simples à construire sont les murs de clôture.

La hauteur légale des murs de clôture est de 2 m. 60 dans les villes de moins de 50.000 âmes et de 3 m. 20 dans les villes dont la population dépasse ce chiffre.

Murs de clôture avec chaînes verticales. — Les murs de clôture se construisent le plus souvent de la façon suivante (fig. 149) :

Après avoir fait les fondations en petits matériaux et mortier de chaux hydraulique, il est bon de continuer ce mode de construction jusqu'à 0 m. 50 en contre-bas du sol, pour empêcher les dégradations par l'humidité et par les petits animaux.

Dans cette hauteur on ne fait aucun enduit ; on laisse apparents les matériaux non gélifs qui le composent et on les rejointoye. L'épaisseur ordinaire de cette partie du mur est de 0 m. 45 à 0 m. 50.

Au-dessus, le moyen le plus économique consiste à établir de distance en distance, tous les 4 m. 00 par exemple, des parties de mur en petits matériaux, moellons ou meulières hourdés en plâtre ou en mortier de chaux hydraulique, et à remplir les parties intermédiaires par de la maçonnerie hourdée en terre.

Les chaînes verticales que l'on a ainsi ménagées donnent une grande rigidité au mur et, en tous cas, limitent les avaries.

On fait ensuite au-dessus du socle un crépi général sur chaque face et l'on couvre le mur à sa partie supérieure par un chapeau nommé *chaperon*.

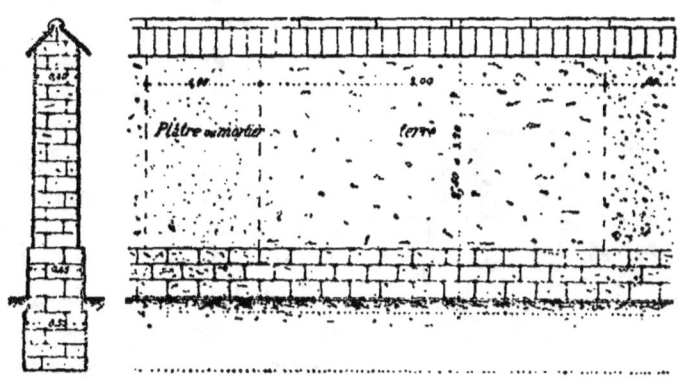

Fig. 149.

116. Des chaperons de murs de clôture. Chaperons en plâtre. — Une mauvaise couverture encore trop souvent en usage consiste à faire les chaperons en plâtre. On leur donne une des formes indiquées dans la figure 150, suivant que la couverture du mur doit être à une ou à deux pentes.

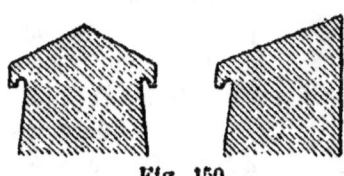

Fig. 150.

La pente du dessus est formée d'un simple enduit en plâtre et se termine au dehors par un bandeau formant saillie avec mouchette, pour éloigner l'eau.

Mais ces chaperons n'ont qu'une durée très limitée, en raison des propriétés du plâtre, surtout de sa solubilité dans l'eau et de sa gélivité lorsqu'il est mouillé ; ils se corrodent très vite, s'imbibent d'eau, gèlent l'hiver et se détachent par plaques : comme tous les ouvrages en plâtre exposés à l'air, ils sont constamment en état de délabrement. Ils sont donc absolument à rejeter.

117. Chaperons en tuiles. — On fait presque toujours les chaperons avec des couvertures en pièces de terre cuite qui donnent d'excellents ouvrages. On peut employer pour cela toutes les tuiles décrites au chapitre couverture, auquel nous renvoyons.

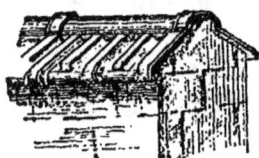

Fig. 151.

Voici les formes de chaperons les plus communément employées.

La figure 151 donne l'exemple d'un chaperon à deux pentes formé de chaque côté d'une rangée de tuiles excédant les parements, et la ligne supérieure nommée *faîtage* formée par une suite de poteries cylindriques appelées *tuiles de faîtage* ou *faîtières*.

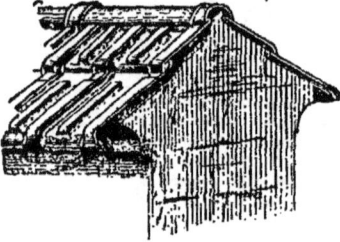

Fig. 152.

Dans le chaperon de la figure 152, le mur est plus épais à sa partie supérieure pour donner une saillie plus forte au chaperon. Chaque versant est alors formé de deux rangées de tuiles.

Fig. 153.

La figure 153 montre un chaperon en produits céramiques ornés, tiré comme les deux précédents de l'album de la grande usine de MM. Muller et Cie à Ivry.

Cette même usine d'Ivry fait également des couvertures de mur avec des tuiles de chaperon d'une seule pièce dans toute l'épaisseur du mur, suivant les formes indiquées dans les figures 154 et 155. Elles présentent moins de joints, donnent une couverture plus étanche, mais sont plus fragiles.

Fig. 154.

Les figures 156 et 157 montrent la disposition des tuiles et faîtages dans les chaperons à une seule pente. Suivant l'épaisseur du mur, suivant la saillie que l'on veut donner aux tuiles sur le parement du mur, enfin suivant la dimension même des tuiles, on est amené à en mettre un, deux ou plusieurs rangs, et on prend des faîtières plus ou moins larges pour compléter la couverture du mur. Ces faîtières débordent peu ou point sur le second parement. La pente influe aussi sur la longueur du profil et, par suite, sur le nombre des rangs. Cette pente varie de 30° à 45° pour donner le moins de prise possible au vent.

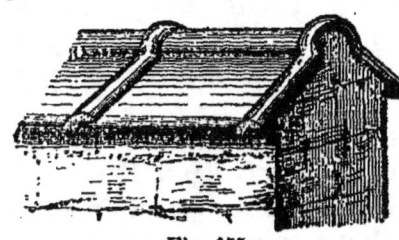

Fig. 155.

Fig. 156.

On obtient des faîtières très économiques en faisant fendre en deux avant la cuisson des tuyaux de drainage. Elles ne se recouvrent pas, mais on les pose bout à bout sur

Fig. 157.

Fig. 158.

mortier de ciment et on fait les joints en ciment.

§ 3. — MURS EN ÉLÉVATION

La figure 158 montre des chaperons formés de tuiles d'une seule pièce pour le cas de couverture à une seule pente.

118. Chaperons en pierre. — Quelquefois, lorsque les murs ont une certaine importance et sont exécutés en meilleurs matériaux, on fait les chaperons en pierre.

Le plus simple de ces chaperons consiste en une suite de dalles horizontales, débordant le mur sur chaque parement de 5 à 6 centimètres et formant larmier avec mouchette pour éloigner les eaux du joint inférieur. L'inconvénient de cette forme est l'absence d'écoulement de l'eau qui tombe sur le mur ; elle y forme des flaques stagnantes qui imbibent la pierre et la disposent à être détériorée par les gelées.

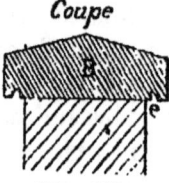

Fig. 159.

On évite cet inconvénient en donnant à la pierre le profil de la figure 159.

D'autres fois on ne donne à la pierre aucune saillie sur les parements du mur, qu'elle continue seulement sur chaque face. La pierre sert alors de couverture du mur et de chaînage pour relier les petits matériaux inférieurs. Les joints des pierres posées bout à bout sont faits avec soin en ciment pour éviter que l'eau ne puisse s'y infiltrer.

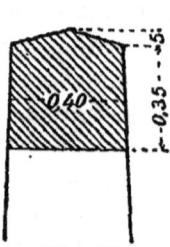

Fig. 160.

Murs de clôture en petits matériaux et mortier. — Lorsque l'on veut avoir un mur de clôture toujours propre et de longue durée, on le construit en son entier en petits matériaux, moellons, meulière ou brique, choisis non gélifs, et en les hourdant en mortier de chaux hydraulique. On les jointoye ensuite en bon mortier de chaux ou ciment, ou bien on les enduit soigneusement en mêmes mortiers, puis on les couvre en tuiles ou en pierre.

119. Murs de clôture en maçonneries mixtes. — Les murs de clôture peuvent être construits avec luxe, avec emploi de pierre de taille. La pierre de taille peut constituer le soubassement et le chaperon, c'est-à-dire les deux parties les plus sujettes aux dégradations, le reste étant construit en petits matériaux.

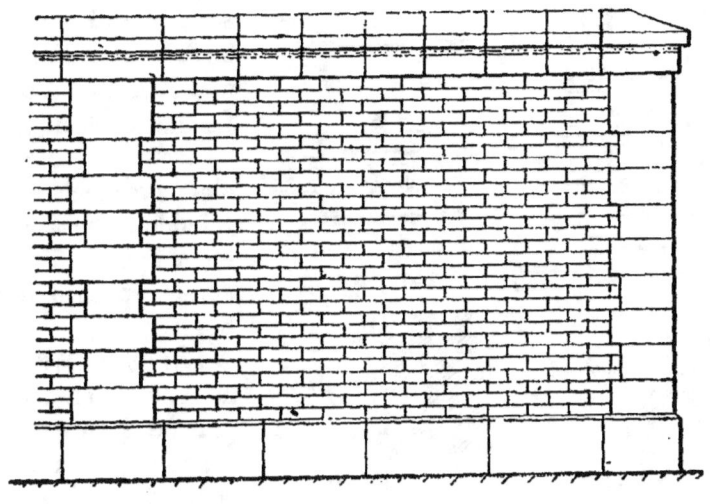

Fig. 161.

On peut encore, de distance en distance, établir des chaînes verticales en pierre régulièrement disposées dans la longueur et la même pierre servira à faire les encoignures. La figure 161 représente l'élévation d'un mur ainsi exécuté en maçonneries mixtes de pierre de taille et de moellon.

120. Refends et bossages. — Les parties en pierre de taille peuvent avoir leur parement au nu de celui des petits matériaux voisins; d'autres fois on les détache du fond par une saillie de 3 à 4 centimètres. On peut en même temps séparer les diverses pierres les unes des autres par des joints de 2 à 3 centimètres de largeur sur autant de profondeur. Les joints ainsi accentués s'appellent des *refends*. La figure 162 donne l'ensemble d'une chaîne verticale accusée par des refends et la figure 162 *bis* donne la coupe verticale ou profil de plusieurs assises successives et des refends qui les séparent.

On peut encore augmenter l'importance et l'apparente soli-

§ 3. — MURS EN ÉLÉVATION

dité de chaque pierre en taillant au ravalement, en plus des refends, un en-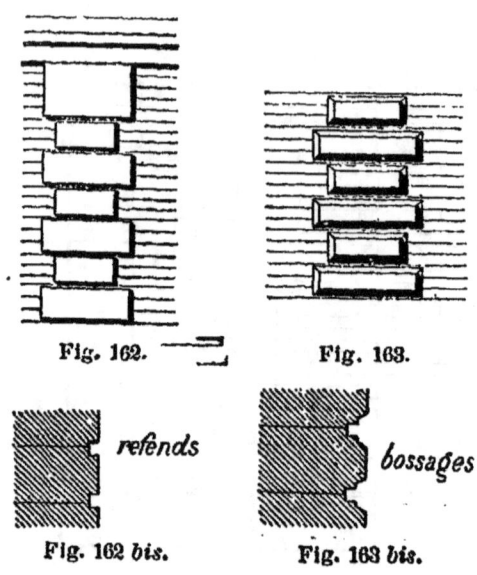cadrement saillant que l'on nomme *bossage* et qui ajoute encore au relief et à l'ornementation. La figure 163 donne l'ensemble d'une chaîne verticale avec refends et bossages et la figure 163 *bis* donne le profil de ces bossages.

La figure 164 donne l'élévation d'un mur de clôture plus économique en maçonneries mixtes, où la disposition des matériaux forme toute la décoration.

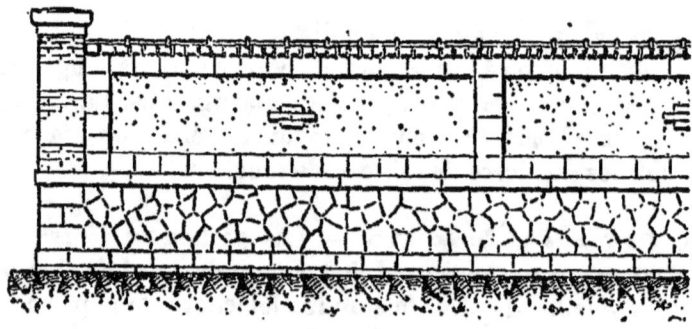

Fig. 164.

Aux angles et en des points régulièrement disposés, des piles ou pilastres, en assises successives de pierre et de briques apparentes, portent sur le soubassement qui est lui-même formé de moellons durs formant socle, d'un *opus incertum* en meulière, puis d'une dalle en pierre. Une chaîne verticale en pierre remplace l'*opus incertum* sous les pilastres.

Les intervalles de deux pilastres successifs sont divisés en panneaux allongés, en crépi moucheté, encadrés de moellons appareillés. Quelques briques apparentes marquent le milieu de chaque panneau.

Le mur entre pilastres est couvert en tuiles, les pilastres sont surmontés d'un chapeau ou *chapiteau* en pierre.

121. Des baies dans les murs de clôture. — Dans les murs de clôture il peut y avoir à réserver deux sortes de baies : des portes étroites pour piétons et des portes plus grandes, dites *charretières*, pour le passage des voitures.

Voici les dispositions de ces baies :

122. Portes de piétons. — La figure 165 représente en plan, coupe et élévation, la construction d'une porte de piéton

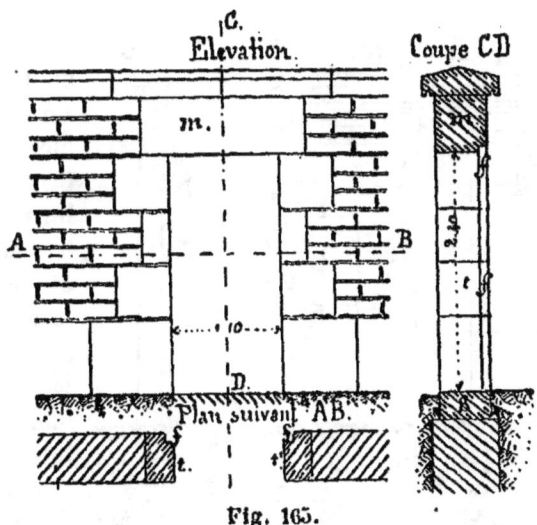

Fig. 165.

dans un mur de clôture. Cette porte a 1 m. 10 de largeur sur 2 m. 40 de hauteur.

Les jambages ou piédroits de la porte sont formés par les pierres du soubassement que surmontent trois assises de pierre demi dure, liées par harpes avec les petits matériaux du corps du mur. Posant sur ces jambages, est une pierre *m* qui

§ 3. — MURS EN ÉLÉVATION

ferme la porte à la partie haute et que l'on nomme le *linteau*. Au-dessus du linteau passe la couverture en pierre, le chaperon du mur.

Le plan et la coupe montrent en t et t' les deux tableaux de la baie, et en ff' une encoche qui se répète dans les deux jambages et dans le linteau et qui est destinée à loger la menuiserie mobile, la *porte* qui fermera la baie. Cette encoche c'est la *feuillure*. Elle a des dimensions en rapport avec celles de la menuiserie qu'elle doit loger.

Enfin à la partie basse on place, dans la largeur de la porte, et à un niveau convenable près du sol, une autre pierre S résistant bien à l'usure et au frottement; c'est le *seuil* de la baie.

La fig. 165 suppose que la porte mobile, lorsqu'elle est fermée, arase l'un des parements du mur. Il n'en est pas toujours ainsi. On met souvent la porte vers le milieu de l'épaisseur du mur où, elle est mieux protégée contre la pluie. Le tableau t est alors plus étroit, fig. 166 ; la feuillure f suit, et entre cette feuillure et le parement intérieur du mur se trouvent des faces e légèrement inclinées, tout le long des jambages, et ces faces constituent les *ébrasements* de la baie. Une face de jambage dans l'épaisseur du mur comprend donc trois parties, le *tableau t*, la *feuillure f*, et l'*ébrasement e*.

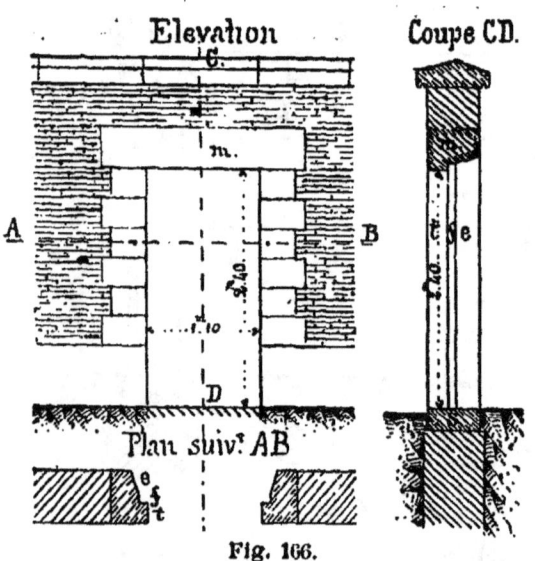

Fig. 166.

L'inclinaison de l'ébrasement permet d'ouvrir la porte mobile un peu plus qu'à 90° sur la direction du mur, elle donne de la facilité pour le passage. Cette inclinaison est de 2 à 3 cen-

12

timètres pour la largeur de l'ébrasement. On donne moins d'inclinaison dans le linteau parce qu'elle ne sert à cet endroit qu'à empêcher la porte de frotter en plafond. Dans un mur de clôture de 0,50, le tableau a ordinairement 0,20 à 0,25, la feuillure 0,055 à 0,060 et l'ébrasement le reste.

223. Portes charretières. — Les portes destinées au passage des voitures sont plus larges et plus hautes ; on leur donne de 2 m. 90 à 4 m. de largeur, et une hauteur d'au moins 3 m. leur est indispensable. Aussi ces baies ne sont pas cou-

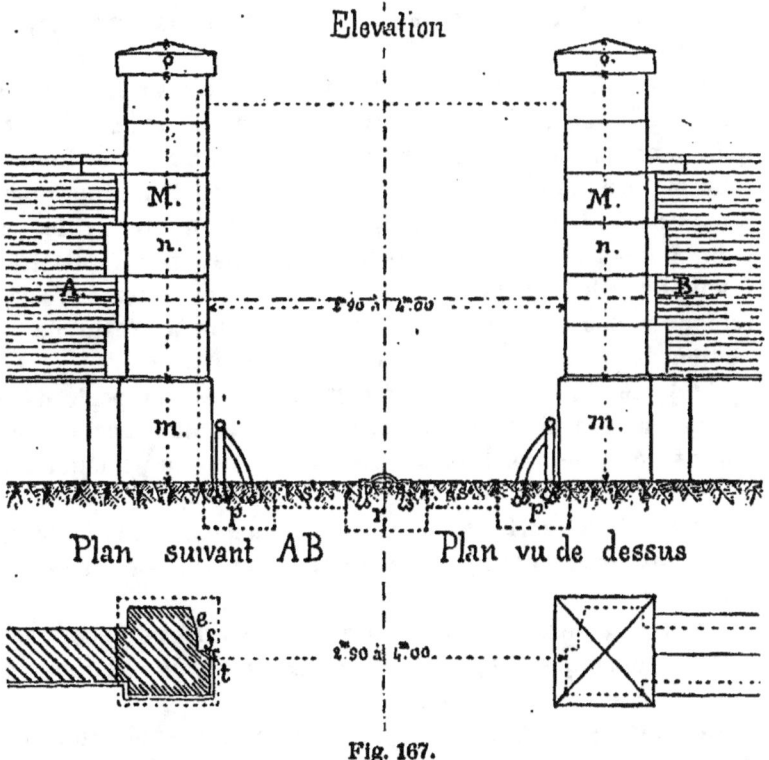

Fig. 167.

vertes la plupart du temps ; elles sont formées par une interruption du mur sur la largeur voulue.

Comme la partie mobile qui doit former la baie, porte ou grille, est, en raison de sa dimension, d'un poids considéra-

§ 3. — MURS EN ELEVATION

ble, les deux extrémités du mur qui doivent la soutenir sont nécessairement renforcées. On leur donne la forme de piliers épais, nommés *pilastres*, et le mur vient s'arrêter de chaque côté, *s'amortir* contre ces pilastres.

La fig. 167 donne en plan et en élévation une porte cochère. Les pilastres MM, plus épais que les murs voisins, font saillie à l'intérieur et à l'extérieur sur leur alignement. Ils se composent : d'un *socle m* qui règne avec l'assise de soubassement du mur ; d'un corps ou *fût n* composé de plusieurs assises de pierre et dépassant le faîtage du mur de clôture ; enfin d'un chapeau ou *chapiteau o*, couronnant les pilastres.

La liaison de ces pilastres avec les murs se fait au moyen de harpes.

La coupe horizontale suivant AB montre la disposition de la face du pilastre côté de l'ouverture. On y distingue le tableau t, qui a 0 m. 50 environ de largeur, la feuillure f où se logera la fermeture mobile et qui a 0 m. 08 à 0 m. 10 de largeur pour une porte en bois et 0 m. 04 à 0 m. 05 pour une grille, et enfin l'ébrasement e qui complète l'épaisseur du pilastre. L'entaille faite pour produire la feuillure et l'ébrasement s'arrête au-dessus de la porte ou grille, et dans le reste de la hauteur le pilastre reprend la forme rectangulaire.

Cinq pierres très dures forment le seuil de la porte dans l'épaisseur des pilastres : deux, p et p', servent à sceller des bornes en fonte appelées *chasse-roues* destinés à protéger les pilastres contre le choc des roues des voitures mal engagées ; une au milieu r sert à fixer le butoir et la gâche de la ferrure ; enfin, les deux autres, s et s', moins épaises, complètent le seuil.

Le plan vu de dessus montre les faces inclinées du chaperon du mur, ainsi que les pentes supérieures en *pointe de diamant* des chapiteaux des pilastres.

On ne fait pas toujours les pilastres de porte charretière en pierre de taille ; par raison d'économie, on emploie souvent des maçonneries mixtes. Le socle et le chapiteau étant les plus exposés, c'est le fût qui se prête le mieux à l'emploi des petits matériaux.

La fig. 168 montre un pilastre de grille dont le soubassement et le chapiteau restent en pierre, tandis que le fût est construit en briques. Une précaution bonne à prendre est de traverser les petits matériaux par une barre de fer verticale a b de 0.04 à 0.5 de côté, dans l'axe même du pilastre ; souvent même on relie, au moyen d'une autre barre de fer horizontale $c\,d$, la première barre, à une partie de 3 à 4 m. de longueur du mur de clôture. On lie ainsi les matériaux du pilastre ensemble et au mur voisin,

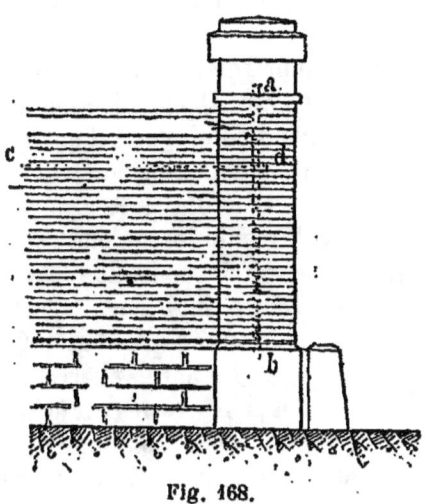

Fig. 168.

ce qui lui permet de résister beaucoup mieux à un choc accidentel.

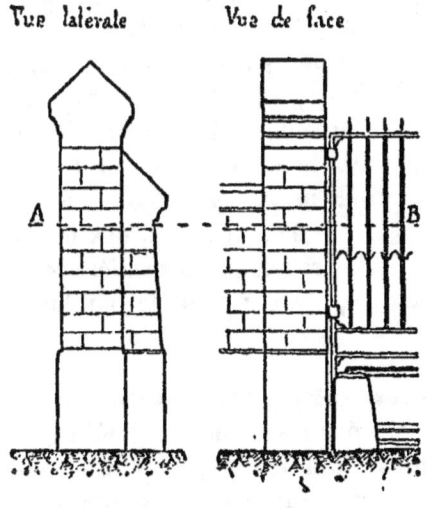

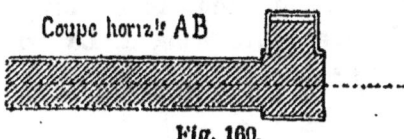

Fig. 169.

Les ferrements qui maintiennent la grille et lui servent d'axe de rotation sont eux-mêmes reliés à l'axe vertical, ce qui ajoute à leur solidité.

Enfin, pour les portes charretières que l'on veut exécuter avec toute l'économie possible, on supprime complètement la pierre de taille ; le tout est exécuté en petits matériaux et mortier de très bonne chaux ou de ciment ; la barre de fer verticale tient alors toute la hauteur du pilastre et pénètre dans les fondations de 0,25 environ. Le socle et le chapiteau sont souvent enduits en ciment pour imiter la pierre, tandis que les petits matériaux du fût restent apparents.

La liaison d'un pilastre avec le mur voisin par un chainage permet souvent d'en diminuer la largeur et de lui donner un aspect plus léger ; dans le sens perpendiculaire on est quelquefois porté à l'alléger également ; mais, comme il lui faut toujours pouvoir porter la porte ou la grille lorsqu'elle est ouverte, on le consolide par un contrefort intérieur. C'est la disposition indiquée fig. 169.

Toutes les portes charretières ne sont pas ouvertes par le haut. Dans bien des cas on fait porter aux pilastres de la porte une maçonnerie transversale qui forme couverture pour protéger la partie mobile contre la pluie, et qui en même temps donne de l'importance à l'entrée. La baie peut être fermée supérieurement, soit par un linteau en bois ou même en fer, soit par un arc en petits matériaux.

Les barres de fer des deux pilastres sont alors reliées soit au linteau soit à un chainage cintré, placé à fond de feuillure de l'arc.

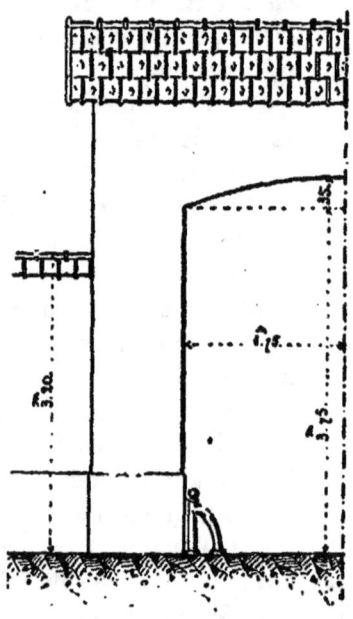

Fig. 170.

124. Murs de clôture avec grilles dormantes. — On remplace dans bien des cas des parties de mur de clôture par des grilles fixes ou dormantes, ajourant la partie supérieure.

Ces grilles sont montées sur un soubassement en maçonnerie soit entièrement en pierre, soit en meulière ou briques avec une tablette en pierre formant couronnement. La grille est limitée par des pilastres plus hauts que le reste du mur et terminés par des chapiteaux en pierre. La fig. 171 représente une grille dormante ainsi disposée, et la coupe suivant

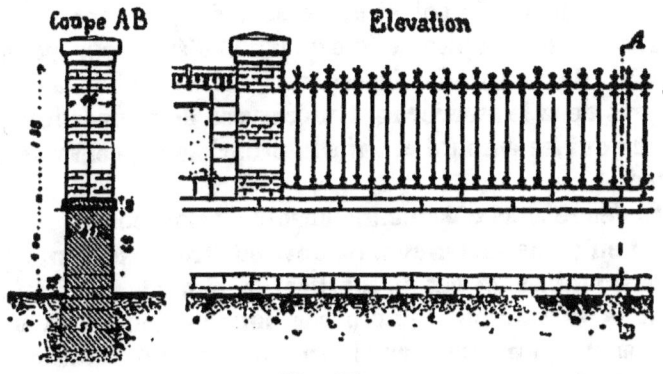

Fig. 171.

AB montre le mur de soubassement qui porte la grille, ainsi que la tablette en pierre qui le couvre.

§ 4.

FAÇADES

195. Murs de face des bâtiments. — Les murs de face des bâtiments doivent toujours s'exécuter en matériaux résistant aux intempéries, en même temps qu'à l'imbibition de l'eau et des matières salpêtrées.

Le plâtre doit en être exclus, au moins dans les fondations et les soubassements.

Toutes les fois qu'on le peut il faut faire la partie basse, *le soubassement*, en pierre dure, froide, incapable de prendre l'humidité, et non gélive. Ce soubassement monte jusqu'au plancher du rez-de-chaussée, ou jusqu'à la partie basse des fenêtres qui l'éclairent.

Si la nature des pierres dont on dispose ne présente pas les

§ 4. — FAÇADES

qualités précédemment indiquées, il faudra mettre ces pierres sur une fondation en ciment, et les poser elles-mêmes sur mortier de ciment. On a proposé d'interposer entre deux assises, au dessus du sol et au-dessous du plancher du rez-de-chaussée, des plaques de tôle de 0,005 d'épaisseur posées sur mortier de ciment, destinées à arrêter l'humidité. Ces plaques noyées dans le mortier sont préservées de l'oxydation par la chaux qui les entoure et qui a la propriété de conserver le fer intact.

Si des raisons d'économie absolue imposent un soubassement en petits matériaux, ils devront être d'excellente qualité et le hourdis sera fait en mortier de ciment. On prend souvent la précaution d'interposer horizontalement, à hauteur convenable, un enduit en ciment de Portland continu de 3 à 4 centimètres d'épaisseur; quelquefois, pour des murs non chargés, une couche d'asphalte coulé. Ces précautions sont excellentes.

Le parement des soubassements en petits matériaux doit les laisser apparents, avec simple jointoyage. Il faut près du sol éviter les enduits, ou ne les faire qu'avec des mortiers bien employés de ciment à prise lente.

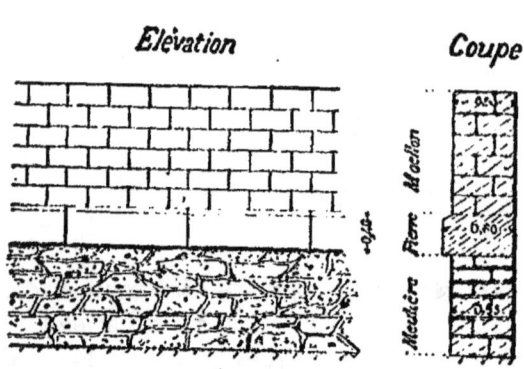

Fig. 172.

Les soubassements se terminent généralement par un bandeau saillant en pierre, soit au niveau du plancher du rez-de-chaussée, soit au-dessous des fenêtres. Ce bandeau sert à couronner et chaîner les petits matériaux qui constituent la base du mur, fig. 172.

Le corps du mur est érigé soit en pierres de taille, soit en petits matériaux et mortier de chaux hydraulique, soit en maçonneries mixtes suivant l'importance de la construction.

A la partie supérieure, ou bien il est couvert par une saillie du toit, ou il est terminé par une assise de pierres formant saillie avancée avec larmier, et qui porte le nom de *corniche*.

Cette corniche peut être en pierre dure, plus généralement elle est en pierre tendre ; elle doit être alors préservée à sa partie supérieure par une converture qui la garantisse de l'action combinée de l'humidité et de la gelée. Dans les bâtiments tout à fait secondaires, cette corniche est faite en petits matériaux avec saillie enduite simulant la pierre.

Entre le soubassement et la corniche, les différents étages de la construction sont presque toujours indiqués par des bandeaux saillants en pierre, avec larmier pour rejeter les eaux au dehors. D'autres fois, on les simule par des petits matériaux enduits.

Ces murs de face sont percés de toutes les baies nécessaires à l'éclairage et à l'aérage du bâtiment.

186. Portes. — Une porte dans un mur de face doit présenter ses piédroits, son linteau et son seuil ; elle doit pouvoir se fermer au moyen d'une menuiserie mobile qui se nomme également une porte. Les piédroits vont donc présenter du côté de l'ouverture un tableau, une feuillure et enfin un ébrasement, comme les portes de piéton vues précédemment, à l'occasion des murs de clôture. Le plan sera donc tel qu'il est figuré fig. 173. Le tableau dans un mur de 0.50 a généralement 0.20 à 0.25, la feuillure 0.06 à 0.08 et l'ébrasement complète les 0.50. L'ébrasement a une inclinaison de 0.02 à 0.03.

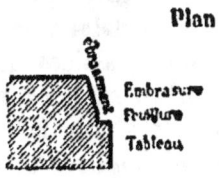

Fig. 173.

La coupe verticale de cette porte est représentée fig. 174. On y voit en élévation le tableau, la feuillure et l'ébrasement du piédroit ; le linteau, donné en coupe, présente les mêmes divisions, avec la seule différence que l'ébrasement est moins incliné, n'ayant pour objet que d'empêcher la porte mobile

§ 4. — FAÇADES

de frotter en plafond quand elle se développe pour ouvrir la baie.

Cette même coupe montre le seuil placé au niveau du sol intérieur et formant marche au dehors.

Ce seuil ne doit pas pénétrer sous les piédroits, car le moindre tassement de ceux-ci le ferait casser. Sa longueur est juste la largeur de la baie et on ne le pose qu'après coup, une fois le gros œuvre terminé, lorsque les tassements ne sont plus à craindre. Une légère pente vers le dehors, depuis la feuillure, permet de rejeter les eaux de pluie.

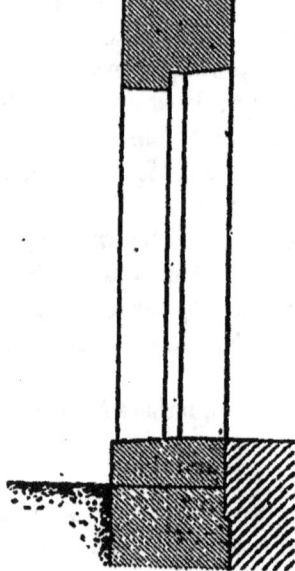

Fig. 174.

127. Fenêtres. — La coupe horizontale d'une fenêtre se représente de la même façon que celle d'une porte. Il faut toujours le tableau, la feuillure et l'ébrasement, et les dimensions de ces trois parties sont sensiblement les mêmes ; la feuillure seule est plus petite et se limite à une largeur de 0,055 à 0,060, suffisante pour loger la *croisée* en menuiserie qui bouchera la baie.

Lorsqu'on exécute le gros œuvre de la construction, on ménage depuis le plancher l'ouverture de la fenêtre. Ce n'est qu'au ravalement que l'on vient monter, dans la largeur du tableau et de la feuillure seuls, un petit mur A dit *mur d'allège*, fig. 175 ; on le surmonte d'une pierre, dure la *pierre*

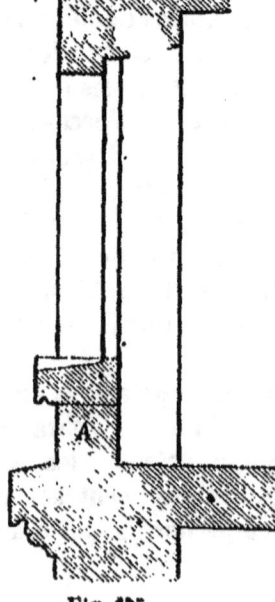

Fig. 175.

d'appui, qui a comme longueur celle de la partie libre entre les piédroits.

Cette pierre d'appui, qui termine la baie à la partie basse, reçoit les eaux de pluie et doit les rejeter au dehors.

La partie découverte de sa face supérieure sera donc creusée en pente pour l'écoulement des eaux. Les deux bords le long des piédroits restent relevés pour que cette eau ne passe pas dans le joint. L'appui fait saillie en larmier sur le mur d'allège, pour mieux éloigner les eaux.

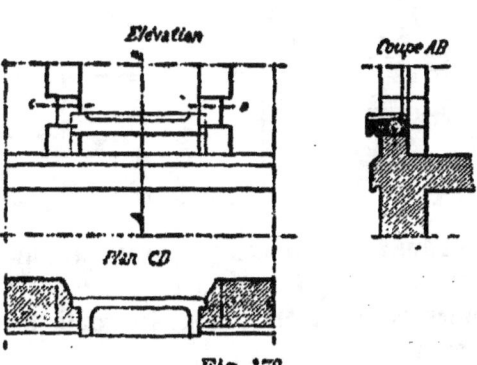

Fig. 176.

Cet appui est représenté en coupe verticale, en élévation et en plan dans la fig. 176.

128. Fermeture des baies à leur partie supérieure, linteaux, arcs de décharge. — Pour fermer une baie à la partie supérieure, on peut, lorsqu'elle n'est pas large, la terminer par une pierre d'un seul morceau, L, appelée *linteau* et qui porte sur les deux jambages, fig. 177.

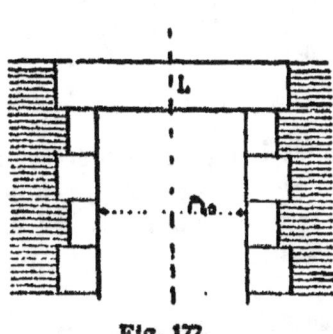

Fig. 177.

Lorsque la baie est plus large et que l'architecture s'y prête, on peut diminuer la portée du linteau, et par suite sa fatigue, en donnant à l'assise supérieure de chaque piédroit une saillie nommée *corbeau*, fig. 178.

On peut encore augmenter la résistance du linteau en lui donnant une épaisseur plus forte au milieu, fig. 179.

Enfin on diminue la charge sur le linteau en employant, pour soutenir les matériaux qui sont au-dessus, des arcs de décharge qui les soutiennent et reportent leur poids sur les piédroits de la baie. Ce n'est qu'au ravalement, lorsque le

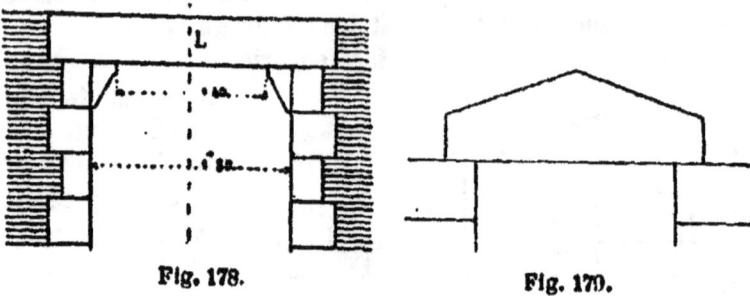

Fig. 178. Fig. 179.

gros œuvre est terminé et que tous les tassements sont produits, que l'on vient construire les remplissages sous les arcs; on évite de faire ces remplissages en plâtre, dont le gonflement pourrait casser les linteaux.

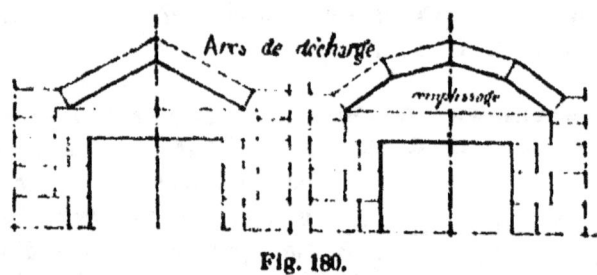

Fig. 180.

Ces arcs, qui dans la fig. 180 sont indiqués en pierres, se font le plus souvent en petits matériaux, meulières, briques ou moellons. On pourrait donc supprimer le linteau ainsi déchargé sans nuire à la solidité de l'édifice.

139. Baies cintrées, diverses formes d'arcs. — En supprimant le linteau il reste la baie en arc ou baie cintrée.

Les arcs employés pour terminer les baies à leur partie haute peuvent être en *plein cintre*, *surbaissés à un centre*, *surbaissés elliptiques* en *anses de panier*, ou en *ogive*. Les arcs en plein cintre sont formés par un demi-cercle.

On nomme *claveaux* ou *voussoirs* les pierres qui composent l'arc. Tous les joints qui les séparent doivent concourir au centre, et les lits de carrière de la pierre doivent être le plus possible parallèles aux joints. On nomme *sommier* la première pierre qui, à droite et à gauche, reçoit les voussoirs de l'arc. Les claveaux présentent d'ordinaire deux faces vues : La face d'avant se nomme *tête du voussoir* ; la face de dessous s'appelle *douelle*. La surface intérieure de l'arc, se composant de toutes les douelles, porte le nom d'*intrados* ; la surface extérieure est l'*extrados*.

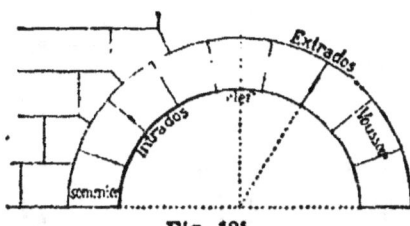

Fig. 181.

Les claveaux sont en nombre impair. Celui du milieu, par lequel on termine la pose de l'arc, porte le nom de *clef*.

130. Arc en plein cintre extradossé. — Quant l'extrados forme une surface continue sensiblement parallèle à l'intrados, on dit que l'arc est *extradossé*.

Les joints horizontaux, qui séparent les assises supérieures du mur, en arrivant près de l'extrados, dévient normalement à sa surface pour former des *crossettes*, ce qui a pour but d'éviter dans la taille de la pierre des angles aigus trop fragiles.

La fig. 181 donne le type d'un arc extradossé.

131. Arc en plein cintre en tas de charge. — D'autres fois on raccorde directement les arcs, en liaisonnant la partie supérieure des voussoirs avec les assises du mur, ainsi qu'il est indiqué dans la fig. 182. L'arc est alors appelé *arc en tas de charge*. C'est généralement cette disposition que l'on préfère dans les constructions.

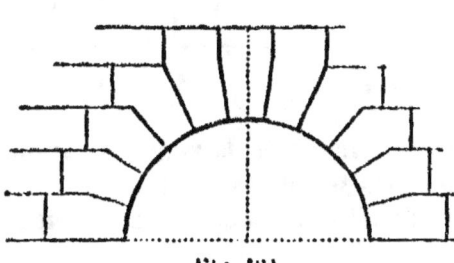

Fig. 182.

§ 4. — FAÇADES

La fig. 183 montre l'application d'un appareil en tas de charge à la voûte de passage d'entrée d'une maison à loyers. L'appareil sera accusé par des joints de couleur et servira à la décoration.

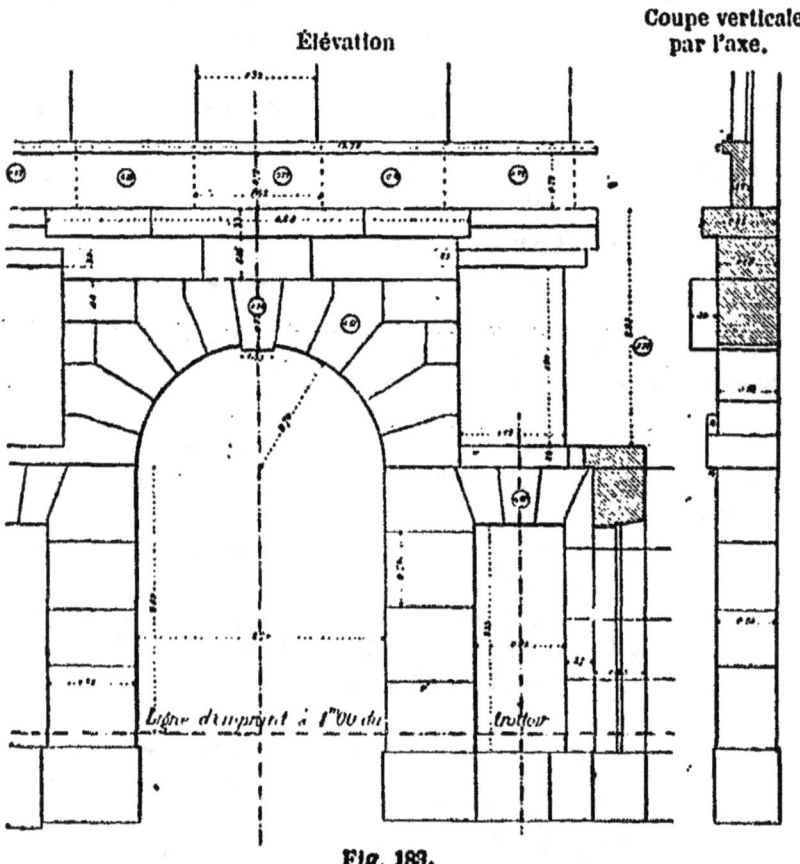

Fig. 183.

La clef fait une saillie à l'intrados de la voûte, en même temps qu'une autre saillie sur la tête de l'arc. La coupe verticale par l'axe mais déviée à l'endroit de la clef rend compte de ces saillies.

La fig. 184 donne le gros œuvre de la façade sur rue de ce même passage. L'appareil est encore en tas de charge, mais le gros œuvre présente pour chaque voussoir une saillie de tête devant, au ravalement, simuler un extrados.

190   CHAPITRE III. — FONDATIONS ET MURS

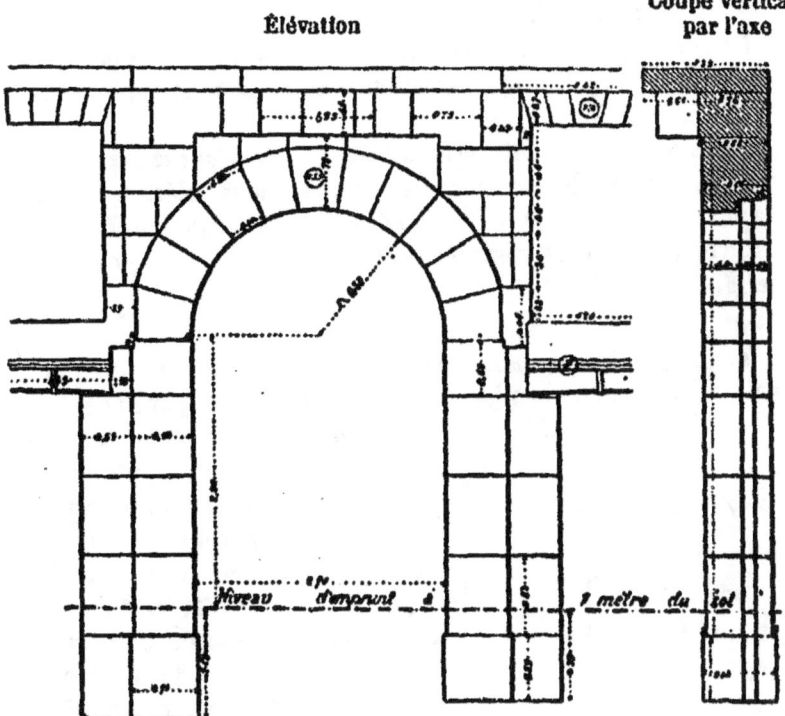

Fig. 164.

122. Arcs en briques ; divers appareils. — Lorsque les arcs sont construits en briques, il y a plusieurs modes d'appareillage suivant le plus ou moins d'ouverture de l'arc : Si le rayon est petit, pour moins ouvrir les joints, on les compose de rouleaux successifs de briques de 0,11 d'épaisseur, sans avoir égard à la manière dont les joints d'un rouleau se présentent par rapport aux joints du ou des rouleaux voisins ; c'est la disposition milieu de la fig. 165. Si le rayon est grand, on construit l'arc avec un rouleau de 0,22 ou deux rouleaux superposés

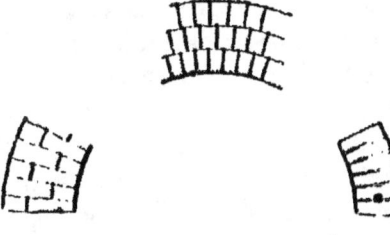

Fig. 165.

de cette dimension, ou encore en briques successivement croisées de 0,22 et de 0,11.

Dans le rejointement, les joints se font toujours d'épaisseur uniforme et régulière ; la différence de largeur se reporte sur les faces des briques.

Dans certaines constructions soignées, les fourneaux industriels par exemple, on emploie des briques moulées en forme de voussoirs et que l'on nomme des *briques à couteau*. Le joint est d'épaisseur plus régulière, et la construction y gagne en solidité.

133. Arc surhaussé. — On ne prend pas toujours pour naissance de l'arc le plan horizontal qui passe par le centre.

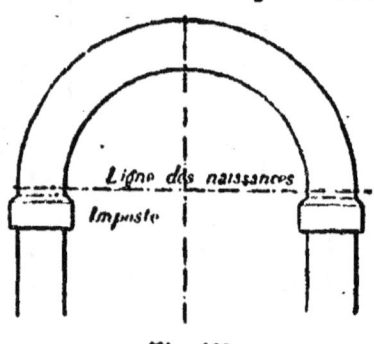

Fig. 186.

On baisse souvent la naissance à quelques centimètres au-dessous, et cette disposition se justifie lorsque la pierre qui porte le sommier est en saillie et tend en perspective à raccourcir l'arc en hauteur, fig. 186. La pierre en saillie qui porte alors l'arc se nomme l'*imposte*. D'ordinaire, le demi cercle se continue de chaque côté par une verticale, de la ligne des naissances jusqu'à l'imposte.

134. Arcs outrepassés. — On emploie quelquefois des voûtes composées d'un arc de cercle de plus de 180° aboutissant à un imposte ou à un piédroit. Ces arcs s'appellent arcs *outrepassés* ; on les rencontre notamment dans l'architecture arabe. La fig. 187 donne un exemple d'un arc de ce genre aboutissant à un bandeau d'imposte légèrement en saillie sur les piédroits de la baie.

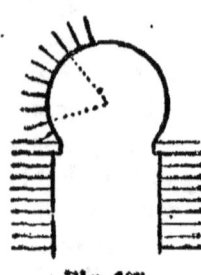

Fig. 187.

125. Arcs surbaissés à un centre. — Les arcs surbaissés à un centre sont très fréquemment employés dans les constructions ; ils donnent une ouverture plus élargie en haut, plus éclairante par conséquent. Ils se font avec tous les matériaux de maçonnerie et n'exigent que des piedroits d'une solidité suffisante pour résister à la poussée.

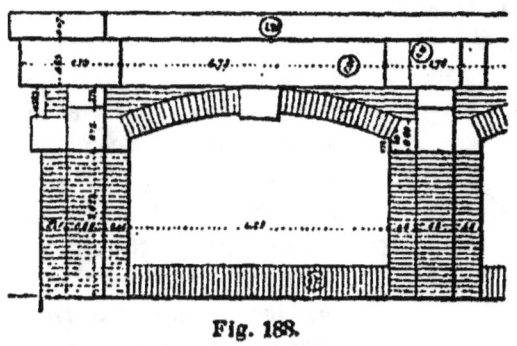

Fig. 188.

La fig. 188 donne l'exemple d'une voûte en arc de cercle en briques, avec clef et sommier en pierre, pour une large baie de 4^m,68 d'ouverture. Comme dans beaucoup d'exemples précédents, la pierre n'est que dégrossie et doit recevoir une taille ultérieure.

126. Arcs surbaissés elliptiques ou en anse de panier. — Il en est de même de l'exemple représenté dans la fig. 189. Le dessin montre le gros œuvre et l'appareil d'une voûte surbaissée de 4,45 d'ouverture. La pierre simplement dégrossie présente les saillies nécessaires pour l'ornementation ultérieure, qui sera dégagée par le ravalement. Les voussoirs d'abord normaux à l'intrados se redressent verticalement jusqu'au joint supérieur, qui est prêt à recevoir l'assise d'un bandeau.

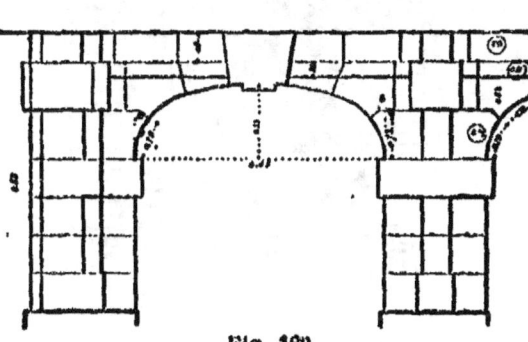

Fig. 189.

§ 4. — FAÇADES

187. Arcs en ogive. — L'arc ogive est formé de deux arcs de cercle se coupant sous un angle quelconque. Cet angle sera plus ou moins aigu suivant que les centres se trouveront :

dans l'intérieur de la baie,
sur les piédroits,
ou en dehors de la baie.

On appelle ogive *surbaissée ou obtuse* celle qui est tracée avec un rayon plus court que l'ouverture de l'arcade, fig. 190, n° 1. On la nomme plus particulièrement *plein cintre brisé* lorsque les centres sont très rapprochés, fig. 190, n° 2.

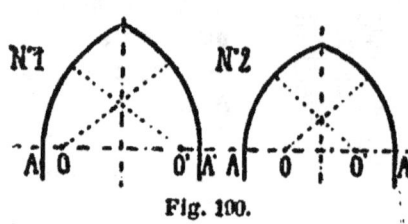

Fig. 190.

On nomme ogive *en lancette* celle dont les centres sont en

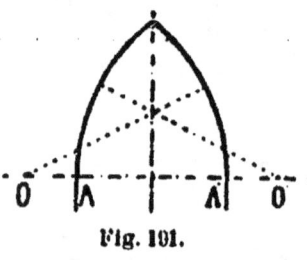

Fig. 191.

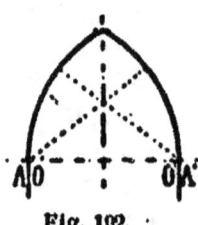

Fig. 192.

Fig. 194.

dehors des naissances. L'ogive est plus élancée et la baie proportionnellement plus étroite, comme le montre la fig. 191.

On donne le nom d'ogive *équilatérale*, ou *tiers-point*, à celle dont les centres sont sur les piédroits, fig. 192.

Ces diverses ogives peuvent être surhaussées, lorsque l'apparence de la baie le demande.

Les baies en ogive s'appareillent comme les autres arcs, mais on met ordinairement un joint vertical au sommet de la voûte, et on les construit en les extradossant, de préférence à la disposition en tas de charge.

La fig. 193 donne comme exemple d'une baie en ogive la porte d'une église de village, avec l'appareil employé pour les voussoirs.

L'ogive est l'arc qui donne sur les piédroits la poussée la plus faible et qui par suite laisse aux murs la plus grande stabilité.

188. Voûtes en platebandes. — Un autre genre de

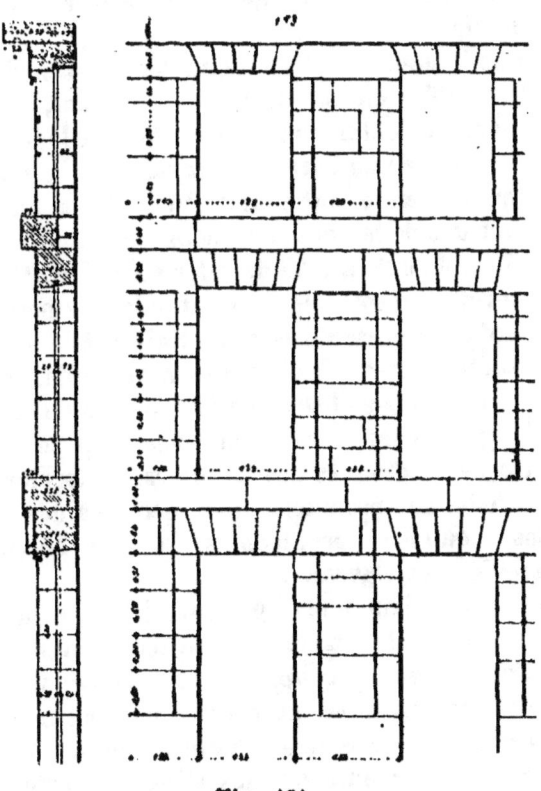

Fig. 194.

voûtes est fort usité dans les constructions en pierre de taille,

§ 4. — FAÇADES

surtout pour les petites baies de un à deux mètres d'ouverture ; ce sont les voûtes en platebandes.

Les baies sont terminées à leur partie supérieure par une droite horizontale, et, au lieu d'un linteau d'une seule pièce, on prend pour les fermer plusieurs morceaux de pierre de taille appareillés en voussoirs, et travaillant comme de véritables claveaux de voûte. Ces voussoirs sont extradossés suivant une horizontale régnant avec le joint d'une assise supérieure.

La fig. 194 donne l'ensemble d'une partie de mur de façade de maison à loyers, construit en pierres de taille, avec l'appareil des voûtes en platebandes de ses différentes baies. Ces voûtes poussent beaucoup les piédroits en raison de leur forme plate ; il faut éviter de les charger, et s'assurer de la stabilité de leurs sommiers.

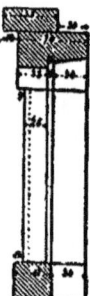

Fig. 195.

On diminue la poussée, et en même temps on maintient les voussoirs en cas de léger tassement, en logeant dans une entaille creusée au fond de la feuillure des voussoirs une barre de fer carré de 0,05 de côté, qui a comme longueur $0^m,40$ à 0,50 en plus de l'ouverture de la baie. Les deux extrémités pénètrent donc de 0,20 à 0,25 dans les sommiers. Cette barre forme une sorte de tirant annulant la poussée de la voûte, et présente assez de rigidité à la flexion pour soutenir un voussoir qui tendrait à glisser, fig. 195.

Dans les édifices publics, au lieu de se procurer à grands frais des architraves d'un seul morceau pour couvrir les intervalles des colonnes, et former linteaux des baies qu'elles comprennent, on a recours à des voûtes en platebandes comme les précédentes, formées de pierres de taille appareillées en claveaux.

Ces voûtes sont d'un emploi peu judicieux, en raison de la grande poussée qu'elles exercent à la partie supérieure des piliers et de la forme peu appropriée à la résistance qu'on donne à ces derniers. Aussi ne peut-on leur assurer la stabilité désirée que par une série de chaînages en fer, les uns disposés en tirants, et maintenant les piliers à écartement fixe, les autres suspendant les claveaux pour les empêcher de glisser les uns contre les autres.

Les fig. 196 et 197 donnent d'après Rondelet deux exemples de ces voûtes en platebandes tirées du Louvre, avec l'indica-

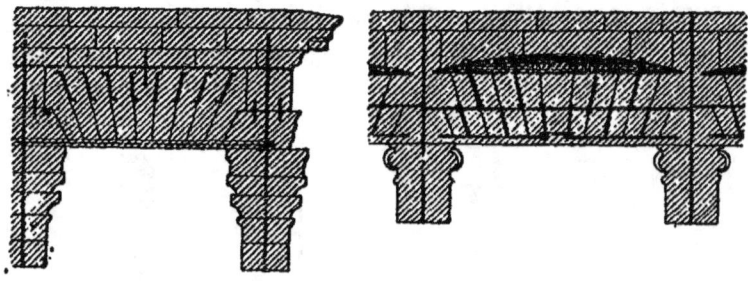

Fig. 196.   Fig. 197.

tion des chaînages employés ; il est facile de comprendre que ce système n'assure pas aux constructions ainsi établies une durée indéfinie.

139. Linteaux en bois ou en fer. — Dans les murs de nos maisons d'habitation en petits matériaux, on n'emploie plus de voûtes en platebandes ; on se sert de linteaux de bois ou de fer, matériaux pouvant résister à la flexion et par suite porter charge.

Autrefois on les formait de deux pièces de bois dans l'épaisseur du mur, et établies à des niveaux différents comme l'indique la coupe de la fig. 198, représentant une partie de mur de face.

La pièce de bois extérieure se met dans l'épaisseur du tableau, et lorsqu'elle empiète sur la feuillure elle est entaillée à la demande ; la seconde correspond à l'ébrasement et doit par suite être plus haute de quelques centimètres. Le parement de ces bois doit être recouvert de l'enduit général du mur, et il faut réserver l'épaisseur de cet enduit.

Le linteau peut porter directement sur les petits matériaux du mur ou bien reposer sur quelques assises de briques, ce qui est préférable. La fig. 198 indique pour les linteaux des baies ces deux dispositions.

Les linteaux en bois s'appliquent également aux baies de plus large ouverture. La fig. 199 montre un linteau couvrant

§ 4. — FAÇADES

un passage de porte cochère de 3 m. 40 d'ouverture. Il repose sur deux jambages, en pierres de taille comme tout le rez-de-chaussée de ce bâtiment. On complète au-dessus du bois l'arase d'une assise par quelques rangs de briques, et on pose

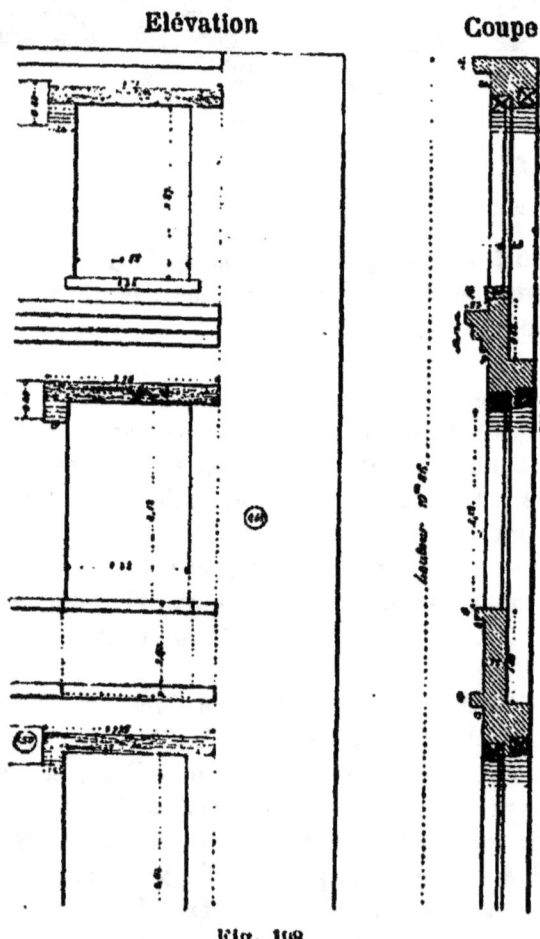

Fig. 108.

le bandeau en pierre qui forme l'appui des fenêtres du dessus. Ces fenêtres, percées dans un mur en petits matériaux, ont leurs linteaux en bois disposés comme les précédents.

Les linteaux de grande portée prennent le nom de *poitrails*;

ils supportent souvent de fortes charges, comme celui de l'exemple précédent, où le poitrail soutient en son milieu tout un *trumeau* de la maison. Il est important de se rendre

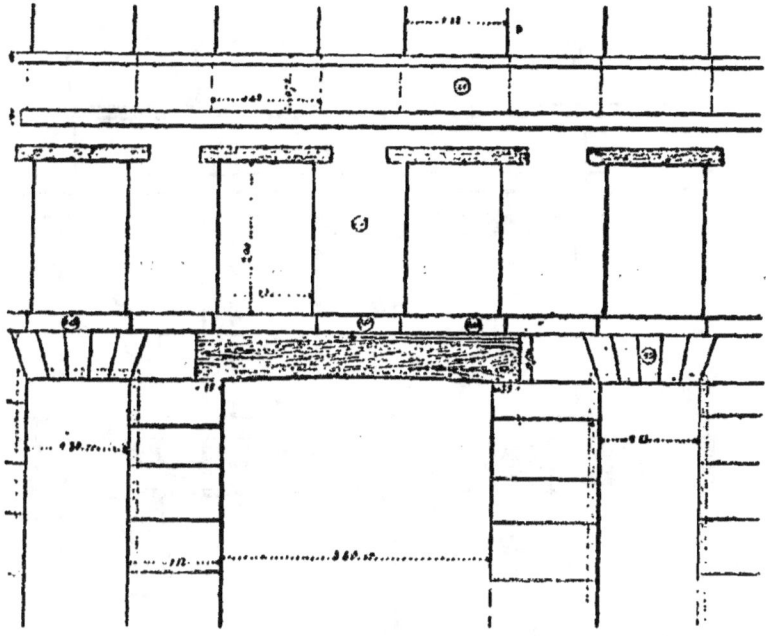

Fig. 199.

compte si le bois est bien sain dans l'intérieur de la pièce ; aussi le refend-on généralement en deux, en mettant en dehors les faces du sciage.

La fig. 200 donne enfin l'exemple d'un poitrail de 5 m. 20 de portée, destiné à couvrir la large baie d'une boutique.

Le bois est alors soutenu en son milieu par une colonne, simple ou double, portant la charge du trumeau supérieur.

L'emploi du bois dans les bâtiments comme linteau et surtout comme poitrail est défectueux. Sa durée est limitée, la moindre infiltration d'eau le réduit promptement en pourriture, et il expose la construction à une ruine totale en cas d'incendie.

On le remplace partout aujourd'hui par du fer. Les linteaux en fer sont composés de deux fers à plancher posés de champ et réunis soit par des boulons à quatre écrous espacés de 0, 60 à 1 m., soit par des fers carrés en croix et des ceintures posées à chaud. Cet assemblage est répété tous les 1 m. à 1 m. 50.

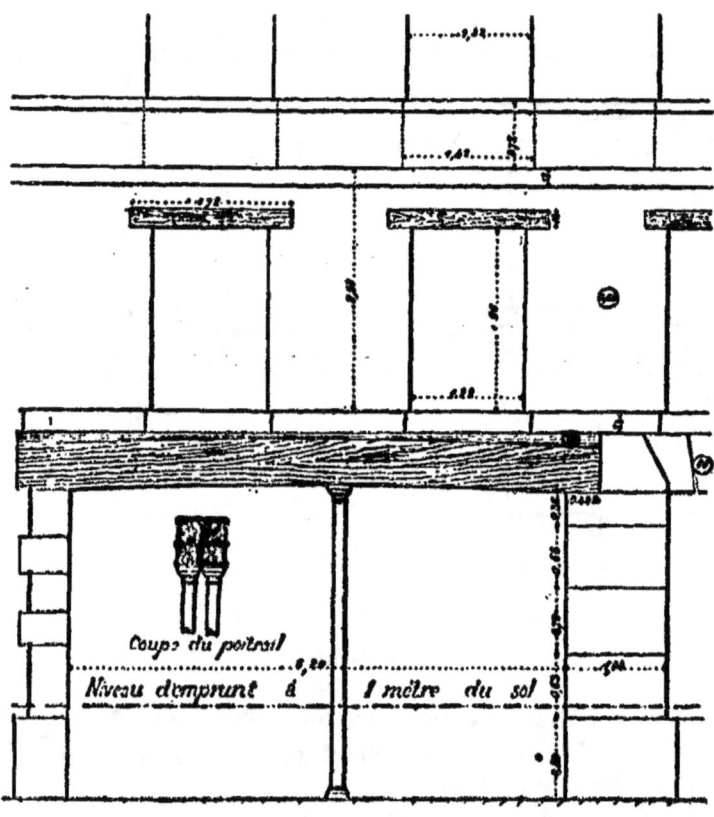

Fig. 200.

La fig. 201 rend compte de ces deux dispositions. Les poitrails ne diffèrent que par des dimensions plus fortes et s'assemblent de même (voir dans un autre volume la charpente en fer pour plus amples détails).

Fig. 201.

La fig. 202 donne l'exemple d'une large baie recouverte par un linteau en fer restant apparent à l'extérieur ; on complète au-dessus du linteau la hauteur d'une assise de pierre au moyen de quelques rangs de briques et on pose l'assise du bandeau supérieur. On nomme sommier les pierres qui reçoivent les retombées du linteau.

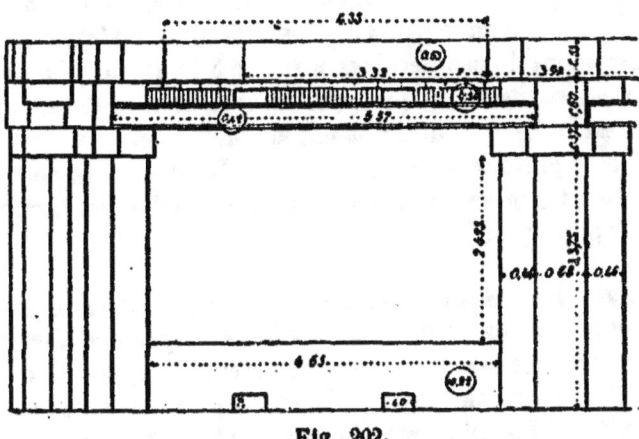

Fig. 202.

140. Combinaison du linteau avec l'arc. Porte à imposte sur corbeaux. — On combine souvent le linteau avec

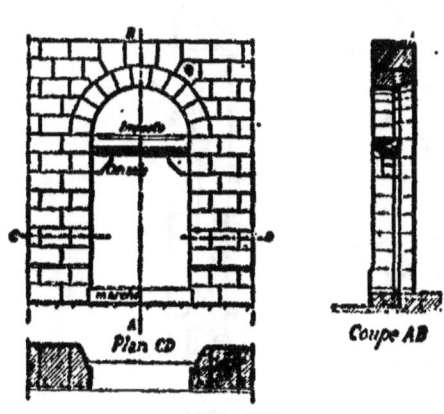

Fig. 203.

l'arc quand il s'agit de diviser une baie en deux parties dans le sens de la hauteur. La fig. 203 montre en élévation, plan et coupe une disposition de ce genre. Elle suppose une porte en plein cintre, séparée en deux baies par une sorte de linteau en pierre nommé *imposte*, soutenu par deux consoles ou corbeaux, taillés dans les piédroits à l'assise inférieure. La partie haute ainsi ménagée entre le linteau et l'arc, est disposée pour recevoir une menuiserie vitrée ; elle est donc pourvue d'une feuillure qui se raccorde verticalement

§ 4. — FAÇADES   201

avec la feuillure de la baie du bas, qui est réservée pour la porte.

Les corbeaux sont en retrait sur la façade ainsi que toutes les saillies de l'imposte ; ils s'arrêtent à la feuillure, tandis que l'imposte va jusqu'à l'ébrasement commun aux deux baies. Ce dernier ne s'engage pas dans les piédroits, de peur qu'un léger tassement de ces derniers n'arrive à le casser. On ne le pose sur les corbeaux que lorsque le gros œuvre de la construction est achevé et que l'on est au ravalement.

L'imposte porte en contrebas une feuillure pour la porte de la baie du bas, et sa partie supérieure est taillée en forme de pierre d'appui pour la baie du haut.

141. Porte à imposte sur pilastres en tableau. — Au lieu de consoles, on peut soutenir l'imposte par des pilastres, adossés aux tableaux de la baie inférieure et taillés dans les mêmes pierres. L'imposte est disposé comme celui de l'exemple précédent. Les pilastres qui le portent ont encore pour but de rétrécir la baie du bas à la largeur d'une porte commode, tandis qu'on laisse à la baie supérieure toute sa largeur primitive pour un éclairage plus abondant.

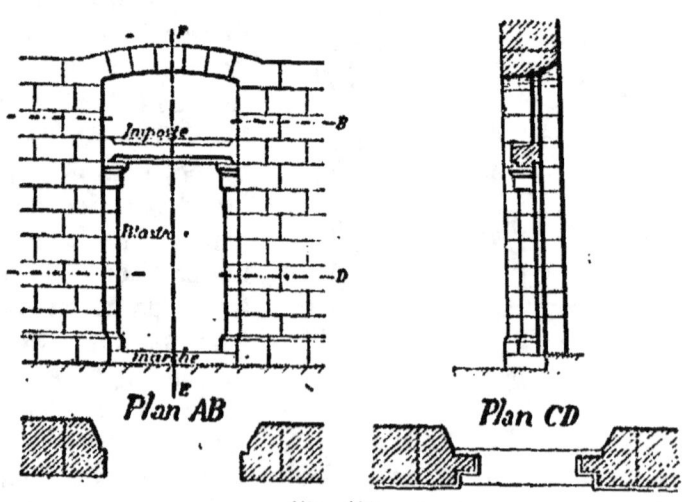

Fig. 204.

Les deux plans montrent par leur comparaison que l'ébrasement est commun aux deux baies, que leurs feuillures se correspondent verticalement et que les pilastres sont simplement ajoutés aux tableaux sans changer autrement leur section.

145. Porte à linteau soutenu au milieu. — Il peut arriver que la porte correspondant à la baie supérieure soit trop large et qu'alors on la divise en deux ou trois ouvertures par un ou deux pilastres, supportant un imposte d'un seul morceau. Si on le compose de plusieurs pierres, on fera tomber les joints au milieu des pilastres de soutien.

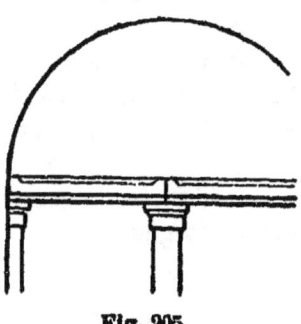

Fig. 205.

Dans les trois exemples qui précèdent la baie du haut porte souvent le nom de *baie d'imposte* ou simplement d'*imposte*.

146. Fenêtres geminées. Fenêtres à meneaux. — On a quelquefois à séparer une baie en deux compartiments dans le sens de sa largeur ; on a alors *une fenêtre géminée*, fig. 206. On obtient cette séparation au moyen d'un pilastre vertical en pierre, qui vient soutenir soit le milieu d'un linteau unique, soit les deux abouts de deux linteaux distincts. Un arc de décharge empêche le linteau et le pilastre de recevoir la charge des constructions supérieures, si cette charge est trop forte.

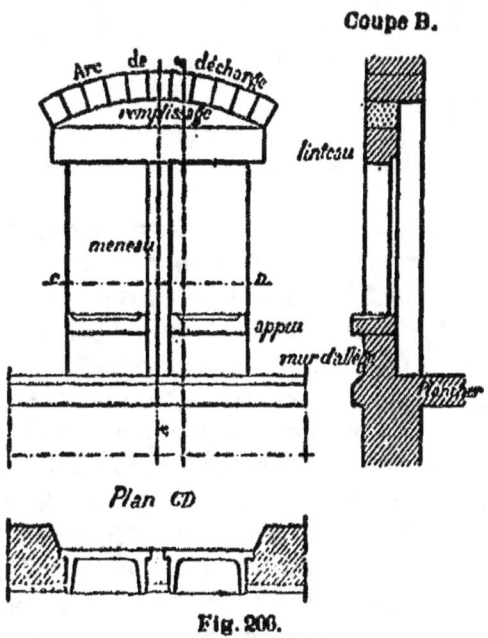

Fig. 206.

§ 4. — FAÇADES 203

D'ordinaire ce pilastre ne s'étend que dans l'épaisseur du tableau et de la feuillure ; il porte les deux feuillures nécessaires aux deux baies qu'il sépare.

On nomme *meneau* tout montant et toute traverse qui divise la surface d'une fenêtre en plusieurs parties distinctes.

Les meneaux sont considérés comme parties indépendantes du gros œuvre de la construction. On les place après coup, lorsque les murs sont montés et que l'on peut supposer les tassements entièrement produits.

La fig. 207 donne l'exemple d'une baie divisée en quatre compartiments, deux en hauteur et deux en largeur.

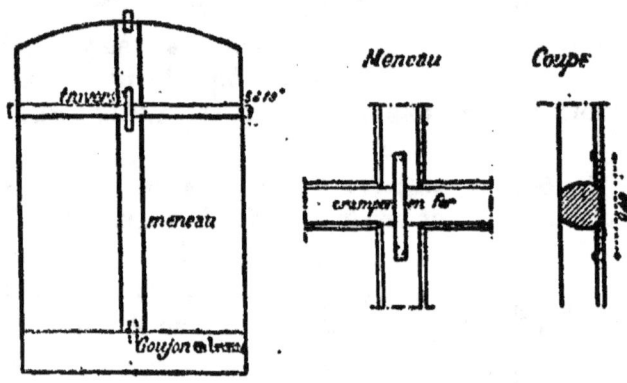

Fig. 207.

Le meneau vertical est de deux pièces entre lesquelles passe la traverse. Celle-ci s'encastre de 0,05 à 0,10 dans les tableaux de la baie. Les montants sont tenus à leurs extrémités par des *goujons* en bronze de 0,020 de diamètre. Pour empêcher le dérangement des meneaux à leur point de croisement on les réunit au moyen d'un crampon métallique (fer ou mieux bronze) de 0 m. 40 environ de hauteur, 0,025 de largeur et 0,010 d'épaisseur, dont les extrémités coudées sont scellées dans la pierre. Les fig. 208 à 213 donnent les dispositions diverses que peuvent

Fig. 208.

affecter les meneaux dans les constructions. On y voit la préoccupation constante de les décharger par des arcs, toutes les fois qu'on ne leur donne pas une dimension suffisante pour qu'ils puissent porter les matériaux supérieurs en toute sécurité.

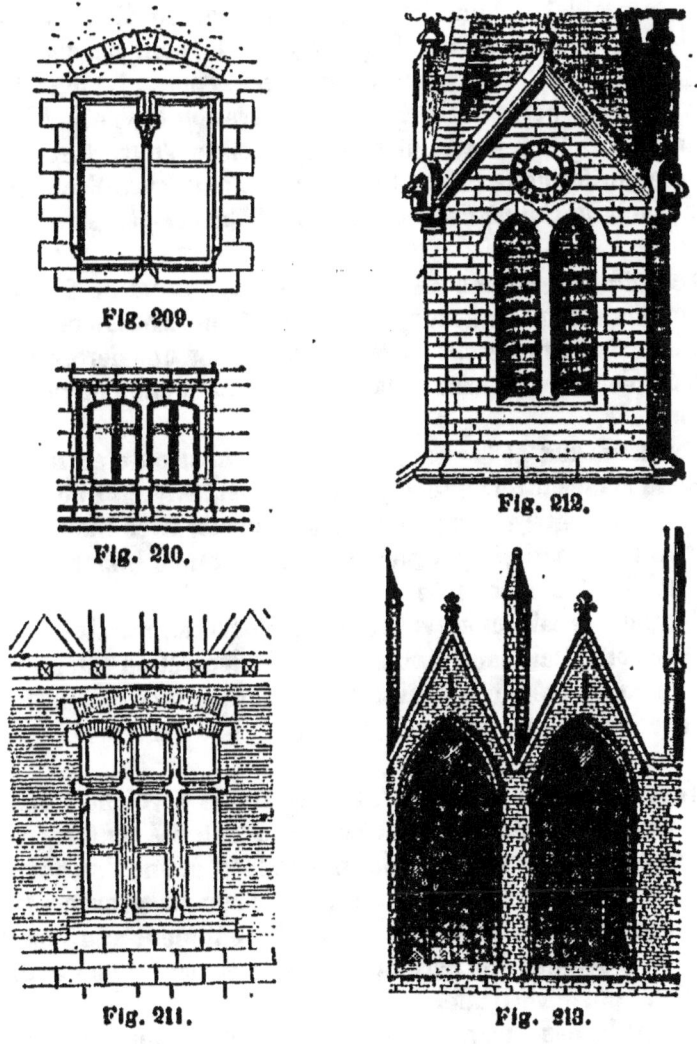

Fig. 209.

Fig. 210.

Fig. 211.

Fig. 212.

Fig. 213.

§ 4. — FAÇADES

144. Voussures. — Lorsqu'on a une fenêtre ou une porte couverte par un arc, on trouve souvent commode de redresser l'intérieur de la baie dans la partie haute correspondant à l'ébrasement. L'ébrasement du haut de la fenêtre est alors formé par une surface gauche, que l'on peut engendrer de diverses manières, il porte alors le nom de *voussure* ou encore *arrière-voussure*. La fig. 214 montre une fenêtre de ce genre en élévation et vue de l'intérieur de la pièce. Cette disposition facilite l'ouverture de la croisée qui ferme la baie, et s'arrange mieux avec l'ameublement (voir la *Coupe des pierres* dans l'Encyclopédie).

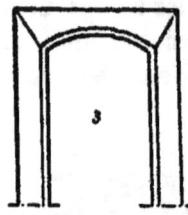

Fig. 214.

145. Corniches et bandeaux. — Les murs de face des bâtiments sont presque toujours recoupés horizontalement par des bandeaux, qui accusent les étages, et par une dernière assise de pierre qui couronne la construction et que l'on nomme la *corniche*.

Les bandeaux et la corniche ont pour mission d'écarter les eaux de la façade de l'édifice, et par conséquent ont une saillie sur le nu du mur et comportent un larmier avec mouchette. La corniche se distingue par une plus grande importance et une saillie plus prononcée.

Comme ces saillies servent aussi à la décoration, elles seront étudiées en détail dans le chapitre de la décoration extérieure ; il en sera de même des saillies verticales nommées pilastres, qui découpent les façades dans le sens de la hauteur.

146. Des lucarnes. — Au-dessus de la corniche, dans la hauteur de la toiture, on exécute souvent des fenêtres avec façade sensiblement au nu du mur de face, et que l'on nomme *des lucarnes*. Une petite toiture, posée sur deux murets latéraux, se raccorde avec le comble du bâtiment ; la lucarne présente l'avantage de permettre l'établissement d'une croisée ou d'une porte verticale.

La façade des lucarnes se fait souvent en maçonnerie, et presque toujours en pierre de taille en raison de son exposition aux intempéries.

La construction type d'une lucarne est la suivante : Deux montants ou jambages en pierre supportent un linteau, puis une portion de mur triangulaire appelée *pignon* termine la partie supérieure et se raccorde avec la toiture, fig. 215. Le lin-

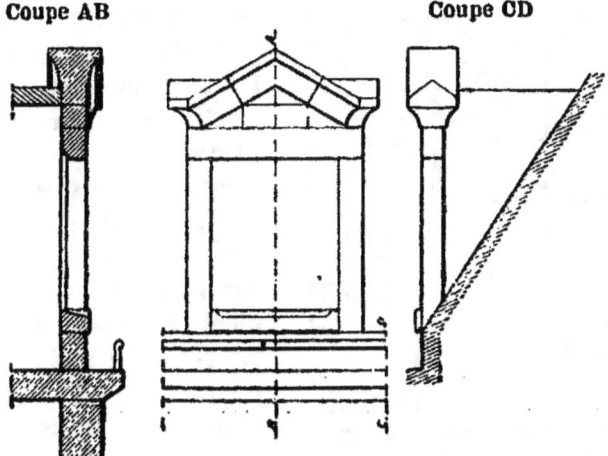

Fig. 215.

teau et le pignon se font préférablement d'un seul bloc de pierre, toutes les fois qu'on peut se le procurer ; cela évite les joints. Quand le pignon au-dessus du linteau est composé de plusieurs pierres, on les appareille comme l'indique la fig. 215, en prenant pour principe que chaque pierre repose sur une assise horizontale et de plus que les joints soient normaux au rampant.

Le linteau lui-même peut ne pas être d'une seule pierre. Il est alors formé d'une voûte en platebande composée de plusieurs voussoirs ; il faut pour cela que les piédroits soient plus forts pour résister à la poussée et on les renforce au moyen d'un contrefort latéral de forme appropriée.

Le croquis, fig. 216, donne le principe de construction de ce genre de lucarnes. Toutes les lucarnes n'ont pas nécessairement un pignon. Souvent leur toit se

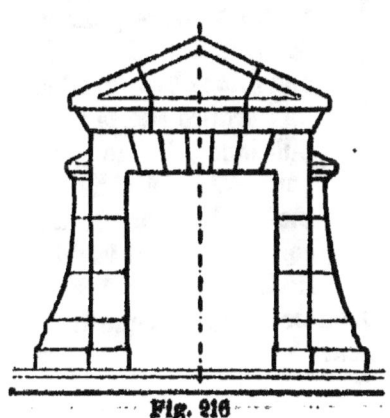

Fig. 216.

trouve recouvert par une couverture avec croupe sur le devant ; elles sont alors protégées par la saillie de ce toit et construites en petits matériaux avec linteau en bois, ou mieux en fer.

La fig. 217 donne l'élévation de ce genre de lucarne, que l'on rencontre presque partout dans les constructions rurales. La construction en est aussi économique que possible et l'entretien en est peu onéreux, surtout si l'on a eu soin de laisser apparents des matériaux suffisamment résistants aux intempéries et simplement jointoyés en bon mortier, et non pas enduits.

Fig. 217.

147. Des balcons. — Les balcons sont des constructions horizontales en saillie sur le parement extérieur d'un mur de face, et garnies d'une balustrade. Les balcons peuvent être en pierre, fer ou bois. A Paris il y a des règlements à suivre pour la construction des balcons dans les façades en bordure sur la voie publique ; ils ne peuvent être établis à moins de 6 m. 00 du sol de la rue, et la saillie limite est de 0,80 à partir du parement du mur. De plus, on ne les admet que dans les rues de plus de 10 m. 00 de largeur.

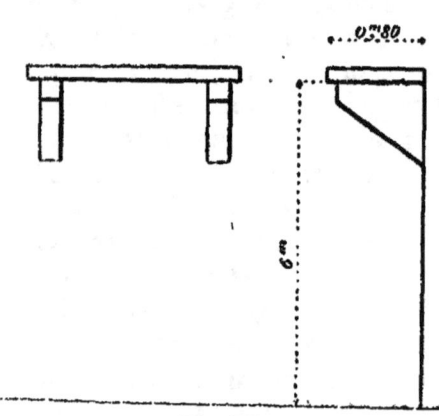

Fig. 218.

Les balcons en pierre doivent toujours être encastrés de toute l'épaisseur du mur, et d'ordinaire on ne les fait pas reposer sur les corbeaux ou consoles que l'on ménage en dessous pour les maintenir en cas de rupture.

Pour être sûr que le contact n'existe pas entre les deux pierres, une fois la dalle posée, on passe dans le joint une lame de scie pour former un isolement. On évite ainsi la rupture d'une console en cas de tassement dans le gros œuvre. Ce n'est qu'au ravalement que l'on fait le jointoiement au mortier autour de ce joint resté creux.

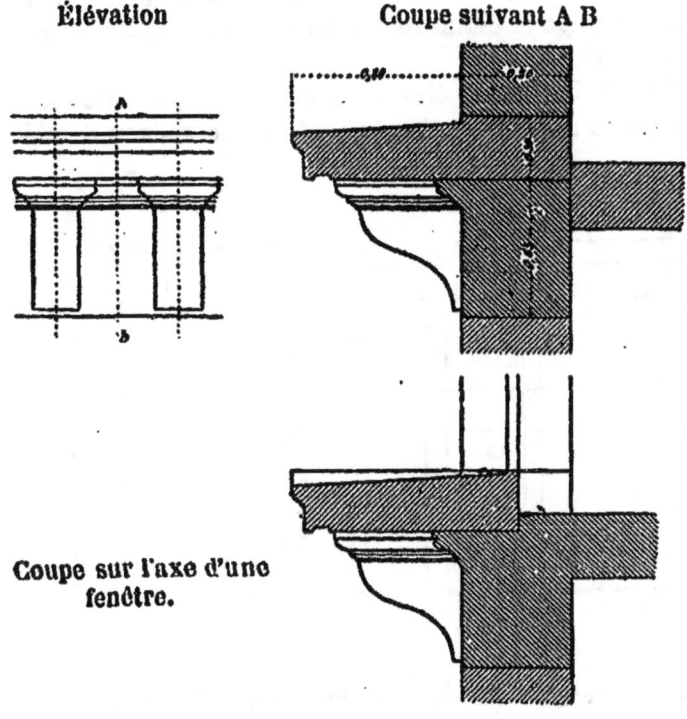

Fig. 210.

Les dalles des balcons doivent être faites en pierres dures résistant bien aux intempéries, analogues s'il est possible aux calcaires des n°° 1, 2 et 3 appelés pierres froides. On leur donne au moins 0 m. 25 d'épaisseur et mieux 0,30 pour une saillie de 0,80.

§ 4. — FAÇADES

Lorsqu'on prend des pierres plus tendres, susceptibles de se détériorer à l'air ou de s'imbiber d'eau, on recouvre les balcons de feuilles métalliques, notamment de plomb.

Le dessus d'un balcon doit présenter une pente et un congé pour l'écoulement de l'eau ; sa rive doit former larmier pour la rejeter au dehors. Aux extrémités, la rive de retour perpendiculaire à la façade conserve comme épaisseur toute celle de la pierre, pour empêcher l'eau de couler le long du mur de face.

La pente du balcon se continue dans la largeur du tableau des baies jusqu'à la feuillure, où elle se raccorde par un congé avec une partie relevée.

La fig. 219 donne une élévation, une coupe par un trumeau, et une coupe par une fenêtre d'un balcon de maison d'habitation.

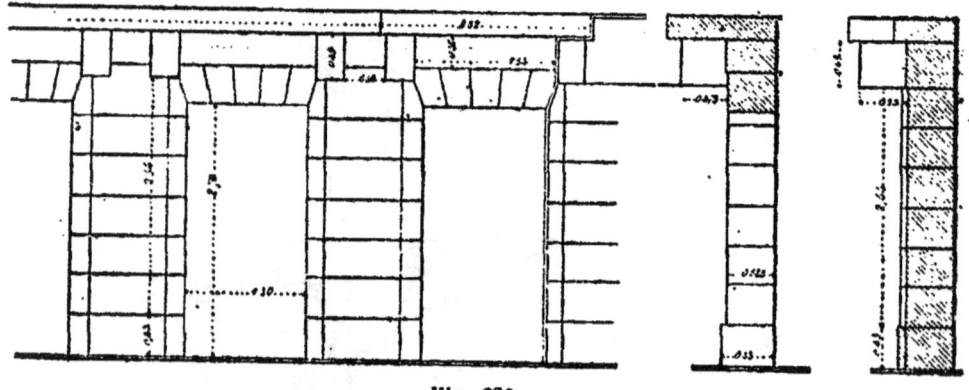

Fig. 220.

Les consoles font partie d'une assise complète du mur. Cette assise a donc comme largeur l'épaisseur totale du mur plus la saillie de la console ; souvent on taille deux ou plusieurs consoles dans la même pierre. La fig. 220 représente le gros œuvre d'un étage de maison portant balcon sur une certaine longueur de façade, et ce balcon pour le restant redevient un bandeau ordinaire. Les consoles sont établies sur le côté de chacune des baies inférieures. L'élévation montre l'appareil employé, la première coupe donne la forme du balcon et la pierre préparée pour les consoles ; la seconde coupe est faite à l'endroit du bandeau.

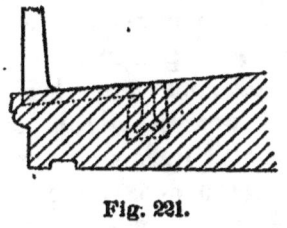

Fig. 221.

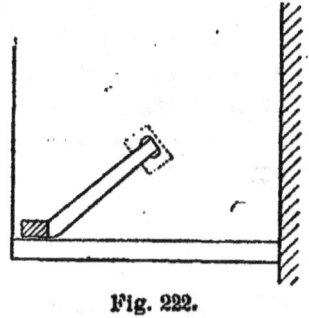

Fig. 222.

Les balustrades des grands balcons se font très souvent soit en fer forgé, soit partie fer et partie fonte, le fer comme ossature générale, la fonte comme remplissage.

Dans les deux cas, tous les 1 m. 30 à 1 m. 50, la balustrade tient par le moyen de montants en fer scellés dans la pierre du balcon. On évite de faire le scellement sur le bord de la pierre, ce qui pourrait la faire éclater ; on le reporte plus loin en pleine masse, en le déviant ou le *dévoyant* par un double coude.

La fig. 221 donne une coupe du scellement d'un montant intermédiaire, et ce scellement doit être à 0,25 au moins d'un joint.

La fig. 222 donne la vue en plan d'un scellement de montant d'angle dévié à 45°.

Les joints de deux dalles consécutives se font soit à plat joint, et autant que possible on les fait correspondre à des milieux de consoles, soit à joint brisé de 0,02 à 0,04, fig. 223, ce qui a l'avantage de mieux retenir le mortier qui doit remplir le joint.

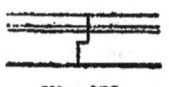

Fig. 223.

A la partie supérieure des maisons à loyer, et en raison des règlements qui régissent à Paris la hauteur des constructions, on avance généralement en forme de balcon la corniche qui surmonte le mur de face. Le règlement veut dans ce cas qu'on limite la saillie de ce balcon sur le parement extérieur à l'épaisseur même du mur de face.

En retrait et sur le balcon lui-même on monte un étage léger que l'on nomme *étage d'attique*, fig. 224. Cet étage porte à son tour sa corniche, d'importance secondaire, qui est surmontée du comble du bâtiment.

§ 4. — FAÇADES

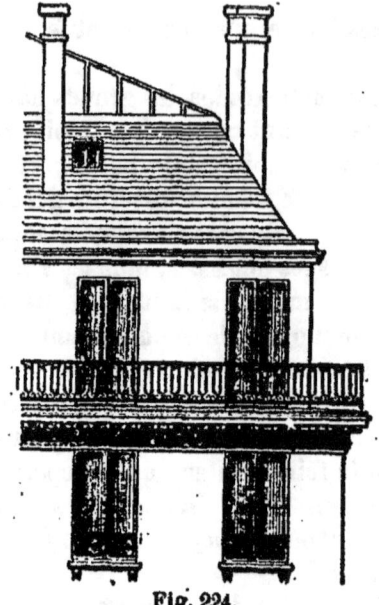

Fig. 224.

Ce balcon d'attique se construit comme les autres et les dalles de pierre se posent sur le mur et en même temps sur le plancher correspondant. Mais comme la plus petite quantité d'eau qui passerait à travers les joints pénétrerait dans les pièces du dessous, on prend une pierre tendre, celle qui a été choisie pour la façade par exemple, ou toute autre mieux appropriée, et on recouvre toute la surface supérieure en plomb.

148. Murs pignons. — Les murs extérieurs d'un bâtiment qui, à leur partie supérieure, épousent les deux pentes du toit, ou contre lesquels viennent s'amortir ces deux pentes, prennent le nom de *pignons*.

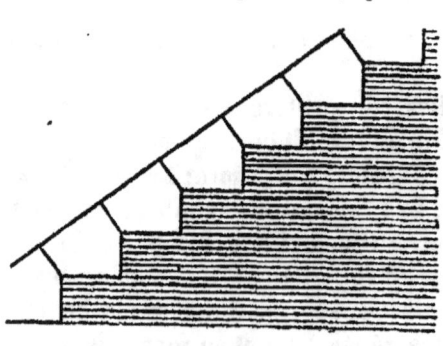

Fig. 225.

Ils se construisent dans leur hauteur comme les autres murs, et n'ont de particulier que l'appareil employé, lorsque leur partie supérieure est en pierres de taille. Cet appareil est disposé pour que chaque pierre ait bien son assise horizontale et que les angles aigus soient évités. La fig. 225 montre cette disposition, avec crossettes perpendiculaires à la pente supérieure.

§ 5

MURS INTÉRIEURS

149. Murs de refend. — La construction des murs de refend s'exécute comme celle des murs de face, mais généralement avec de petits matériaux : moellons, meulières ou briques. La pierre de taille n'y entre guère que pour y former des dosserets ou pilastres destinés à porter de grosses pièces de charpente, ou de lourdes charges, ou encore pour constituer le parement en pierre d'un passage d'un vestibule ou d'une cage d'escalier.

Dans la largeur des baies qui sont percées dans ces murs de refend, on doit prévoir les revêtements de leurs tableaux, en bois ou autre matière. Ces baies auront leurs feuillures convenablement disposées pour recevoir les bâtis et contrebâtis. Les linteaux seront formés de deux pièces de bois ou de fer, mises à même niveau et remontées suffisamment pour réserver la place des traverses des bâtis.

Ces murs sont montés le plus souvent en mortier de chaux ou de ciment pour éviter les tassements.

150. Murs mitoyens. — Parmi ces murs de refend, il en est qui ont pour mission de séparer deux propriétés contiguës. Leurs dimensions peuvent être déterminées par une convention formelle entre les deux propriétaires voisins.

Lorsqu'il n'y a pas convention, il est d'usage à Paris de les établir en bonne et solide maçonnerie posée sur une fondation appuyée sur le bon sol. L'épaisseur du mur dans la hauteur des caves est de 0 m. 65 et dans la partie hors terre jusqu'au sommet de 0 m. 50.

Le mur dépasse la couverture la plus élevée et est terminé par un chaperon à deux pentes lorsqu'il appartient jusqu'en haut d'une façon indivise aux deux voisins.

Lorsque, par suite de l'inégalité de hauteur des deux maisons contiguës, la partie supérieure du mur appartient en propre à l'un seulement des propriétaires, on le termine par un chaperon à une seule pente inclinée de manière à verser les eaux chez le propriétaire de ce mur.

Les mêmes règles sont applicables aux chaperons des murs de clôture séparatifs de deux héritages. Ils sont établis à deux pentes s'ils appartiennent indivisément aux deux propriétaires, et à une seule pente lorsque l'un des propriétaires seul les a fait construire, et c'est de son côté que doivent s'écouler les eaux de la couverture du mur.

Un propriétaire a toujours le droit d'acheter à son voisin la mitoyenneté partielle ou totale du mur séparatif en payant la moitié de la valeur de la construction du mur, et aussi la moitié du terrain sur lequel le mur est assis lorsque son axe ne correspond pas à la limite des héritages.

151. Jours de souffrance. — Tout propriétaire qui possède un mur joignant immédiatement l'héritage voisin a le droit de percer dans ce mur des jours appelés *jours de souffrance* qui sont astreints aux conditions suivantes :

Ces jours ne doivent être établis qu'à 2 m. 70 au-dessus du sol du rez-de-chaussée, et à 1 m. 90 au-dessus du plancher des autres étages.

Ils doivent être garnis d'un treillis en fer dont les mailles aient au plus un décimètre d'ouverture.

N'étant destinés qu'à donner passage à la lumière, ils doivent être fixes, sans ouverture possible, *à verre dormant*, comme l'on dit.

Un propriétaire a toujours le droit d'acheter la copropriété du mur séparatif, et alors de supprimer et boucher les jours de souffrance établis par son voisin lorsque ce dernier était unique possesseur du mur.

152. Jours de servitude. — Par suite de conventions spéciales ou de destination de père de famille, il peut être établi des jours ordinaires ouvrants et non maillés, de dimension et de position quelconque dans un mur séparatif de deux propriétés. Ce sont alors des jours de servitudes, qui impliquent une interdiction de bâtir au devant jusqu'à une distance déterminée par les actes, ou à une distance moindre que 1 m. 90 si la distance est indéterminée.

Les jours de servitude ne peuvent être bouchés de droit par le voisin, même par l'acquisition de la mitoyenneté du mur dans la partie où se trouvent les baies. Ils ne peuvent être supprimés que par vente volontaire consentie par l'ayant-droit.

L'établissement de la servitude d'un jour peut se créer par une jouissance de trente années effectives et continues au moyen de la prescription. Aussi est-il prudent de ne jamais laisser créer sur une propriété ces genres de baies, qui par la tolérance et l'habitude se transforment si facilement en servitudes indéfinies.

153. Adossement de souches, pied d'aile. — Deux maisons sont contiguës, inégales en hauteur. Le mur séparatif est mitoyen jusqu'à la trace du toit de la maison la plus basse, jusqu'à l'*héberge* de cette maison, comme on appelle cette trace. Le surplus du mur appartient au propriétaire de la maison la plus élevée.

Le propriétaire voisin veut surélever les tuyaux de fumée qui longent le mur mitoyen, il peut les adosser à ce mur jusqu'à la partie haute, en achetant pour cela la mitoyenneté de la bande de mur nécessaire pour l'adossement, augmentée d'un pied d'aile, ou 0 m. 33 de largeur de chaque côté, soit pour les raccords, soit pour l'établissement d'une échelle de ramonage ou d'un échafaudage pour la construction ou les réparations.

154. Tuyaux de fumée dans les murs mitoyens. — Pour gagner de la place dans les constructions des villes où le terrain est cher, on a songé à établir d'un commun accord entre les voisins des tuyaux de fumée dans les murs mitoyens ou destinés à le devenir.

Le premier constructeur laissait en montant le mur autant de tuyaux disponibles pour son voisin qu'il en montait pour lui-même.

Cette disposition a été prohibée un certain temps, puis permise de nouveau à Paris : elle semble presque partout abandonnée aujourd'hui. Un mur séparatif percé de tuyau ne crée pas un isolement suffisant en cas d'incendie, ni une clôture assez épaisse à l'endroit des cheminées pour séparer les habitations des maisons contiguës.

Il est préférable par conventions spéciales de construire en briques un mur mitoyen de 0 m. 36 dans le bas, de 0 m. 25 dans les étages supérieurs, et d'adosser de part et d'autre les souches des cheminées.

155. Etablissement de contre-murs dans quelques cas. — Il est certaines constructions qu'on ne peut adosser directement à un mur mitoyen. Une fosse d'aisances, une écurie, par exemple, ne peuvent joindre immédiatement le mur sans l'interposition d'un contre-mur de 0 m. 33 d'épaisseur au moins. Un fourneau, une forge, ne peuvent joindre un mur mitoyen, même avec l'interposition d'un contre-mur ; il faut, entre le contre-mur et le mur, un espace vide appelé *tour du chat*, ouvert sur les côtés pour la circulation de l'air, et dont la largeur est suivant les cas de 0 m. 10, 0 m. 16, 0 m. 20 ou 0 m. 33.

156. Construction des tuyaux de fumée dans l'épaisseur des murs. — Ce n'est que par exception que l'on est amené à loger des tuyaux de fumée dans l'épaisseur des murs de face des bâtiments. Ils coupent ces murs, leur ôtent de la liaison et de la solidité, et déterminent des crevasses apparentes qui déprécient les façades.

Il faut prendre comme règle absolue de les réserver aux seuls murs de refend, et encore dans les parties où ils ne portent pas plancher.

157. Tuyaux réservés dans les murs en meulière ou matériaux peu sensibles à la chaleur. — Dans les bâtiments secondaires, les constructions rurales élevées en meulière et mortier, on ménage souvent des tuyaux de fumée à même la construction, au fur et à mesure qu'on monte les murs.

— On maintient au-dessus du trou déjà fait un cylindre en bois légèrement conique et on maçonne tout autour, ce qui constitue le tuyau réservé à chaque assise ; on remonte le cylindre que l'on nomme un *mandrin*, après avoir crépi en plâtre l'intérieur de l'assise que l'on vient de terminer.

Plus généralement, dans les constructions soignées, les parois des tuyaux de fumée se font en produits céramiques, l'argile cuite résistant mieux à la chaleur que la plupart des autres matériaux. On emploie des produits céramiques de diverses formes :

1° Les briques ordinaires ;
2° Les briques cintrées ;
3° Les wagons.

159. Tuyaux de fumée en briques ordinaires. — Lorsque la fumée que doivent contenir les tuyaux est très chaude, comme celle qui sort de certains fourneaux ou de calorifères, il est indispensable de les construire avec des briques ordinaires.

L'épaisseur des parois est au moins de 0 m. 11, plus les enduits ; les *languettes* ou cloisons séparatives des tuyaux voisins ont également 0 m. 11 d'épaisseur et le principe de construction est de disposer parois et languettes pour que la liaison des matériaux soit parfaite. On s'attache aussi à faire une maçonnerie bien pleine pour qu'il ne s'établisse par les joints aucune communication entre deux tuyaux voisins.

Les tuyaux faits en briques ordinaires ont la forme rectangulaire, on les enduit en plâtre à l'intérieur en arrondissant les angles pour que la suie déposée à la longue s'y arrête moins.

Fig. 226.

En raison de l'épaisseur des parois, les murs devant contenir des tuyaux en briques arrivent à avoir 0 m. 52 à 0 m. 60, compris les enduits extérieurs.

Des briques sont disposées pour former des harpes de liaison avec les autres matériaux, et chaque harpe a pour hauteur 4, 5 ou 6 assises successives en briques.

La fig. 227 donne la disposition en élévation et en plan d'un

§ 5. — MURS INTÉRIEURS

étage de mur de refend comprenant une grande série de tuyaux construits en briques.

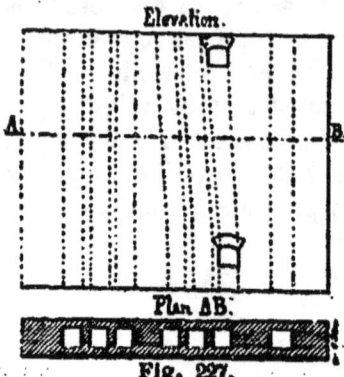
Fig. 227.

Entre le dernier tuyau d'une série et une baie de porte, on doit toujours laisser une partie pleine appelée *dosseret* d'au moins 0 m. 34 de largeur, qu'on ne réduit à 0 m. 22 que dans les cas où on ne peut absolument pas faire autrement.

La fig. 228 donne la disposition dans un étage de mur de refend, en élévation et en plan, de tuyaux isolés ou groupés par paire avec harpes se reliant aux petits matériaux des parties pleines du mur.

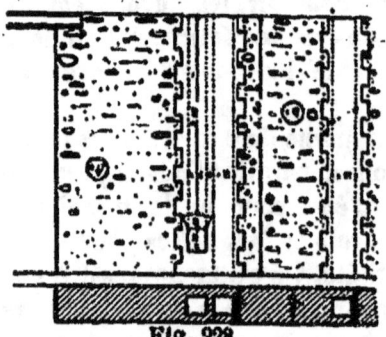
Fig. 228.

Cette même figure représente des tuyaux devant servir à la ventilation seule et l'un d'eux débouche à la partie basse de l'étage par un orifice de 0,35 × 0,35, destiné à recevoir une grille et cintré en haut par un arc en briques de 0,22.

Lorsqu'on veut incliner un tuyau, on avance les assises de briques en gradins les unes sur les autres, fig. 229, et l'enduit en plâtre vient corriger les irrégularités dues à ce mode d'opérer.

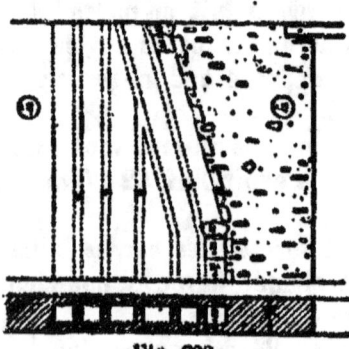
Fig. 229.

Les tuyaux de fumée destinés à un étage partent d'une hauteur variant de 0,90 à 2 m. du plancher bas de cet étage, et dans cette hauteur on réserve l'emplacement du foyer de la cheminée ou de l'appareil de chauffage correspondant. On laisse dans le mur une baie de dimensions appropriées, et on construit en briques les jambages de cette baie. On cintre au-dessus un arc en briques réservant le débouché du tuyau, et au-dessus de cet arc on construit le tuyau comme il a été dit ci-dessus. La fig. 230 donne la disposition de la baie réservée pour une toute petite cheminée. Cette baie a 0 m. 70 de largeur sur 0 m. 90 de hauteur ; pour une cheminée ordinaire, on laisse plutôt 0 m. 80 à 0 m. 90 de largeur. On bouche le parement opposé par un muret de fond en briques de 0 m. 11 à 0 m. 22 d'épaisseur.

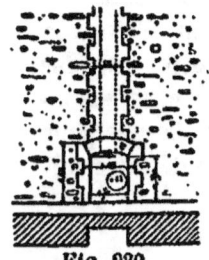

Fig. 230.

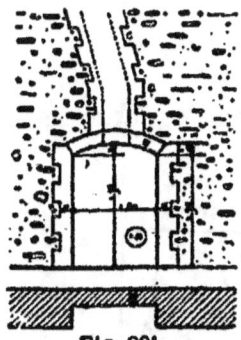

Fig. 231.

La fig. 231 donne la disposition d'une baie réservée pour une grande cheminée. La construction est la même, les dimensions seules varient.

159. Tuyaux de fumée en briques cintrées. — Les briques cintrées sont exécutées dans la plupart des briqueteries suivant trois dimensions de murs :

    Pour mur de 0 m. 40 ravalé
    Pour mur de 0 m. 45   —
    Pour mur de 0 m. 50   —

Pour chacune de ces dimensions il y a quatre formes de briques :

A, nommée aussi *équerre* ;
B,   —   *plat à barbe* ;
C,   —   *chapeau de commissaire* ;
D,   —   *violon*.

Ces briques cintrées se font à l'épaisseur des briques ordinaires, façon Bourgogne, 0,065 à 0,075.

§ 5. — MURS INTÉRIEURS

La fig. 232 donne l'arrangement des briques de deux assises successives pour un tuyau isolé ; on n'emploie pour le construire que des briques A et B, et la disposition forme des harpes pour les relier aux matériaux voisins.

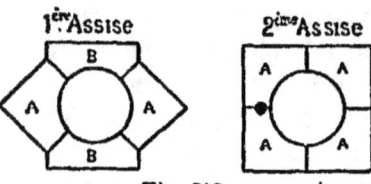

Fig. 232.

Pour un tuyau isolé il faut par mètre de hauteur :

36 briques A
12 — B
―――――
Soit en tout 48 briques.

Pour deux tuyaux voisins construits ensemble, l'arrangement est celui de la fig. 233.

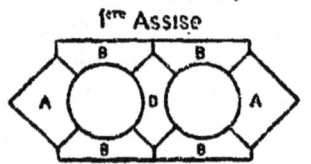 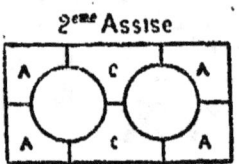

Fig. 233.

Il faut pour les deux tuyaux par mètre de hauteur :

35 briques A
24 — B
12 — C
6 — D
―――――
Soit en tout 78 briques.

Pour trois tuyaux voisins construits ensemble, l'arrangement est celui de la fig. 234.

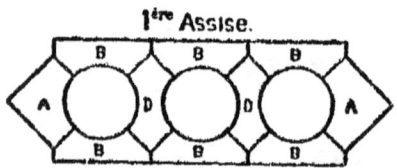 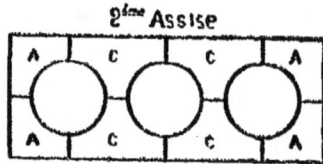

Fig. 234.

Il faut pour ces trois tuyaux par mètre de hauteur :

36 briques *A*
36 — *B*
24 — *C*
12 — *D*

Soit en tout 108 briques.

Enfin la fig. 235 indique l'arrangement des briques pour quatre tuyaux voisins construits ensemble.

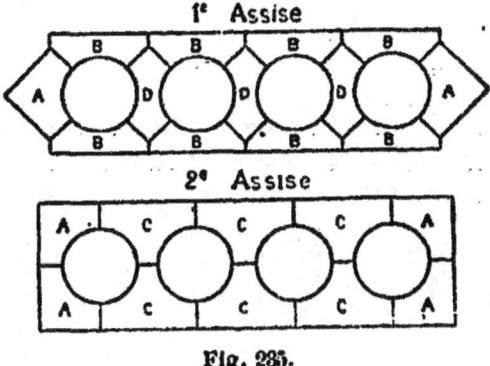

Fig. 235.

Il faut pour ces quatre tuyaux par mètre de hauteur :

36 briques *A*
48 — *B*
36 — *C*
18 — *D*

Soit en tout 138 briques.

Il faut ainsi ajouter 30 briques pour chaque tuyau en plus.

Ces tuyaux ont une section circulaire, et on les enduit en plâtre en montant.

Lorsqu'on a besoin de les dévier, ou les *dévoyer* comme l'on dit, on avance chaque assise sur la précédente et on forme une série de redans comme avec les murs en briques

§ 5. — MURS INTÉRIEURS

ordinaires ; l'enduit en plâtre corrige les inégalités qui en résultent.

Les parois des tuyaux érigés en briques cintrées n'ont que 0 m. 05 à 0 m. 06 d'épaisseur de brique, aussi les dispose-t-on pour permettre un renformis de 2 centimètres et demi à 3 centimètres avant de mettre l'enduit.

Fig. 236.

Pour cela, si le mur a 0 m. 45 d'épaisseur, on prendra des briques pour mur de 0 m. 40, de manière à compléter l'épaisseur au moyen du renformis. On obtient ainsi un meilleur isolement des menuiseries et bois qui garniront plus tard la paroi.

169. Tuyaux de fumée construits en wagons. — On se sert beaucoup à Paris et dans les environs, pour construire les tuyaux de fumée incorporés aux murs, de tuyaux spéciaux

Fig. 237.

appelés wagons, fabriqués d'un seul morceau à la filière, suivant les sections ci-contre, et coupés par tronçons de 0 m. 16 à 0 m. 20 de longueur.

Leur épaisseur est de 0 m. 05 à 0 m. 06.

Ils sont fabriqués en terre à brique, séchés et cuits.

Ils ont la forme d'un D et des sections intérieures des dimensions les plus généralement employées. On les fait pour des épaisseurs de murs de 0 m. 25, 0 m. 34, 0 m. 40, 0 m. 45 et 0 m. 50.

Pour croiser les joints et lier la maçonnerie on met les crochets des tuyaux alternativement à droite et à gauche, et l'on a soin de bien garnir les joints et intervalles en bon mortier, pour qu'il ne puisse pas y avoir de communication entre les tuyaux voisins.

La fig. 238 donne la disposition de deux assises successives d'un mur à cheminées monté en wagons.

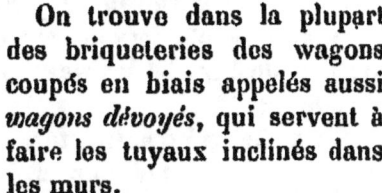

Fig. 238.

On trouve dans la plupart des briqueteries des wagons coupés en biais appelés aussi *wagons dévoyés*, qui servent à faire les tuyaux inclinés dans les murs.

La fig. 239 donne la disposition en élévation et en plan d'un étage de mur de refend entièrement rempli de tuyaux construits en wagons, avec l'espace réservée pour les foyers de deux cheminées dos à dos à construire dans ce mur ; quelques wagons sont dévoyés à la partie supérieure.

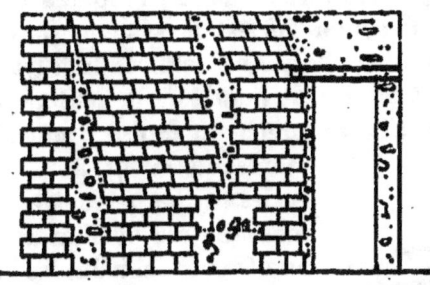

Fig. 239.

La fig. 240 donne en élévation et en plan deux autres étages de murs de refend, avec tuyaux construits en wagons dont la plupart sont dévoyés.

On voit l'emplacement réservé pour deux cheminées dos à dos, et les tuyaux de ces cheminées, montés au-dessus du vide sur des linteaux en fer, sont dévoyés l'un à droite l'autre à gauche pour permettre à l'étage supérieur de placer deux nouvelles cheminées verticalement au-dessus des premières.

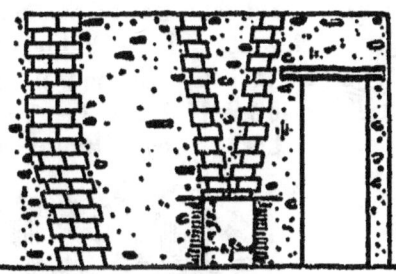

Fig. 240.

§ 5. — MURS INTÉRIEURS

L'épaisseur des wagons étant faible, on les dispose dans les murs comme les briques cintrées, en réservant la place d'un renformis avant l'enduit, pour obtenir un isolement suffisant des bois qui garniront la paroi. Pour cela, dans un mur de 0 m. 45 on emploiera des wagons pour mur de 0 m. 40 ; dans un mur de 0 m. 50 des wagons pour mur de 0 m. 45, et ainsi de suite.

On a cherché d'autres formes de wagons permettant d'obtenir un croisement des joints dans le sens de la hauteur et de diminuer ainsi les chances de communication entre les tuyaux voisins, et par suite les invasions de fumée dans les appartements. Tel est le système Lacôte représenté fig. 241. Les saillies du tuyaux n'existent que sur la moitié de la hauteur, ce qui permet un arrangement croisé comme le représente la fig. 242.

Fig. 241.

Ces tuyaux se font comme les autres, ou bien droits ou dévoyés, suivant les besoins du calepin. Les saillies permettent de former harpes pour se relier aux matériaux du restant du mur.

Tel est aussi le système Duprat, qui est établi sur le même principe ; il est représenté fig. 243.

Les wagons Duprat se

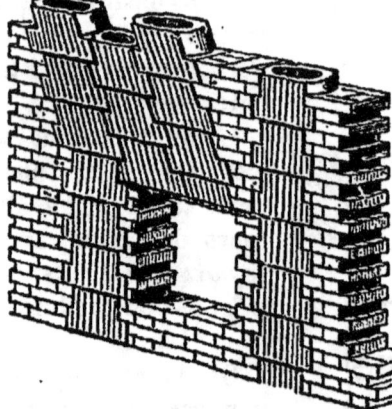

Fig. 242.

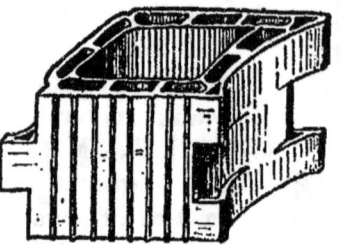

Fig. 243

font soit à simple paroi soit à cloisonnement, et ce cloisonnement existe soit sur les parois extérieures seules, soit sur tout le pourtour. On y gagne plus d'isolement, et plus de solidité pour l'ensemble du mur.

161. Tuyaux adossés. Boisseaux Gourlier. — On ne peut pas toujours comprendre les tuyaux dans l'épaisseur des murs, soit que ceux-ci soient déjà complètement remplis de tuyaux, soit qu'ils soient trop minces, soit enfin qu'ils soient déjà montés lorsqu'on veut établir les tuyaux.

Les règlements veulent qu'on donne au moins 0 m. 25 d'épaisseur à un mur auquel on doit adosser des cheminées. Ce n'est qu'au dernier étage de la construction que l'on tolère un adossement à une cloison de 0 m. 15 d'épaisseur.

Les tuyaux adossés se construisent en poteries que l'on nomme des *boisseaux Gourlier*, du nom du fabricant qui les a vulgarisés. Ce sont, fig. 244, des prismes quadrangulaires à angles arrondis, ouverts aux deux bouts, de 0 m. 33 environ de longueur, de sections variables suivant l'importance du tuyau à construire. Ils se mettent bout à bout, s'emboîtent légèrement l'un dans l'autre, et le joint se fait au mortier. Leur surface extérieure est striée pour mieux prendre l'adhérence des enduits. Ils ont environ 0 m. 04 d'épaisseur.

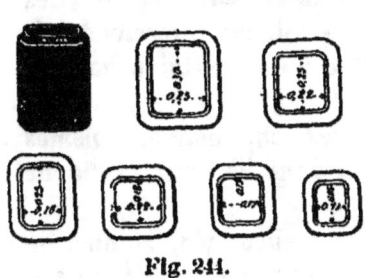
Fig. 244.

On les scelle le long du mur qui leur sert de soutien, soit au mortier de chaux, soit le plus souvent au plâtre, et on les maintient tous les mètres ou tous les un mètre cinquante, au moyen de ceintures en fer feuillard dont les extrémités sont scellées dans le mur.

Lorsque plusieurs tuyaux s'alignent côte à côte sur la surface d'un mur, on les juxtapose avec mortier remplissant bien les intervalles, et on a soin que les joints des deux tuyaux voisins ne se rencontrent pas au même niveau, pour éviter toute communication.

On les renformit ensuite et on les enduit de manière à recouvrir leurs parois d'une épaisseur supplémentaire de 0 m. 04 à 0 m. 05.

On fait dans quelques usines des boisseaux à parois creuses donnant un isolement meilleur.

Les boisseaux Gourlier suffisent pour nos foyers d'appartement. Mais pour les cheminées de boutiques, de fourneaux divers, de calorifères, il est bien préférable de construire les tuyaux adossés en briques à plat de 0 m. 11. Les languettes sont reliées au mur d'ados par des tranchées de liaison, et on consolide cette juxtaposition par des ceintures en fer avec traverses au milieu des languettes, le tout parfaitement scellé dans le mur. On écarte ces ceintures d'environ 1 m. 50 à 2 m. l'une de l'autre.

162. Souches de cheminées hors comble. — Les tuyaux de fumée composant des parties de mur de refend doivent percer la couverture et monter à une certaine hauteur au-dessus du toit.

D'ordinaire, ils doivent dominer les constructions voisines et dépasser le faîtage du bâtiment dont ils font partie de 0 m. 50 à 0 m. 60.

La partie hors comble, la *souche* de cheminée, comme on l'appelle, doit être traitée comme un mur de clôture ; les parements doivent rester en matériaux apparents résistant aux intempéries. Les enduits sont à éviter, ils résistent peu et présentent constamment un aspect délabré.

Le dessus de la souche doit être couvert par un chaperon, la plupart du temps en pierre.

Si la pierre est dure, ses parements resteront apparents. Si elle est tendre, son parement supérieur sera recouvert de zinc pour le préserver de l'humidité. Le chaperon, appelé aussi couronnement, est percé de trous correspondant aux divers tuyaux de fumée, et sur chacun de ces trous on vient sceller un *mitron* ou une *mitre*.

Fig. 245.

Le *mitron*, fig. 245, est un tuyau ouvert aux deux bouts, légèrement conique, se rétrécissant par le haut.

Fig. 246.

Il en résulte que l'orifice supérieur est plus étroit que la section courante du tuyau de fumée. Comme le débit, c'est-à-dire le *tirage* de la cheminée, est le même en chaque point, il en résulte une plus grande vitesse à l'orifice et cet excédant de vitesse a pour avantage de mieux vaincre la composante verticale de la vitesse du vent, qui, presque toujours légèrement plongeant, tend à produire un refoulement de fumée dans les appartements.

La *mitre* est ou bien un grand mitron, quadrangulaire dans

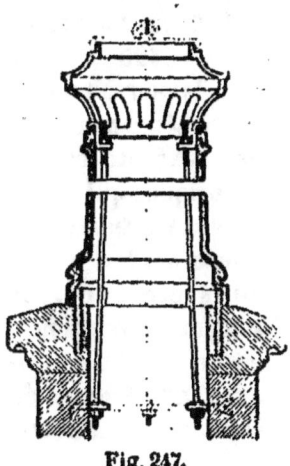

Fig. 247.

le bas, destiné à terminer des cheminées de grande section (fig. 246), ou bien encore une sorte de hausse ou lanterne en terre cuite, remontant l'orifice ou le mitron d'une certaine quantité au-dessus du couronnement d'une souche. La fig. 247 donne le tracé de mitres de ce genre; c'est un modèle de la grande tuilerie Muller et Cie, d'Ivry.

Au chapitre *Fumisterie*, il sera donné des tracés de mitres métalliques fort employés pour augmenter dans nombre de cas le tirage des tuyaux de fumée.

163. Souches de cheminées en briques ordinaires, en briques cintrées. — Les souches de cheminées, lorsque les tuyaux sont construits en briques de 0 m. 22 sur 0 m. 11 et 0 m. 06, ne sont que la continuation de ces tuyaux, mais il faut choisir les meilleures briques, les plus cuites, pouvant bien résister aux intempéries. Il est utile de les hourder en mortier de très bonne chaux hydraulique ou de ciment, et de les bien jointoyer en ciment. Les briques sont parementées, c'est-à-dire posées par assises régulières, les joints bien au-dessus les uns des autres de deux en deux assises.

Le couronnement en pierre doit être appareillé avec une saillie de 0 m. 05 à 0 m. 10 sur le nu du parement de la brique, et cette saillie disposée en larmier avec mouchette pour écarter les eaux.

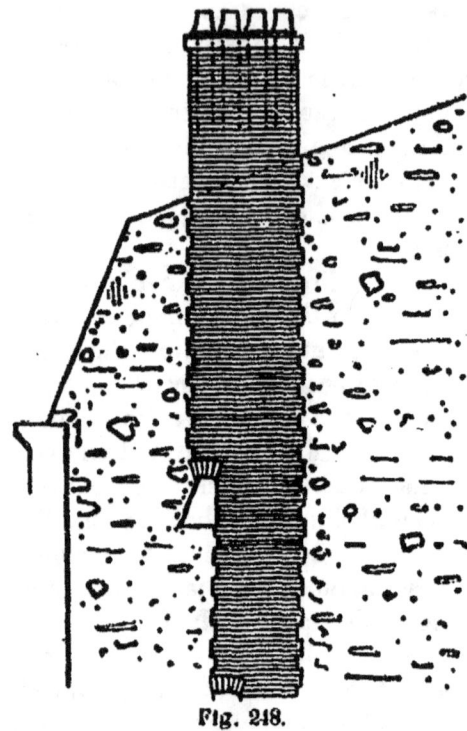
Fig. 248.

Le dessus est taillé avec deux pentes, pour l'écoulement des eaux ; l'épaisseur minimum de cette assise de pierre est de 0^{m}15 à 0^{m}20 pour la pierre dure, 0^{m}25 à 0^{m}30 pour la pierre tendre.

La même construction s'exécute lorsque les briques qui constituent les tuyaux de fumée sont des briques cintrées. La souche est continuée par ces mêmes briques au dehors du comble, et couverte comme il vient d'être dit.

La fig. 248 représente le haut d'un mur de refend comprenant des tuyaux de fumée exécutés en briques cintrées, et en même temps la partie hors comble formant la souche.

164. Souches au-dessus de tuyaux construits en wagons. — Lorsque les murs à cheminées sont construits en wagons, on ne les continue pas avec ce genre de matériaux dans la partie hors comble ; la souche continue à être montée en briques à plat, comme dans les exemples précédents, ce qui donne des parois de 0 m. 11 d'épaisseur de gros œuvre, ou bien en briques cintrées, ce qui donne une épaisseur un peu moindre.

Lorsque la souche est construite en briques à plat, l'épaisseur est subitement plus forte que celle des wagons; il est donc nécessaire de soutenir le porte à faux des briques, soit par un renformis du haut des tuyaux, soit par quelques barres de fer soutenues par le faux plancher du comble, ou encore par la charpente supérieure.

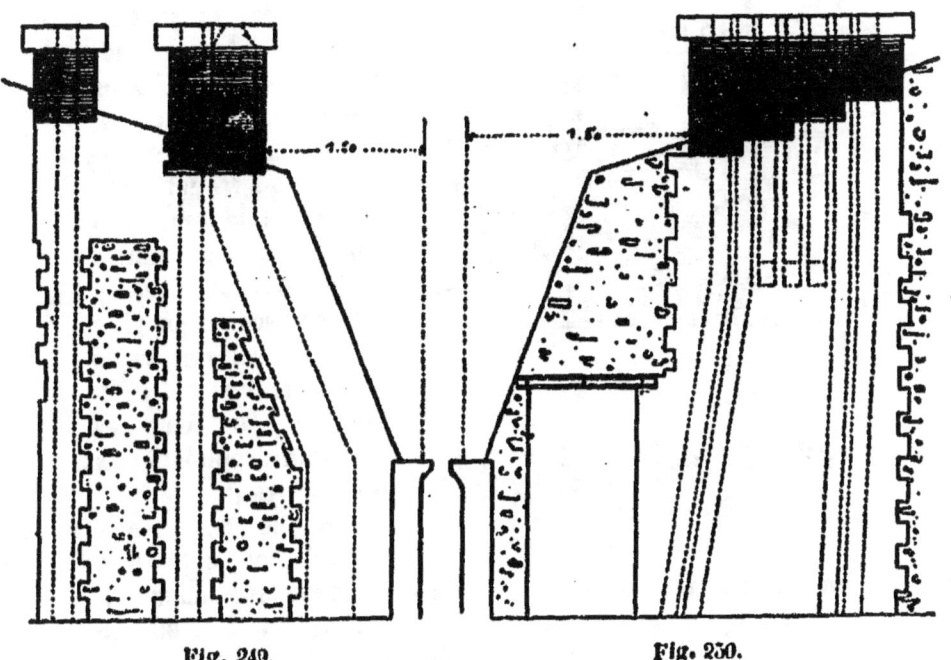

Fig. 249.   Fig. 250.

La fig. 249 donne un exemple de souches de cheminées couronnant des tuyaux en wagons à la partie supérieure d'un mur de refend.

Dans la fig. 250, la construction ne diffère que parce que la jonction des briques supérieures avec les wagons se fait suivant une ligne brisée un peu en dessous de la surface du toit, au lieu de s'opérer suivant un joint d'assise horizontale.

165. Souches au-dessus des tuyaux adossés.

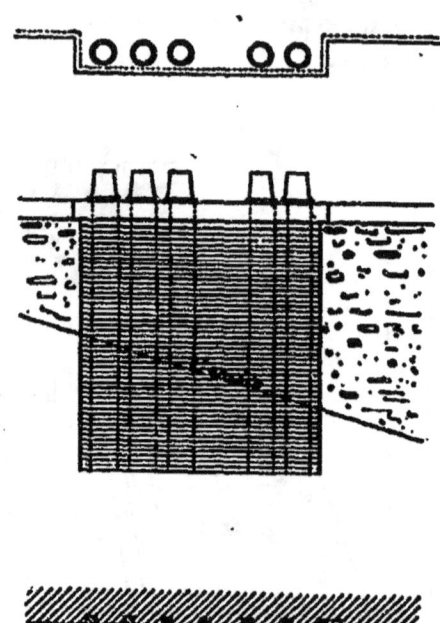

Lorsque les tuyaux adossés sont construits en briques à plat, les souches qui les surmontent continuent la même construction et se font avec les mêmes matériaux. Le mur d'ados s'élève en même temps, et un même couronnement en pierre couvre la souche et le mur d'ados, comme le montre la fig. 251. La souche y est représentée en plan et en élévation, et le couronnement est indiqué en plan avec les trous correspondant aux divers tuyaux.

Fig. 251.

Lorsque les tuyaux adossés sont construits en poteries, on les continue hors comble par une souche en briques à plat, et on porte l'excédant d'épaisseur soit sur un renformis du haut des tuyaux, soit sur des fers soutenus eux-mêmes par le comble.

CHAPITRE IV

DES MOULURES ET DES ORDRES

§ 1. *Des moulures et des profils.*
§ 2. *Des ordres d'architecture.*
§ 3. *Des arcades.*

SOMMAIRE :

§ 1ᵉʳ. — *Des moulures et des profils :* 166. Profils, conditions qu'ils doivent remplir. — 167. Différents procédés de décoration. — 168. Profils des refends et bossages. — 169. Moulures. — 170. Moulures simples. — 171. Emploi des moulures dans la décoration des saillies. — 172. Moulures unies, moulures ornées.

§ 2. — *Des ordres d'architecture :* 173. Des colonnes. — 174. Ce qu'on appelle ordre d'architecture. — 175. Les cinq ordres. — 176. Comparaison des ordres d'architecture. — 177. Ordre toscan, ensemble et détails. — 178. Ordre sans piédestal. — 179. Ordre dorique, ensemble et détails. — 180. Ordre sans piédestal. — 181. Type denticulaire et type mutulaire. — 182. Ordre dorique grec : temple de Pœstum. — 183. Temple de Minerve ou du Parthenon à Athènes. — 184. Ordre ionique, ensemble et détails. — 185. Tracé de la volute ionique. — 186. Temple de la Fortune virile à Rome. — 187. Ordre corinthien, ensemble et détails. — 188. Maison Carrée de Nîmes. — 189. Ordre composite, ensemble et détails. 190. Tracé du galbe des colonnes. — 191. Des pilastres et des antes. — 192. Superposition des ordres.

§ 3. — *Des arcades :* 193. Des arcades en général. — 194. Disposition et décoration des arcades ; imposies et archivoltes. — 195. Arcades appareillées avec refends. — 196. Arcades sur colonnes ou sur pilastres. — 197. Proportions des arcades. — 198. Arcade liée à un ordre toscan sur piédestal. — 199. Arcade liée à un ordre toscan sans piédestal. — 200. Arcade liée à l'ordre dorique. — 201. Arcades liées à l'ordre ionique. — 202. Arcades corinthiennes. — 203. Arcades avec colonnes dégagées. — 204. Arc de Trajan. — 205. Superposition des arcades.

CHAPITRE IV

DES MOULURES ET DES ORDRES

§ 1.

DES MOULURES ET DES PROFILS

166. Différents procédés de décoration. — La décoration comprend tous les procédés employés en architecture pour bien ordonner les faces vues des ouvrages, pour en accuser la construction, en exprimer l'objet d'après la forme extérieure.

On met en relief les divers matériaux, en soignant leurs parements, adoptant un appareil en rapport avec leur utilité, opposant les couleurs pour permettre de distinguer les parties fortes des parties de remplissage, enfin en leur donnant des saillies de grandeur et de formes appropriées.

167. Profils. Conditions qu'ils doivent remplir. — La forme des diverses parties d'une face vue d'une construction s'étudie au moyen des *profils*, sections droites qui donnent au rabattement le tracé réel de toutes les parties d'un ouvrage.

Le profil d'un bandeau sera donc le rabattement de la section droite de ce bandeau. Le profil d'une colonne sera la coupe en vraie grandeur de cette colonne par un plan passant par l'axe.

Les profils indiquent donc la forme à donner aux matériaux, pour obtenir un effet décoratif; ils détaillent les tracés des saillies et moulures. On les multiplie dans les divers sens nécessaires pour établir en tous points la forme complète et exacte en vraie grandeur de l'objet à exécuter.

Dans un profil il y a à considérer deux choses :

Premièrement, l'utilité.

En second lieu, le sentiment de la forme, et de l'effet qu'elle produira en raison de sa place, et du point de vue d'où on devra la juger.

Le chaperon d'un mur de clôture par exemple a pour but de couvrir le mur et d'abriter son parement.

Le profil de ce chaperon doit affirmer son utilité : il présentera deux pentes et, de chaque côté, un larmier, dont la saillie doit être d'autant plus forte que le fruit sera plus accentué le mur plus haut, les matériaux des faces plus à protéger.

Le profil doit, en outre, tenir compte de l'effet produit en

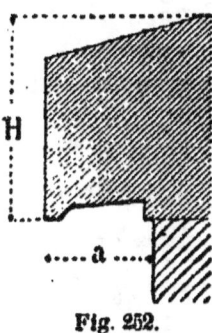

Fig. 252.

raison de la hauteur du chaperon par rapport au spectateur ; le profil de la fig. 252, qui conviendrait pour une grande hauteur, devrait se modifier suivant le profil de la fig. 253 si la hauteur était moindre. La hauteur de l'assise de pierre reste la même, le profil bien étudié tient seul compte de l'abaissement de cette assise et lui donne une légèreté beaucoup plus grande.

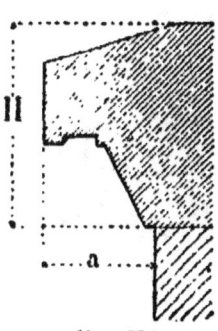

Fig. 253.

L'étude d'un profil devra donc chercher ses effets décoratifs dans la hauteur H, la saillie a; pour la composition, on tiendra compte de la forme de l'objet, des oppositions qui en résultent entre les parties éclairées et les parties restant dans l'ombre, et aussi de la position de l'objet par rapport au spectateur. Tel profil qui convient bien à une certaine hauteur peut ne pas produire l'effet voulu à une plus grande ou à une plus petite distance du sol. Un objet destiné à être vu d'en haut ne doit pas être étudié de la même manière que si le point de vue venait à s'abaisser. On ne peut mieux se rendre compte de l'importance qu'on doit donner à l'étude d'un profil architectural, dont dépend l'aspect d'un édifice, qu'en songeant aux physionomies très diverses d'un individu, pour des variations très faibles dans la forme ou la position de son chapeau.

168. Profils des refends et bossages. — Dans le chapitre précédent on a déjà dit quelques mots des refends et bossages appliqués à l'ornementation des surfaces de murs, et dont le but est d'accuser les matériaux en leur donnant une apparence de force en rapport avec leur emploi. Aussi n'admet-on d'ordinaire les refends et bossages que dans les soubassements et les murs ou parties de murs qui, ayant à porter des pressions considérables, doivent présenter une grande résistance. Les arêtes bien dégagées et multipliées montrent que la pierre est d'une dûreté en rapport avec la charge.

Aux formes données figures 162 et 163, qui sont le plus communément employées, il faut en ajouter quelques autres.

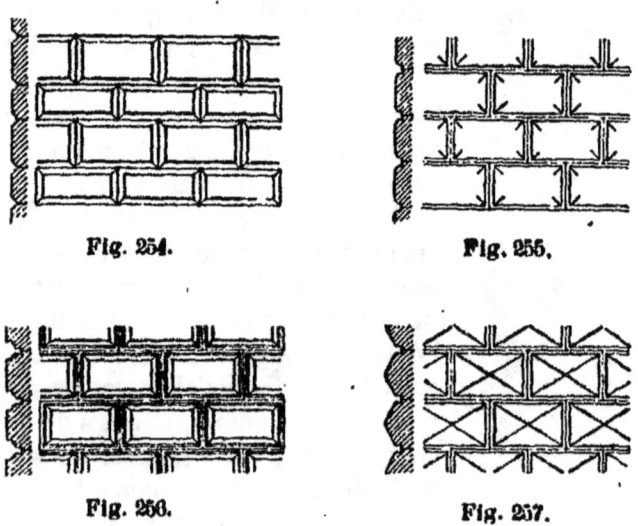

Fig. 254.   Fig. 255.

Fig. 256.   Fig. 257.

La fig. 254 montre la coupe et la face d'un mur avec bossages sans refends.

Dans la fig. 255 le parement du bossage se raccorde avec les refends par des quarts de cylindres dans les deux sens.

La fig. 256 montre des bossages bien encadrés faisant suite aux refends.

La fig. 257, enfin, montre la surface de chaque pierre taillée à partir du refend suivant des pointes de diamant.

Les parements des pierres ainsi limitées et accusées par des refends et bossages ne sont pas toujours lisses ou formés par des pointes de diamant ; ils sont souvent taillés grossièrement, ébauchés en quelque sorte, *rustiqués* comme l'on dit, alors que les refends et bossages sont très finement ciselés. D'autres fois la partie milieu de la face apparente est couverte de vermiculures imitant des érosions naturelles (fig. 258), ou bien percée régulièrement d'un grand nombre de trous de mèche disposés en quinconce et reliés ou non par des axes détachés en creux (fig. 259). Il en résulte que ces pierres ainsi taillées ont une teinte différente des voisines restées lisses, et l'ornementation compte sur l'opposition de ces teintes.

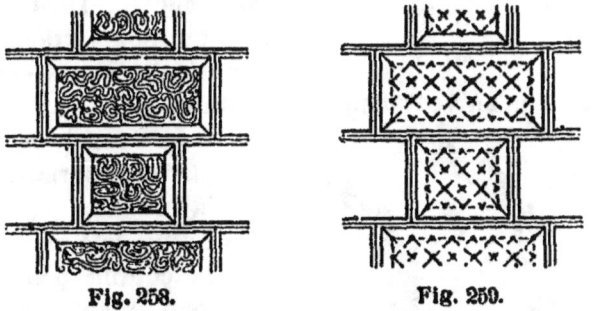

Fig. 258.   Fig. 259.

Peu employés par les Grecs, les refends et bossages ont été répandus sur nombre de monuments romains, et la décoration fantaisiste des faces encadrées est de l'époque de la Renaissance.

Cette décoration par refends et bossages ne s'applique qu'aux parties inférieures et aux parties portantes des édifices, comme on l'a vu. La partie haute ainsi que les remplissages sont décorés d'une façon moins énergique soit par l'appareil même de la pierre de taille avec joints simplement accusés,

§ 1. — DES MOULURES ET DES PROFILS

soit par les dispositions bien ordonnées d'une construction mixte où les couleurs des divers matériaux jouent un rôle.

Les matériaux de remplissage formant panneaux réguliers seront quelquefois recouverts de bas-reliefs, et alors la sculpture vient apporter son riche élément décoratif.

169. Moulures. — Les saillies des lignes importantes, soit de résistance, soit de protection, complètent l'ornementation des murs. Ces saillies amènent un nouvel élément de décoration par l'emploi des surfaces courbes appelées moulures qui se composent d'un nombre restreint de formes simples dont les combinaisons varient à l'infini.

170. Moulures simples. — Les moulures simples généralement employées sont les suivantes :

Le Quart de rond, moulure formée d'un cylindre convexe (fig. 260). La courbe génératrice de cette moulure n'est pas nécessairement le quart du cercle géométrique ; elle varie suivant l'avancement plus ou moins grand de la partie haute, et aussi suivant le caractère qu'on veut donner à la moulure.

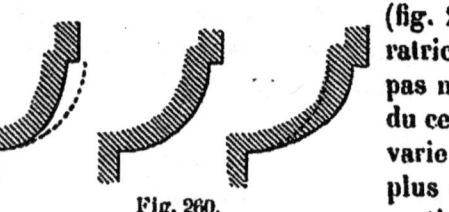

Fig. 260.

Le *cavet* rachetant par une courbe concave la saillie supérieure. La fig. 261 montre que la courbe peut s'éloigner autant que la précédente du tracé exact du cercle.

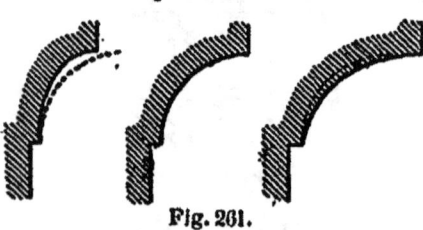

Fig. 261.

Le *Talon* formé par une génératrice sinueuse convexe en haut, concave en bas. C'est la combinaison des deux moulures mentionnées plus haut.

La courbe n'est pas nécessairement symétrique par rapport au point milieu de sa corde.

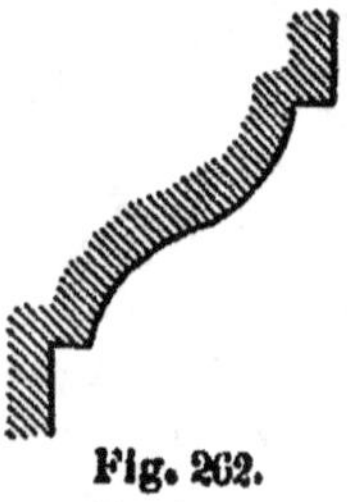

Fig. 262.

Comme les précédentes elle variera suivant l'expression à obtenir.

La *Doucine*, fig. 263, autre combinaison, mais en sens contraire du cavet et du quart de rond. Concave en haut, convexe en bas. La doucine est appelée souvent aussi *cymaise*.

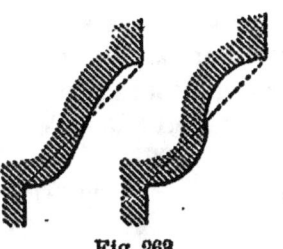

Fig. 263.

Toutes ces moulures peuvent être *renversées* lorsqu'il s'agit de passer d'un alignement supérieur donné à un autre alignement en saillie sur le premier. On aura donc :

Le *Quart de rond renversé*, fig. 264.
Le *Cavet renversé*, fig. 265.
Le *Talon renversé*, fig. 266, et enfin la *Doucine renversée*, fig. 267.

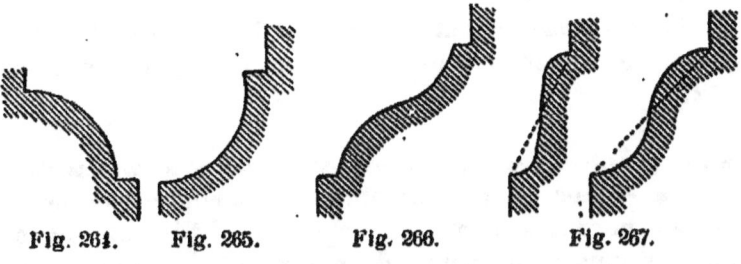

Fig. 264.   Fig. 265.   Fig. 266.   Fig. 267.

Toutes ces moulures de saillies variables ont une courbure plus ou moins régulière, accentuée ou non suivant les circonstances.

A ces moulures il convient d'ajouter :

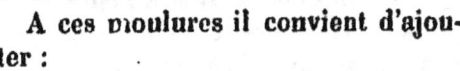

Fig. 268.

Le *Filet* ou *Listel g*, fig. 268, qui consiste en une petite moulure plane, étroite, accompagnant ou séparant d'autres moulures.

Un raccordement concave *h* entre deux faces planes s'appelle un congé. Son profil est ordinairement un quart de cercle.

Fig. 269.

La *Baguette i*, fig. 269, est une petite moulure demi cylindrique.

L'ensemble de moulures formées par une

§ 1. — DES MOULURES ET DES PROFILS

baguette, un listel et un congé, disposés comme l'indique la fig. 270, en k, porte le nom d'*Astragale*.

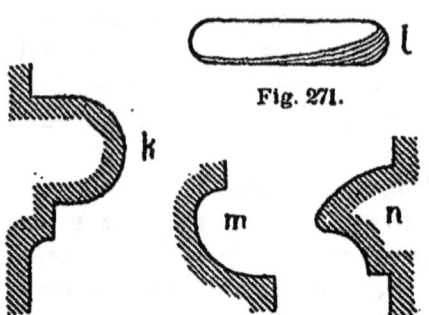

Fig. 270.   Fig. 271.   Fig. 272.   Fig. 273.

Le *Tore* est la surface engendrée par un demi-cercle qui tourne autour d'un axe situé dans son plan, l, fig. 271.

Le profil de la fig. 270, tournant autour d'un axe vertical situé dans son plan, produira encore une forme nommée *Astragale*. La baguette sera devenue un tore, et le filet un cylindre.

La *Scotie* m, fig. 272, appelée aussi quelquefois *Nacelle*, est une moulure concave entre deux filets.

Le *Bec de chouette* dont la forme est très variable, et que l'on nomme souvent aussi *bec de corbin*, est représenté en n, fig. 273.

171. Emploi des moulures dans la décoration des saillies. — Lorsque l'on combinera ces moulures pour orner soit les bandeaux séparant les étages d'un bâtiment, soit les bandeaux plus importants qui couronnent les murs et qui portent le nom de corniches, soit enfin tout autre ouvrage d'architecture, il faudra toujours se préoccuper des ombres produites qui concourent à l'effet de décoration.

Il faut éviter d'en avoir un trop grand nombre à côté les unes des autres et de même valeur comme saillies et hauteurs ; il faut chercher l'effet dans l'opposition des petites moulures aux grandes, et dans la valeur relative ou absolue des ombres portées.

Les trois profils de la fig. 274 montrent la combinaison des moulures dans les bandeaux et corniches.

Les deux premiers profils s'appliquent à des bandeaux, le troisième à une corniche, qui a plus d'importance comme hauteur en raison de sa position, et comme saillie puisqu'elle a pour objet d'écarter largement les eaux du mur et qu'elle a à supporter presque toujours le chéneau ou canal qui recueille les eaux des toitures.

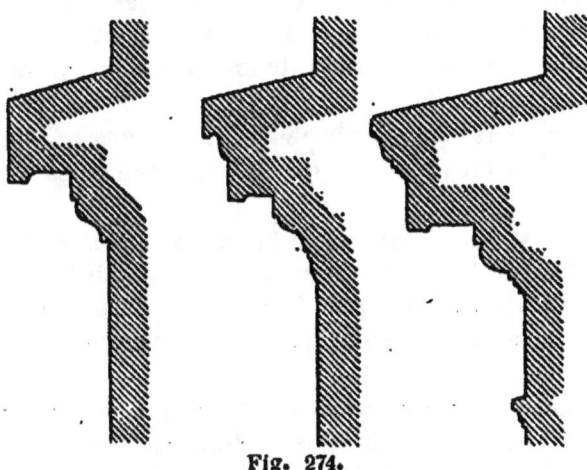

Fig. 274.

Lorsque l'on veut établir une corniche, il faut que la saillie a, fig. 275, soit plus petite que l'épaisseur b du mur, et quelquefois, pour augmenter encore la stabilité, on fait dépasser l'assise de corniche en queue, au dedans du bâtiment, en excédant du parement intérieur du mur.

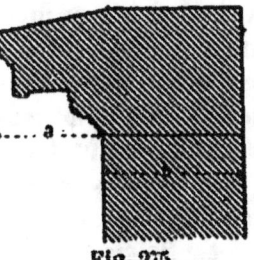

Fig. 275.

Lorsque la corniche est très importante, on peut la composer de trois assises de pierre posées en saillie, en *encorbellement* comme l'on dit, les unes sur les autres.

Une corniche, comme composition de moulures, est ordinairement formée de trois parties qui sont, en commençant par le haut, fig. 27, :

La *cymaise supérieure*, formée d'un listel d et des moulures qui paraissent le soutenir ;

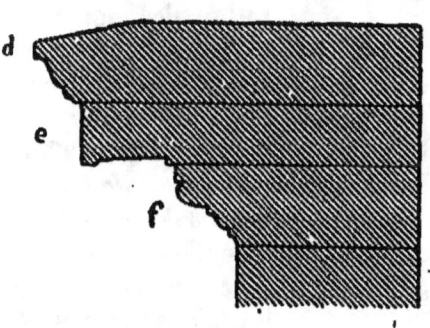

Fig. 276.

§ 1. — DES MOULURES ET DES PROFILS

Le *larmier e*, composé d'une tablette à face plane, portant inférieurement une mouchette pour arrêter les eaux ;

La *cymaise inférieure*, très rentrée sous le larmier, formée d'une série de moulures constituant un encorbellement qui paraît le soutenir.

L'appareil, lorsqu'il y a plusieurs assises dans la corniche, correspond à ces trois parties qui diffèrent peu d'épaisseur.

172. Moulures unies. Moulures ornées. — Dans les applications que l'on fait des moulures en architecture, celles-ci peuvent rester unies ; dans d'autres cas, elles peuvent être enrichies d'ornements sculptés, gravés ou peints sur leur parement.

Ces ornements sont encore souvent empruntés aux Grecs et représentent des objets naturels ou forment des entrecroisements de lignes. On rencontre notamment :

Fig. 277.

Fig. 278.

Fig. 279.

Fig. 279 bis.

Les *Oves*, sortes de fruits arrondis en forme d'œuf et séparés par des nervures et des flèches ou autres objets. Ils se sculptent à la surface des quarts de rond (fig. 277).

Les *Palmettes* qui s'appliquent à la décoration des doucines et des cavets et se composent de deux motifs de feuillage en alternance (fig. 278).

Les *Rais de Cœur*, formés de fleurons et de feuilles d'eau qu'on rencontre surtout sur les talons (fig. 279 et 279 bis).

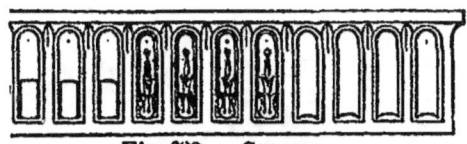

Fig. 280. — Canaux.

Fig. 281. — Entrelacs.

Fig. 282. — Guillochis.

Fig. 283. — Postes.

Les *Canaux*, courtes cannelures dont le fond est souvent orné de feuilles aigues (fig. 280).

Les *Entrelacs* sont des combinaisons de lignes courbes tressées comme des nattes de cheveux; on les rencontre généralement sur les tores (fig. 281).

Les *Guillochis*, appelés aussi *Méandres* ou *Grecques*, désignent des combinaisons de bandes étroites s'entrelaçant et se brisant à angle droit (fig. 282).

Les *Postes* sont des enroulements qui se répètent en paraissant se poursuivre. Elles se présentent sur les champs étroits qui séparent les moulures, sur les faces de larmier (fig. 283).

Les *Chapelets de perles*, ou *pirouettes*, ressemblant à des

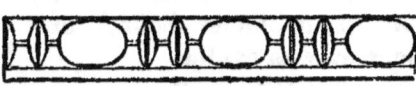

Fig. 284. — Perles.

perles régulièrement inégales et comme enfilées. C'est une décoration spéciale aux astragales ou baguettes. Un rang de perles se trouve presque toujours immédiatement au-dessous des rais de cœur (fig. 284).

§ 2.

DES ORDRES D'ARCHITECTURE.

173. Des colonnes. — Les moulures s'appliquent encore à l'ornementation des supports isolés dont la forme est généralement, en plan, ou circulaire ou carrée. Lorsque leur section horizontale est circulaire, ces supports prennent le nom de *colonnes* ; lorsqu'elle est carrée, on les appelle *pilastres*.

Une colonne est ordinairement composée de trois parties : la *base* g (fig. 285), le *fût* h et le *chapiteau* i. La base donne de l'empattement à la colonne et augmente sa stabilité.

Le fût est le corps même de la colonne. Il n'est pas cylindrique dans toute la hauteur. Son diamètre se rétrécit à la partie supérieure. La colonne est *galbée*, comme l'on dit, et le profil de ce rétrécissement se nomme le *galbe* de la colonne.

Le chapiteau destiné à porter une construction supérieure s'élargit pour recevoir les matériaux à soutenir et diminuer leur portée.

174. Ce qu'on appelle ordre d'architecture. — Lorsqu'une partie de mur est remplacée par une file de colonnes, la construction supérieure s'obtient facilement en posant d'une colonne à l'autre des pierres longitudinales d'un seul morceau (assise *a*, fig. 285). Au-dessus de cette assise on en met une seconde, *b*, de pierres en bout destinées à couvrir l'intervalle de deux files de colonnes parallèles. Enfin, couronnant le tout, l'assise de corniche avec sa saillie.

Cette disposition imaginée par les Grecs, adoptée ensuite par les Romains, est une des bases de notre architecture. L'assise *a* porte le nom d'*architrave*, l'assise *b* s'appelle la *frise*. Enfin la troisième conserve son nom de *corniche*.

Ces trois parties réunies forment ce qu'on appelle l'*entablement*.

La base des colonnes est ordinairement élevée à une certaine hauteur au-dessus du sol, sur une construction nommée *piédestal* et le piédestal est lui-même composé de trois parties : une *base*, *f*, un dé, *e*, et une corniche, *d*.

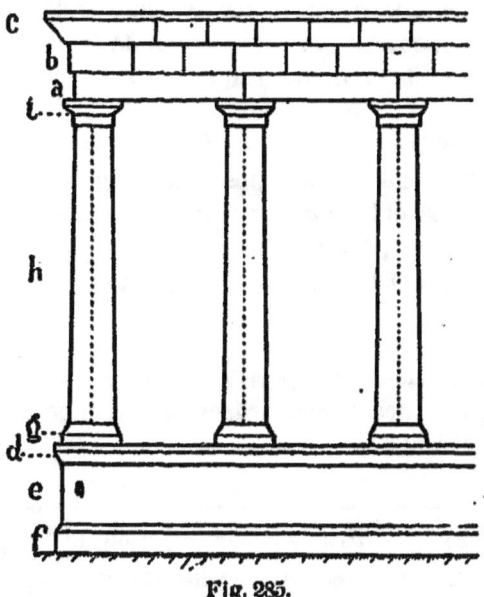

Fig. 285.

Le système complet de cette construction est nommé un *ordre d'architecture*. On a donc en résumé le tableau suivant :

Ordre
{
  Entablement { Corniche / Frise / Architrave
  Colonne { Chapiteau / Fût / Base
  Piédestal { Corniche / Dé / Base
}

§ 2. — DES ORDRES D'ARCHITECTURE 245

Les colonnes minces doivent être plus rapprochées que les colonnes massives ; il y a une proportion obligée entre les hauteurs, les diamètres et les espacements. Chaque partie de l'ordre est en rapport avec ses voisines, aussi prend-on comme mesure des diverses parties une unité spéciale, tirée de l'ordre lui-même et qui est le rayon de la colonne à la base du fût. Cette unité se nomme le *module*.

175. Les cinq ordres. — Les monuments grecs et romains se rapportent à trois types principaux qui sont les ordres *Dorique*, *Ionique* et *Corinthien*, auxquels plusieurs auteurs ont ajouté deux autres, l'ordre *Toscan* qui n'est qu'une simplification du Dorique, et l'ordre *Composite* qui n'est qu'une variante du Corinthien.

176. Comparaison des ordres d'architecture. — La comparaison des divers ordres est mise en évidence dans le tableau suivant :

ORDRES : Module divisée en :	TOSCAN 12 parties	DORIQUE 12 parties	IONIQUE 18 parties	CORINTHIEN 18 parties	COMPOSITE 18 parties
ENTABLEMENT ¼ de la colonne					
COLONNE	16	16	18	20	20
PIÉDESTAL ⅓ de la colonne sauf pour les deux derniers ordres					
Entre colonnement d'axe en axe.	6ᵐ87ᵖ	7ᵐ6ᵖ	6ᵐ9ᵖ	6ᵐ12ᵖ	6ᵐ12ᵖ

Le module se divise en 12 parties dans les ordres toscan et dorique et en 18 parties dans les autres ordres : ionique, corinthien et composite. On désigne ces parties dans le tableau par la lettre *p*.

240　CHAPITRE IV. — DES MOULURES ET DES ORDRES

Il résulte de cette comparaison que :

La colonne toscane a en hauteur	7 fois son diamètre	
La colonne dorique	—	8 fois —
La colonne ionique	—	9 fois —
Les colonnes corinthienne et composite ont	—	10 fois leur diamètre,

proportions toutes faciles à retenir.

Le caractère qui en découle est donc variable avec chaque ordre. Les deux premiers sont sévères ; l'ordre ionique présente une stabilité jointe à une certaine grâce; les deux derniers sont très élégants, et leurs détails d'une grande délicatesse. Dans les applications qu'on peut avoir à faire des ordres il faut adopter celui qui est le plus en rapport avec la destination de l'édifice.

Les anciens n'avaient pas précisé les rapports des ordres avec autant d'exactitude que le tableau ci-dessus semblerait le faire croire. Ce n'est que plus tard que Vignole, dans son traité des cinq ordres, a ramené les proportions au principe uniforme qui a été adopté depuis, et est encore aujourd'hui suivi par les architectes modernes.

177. Ordre Toscan. — La fig. 286 donne l'ensemble de l'ordre Toscan, dont les dimensions principales ont été données plus haut.

On remarquera que la frise, l'architrave et le profil du haut

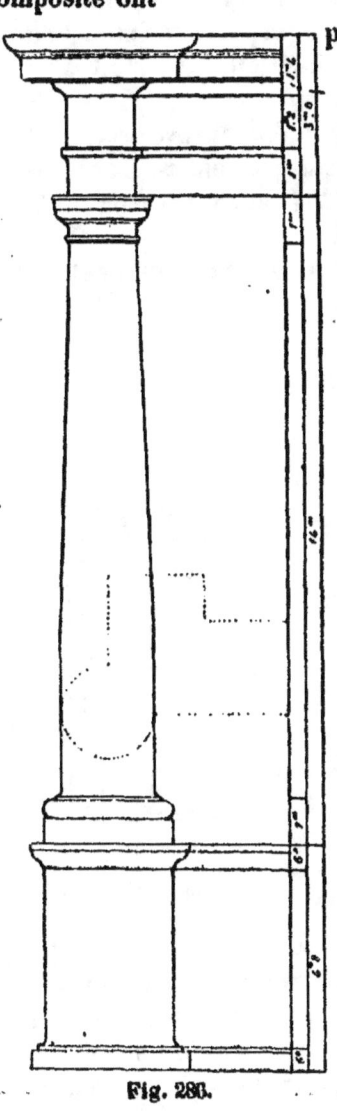

Fig. 286.

du fût de la colonne se correspondent verticalement; de même la partie inférieure de la base de la colonne correspond verticalement à la face du dé du piédestal. Quant aux diverses moulures qui ornent l'ordre toscan, elles ont un caractère de grande simplicité. La cymaise supérieure est formée d'un quart de rond, d'une baguette et d'un listel. Un congé raccorde ce dernier avec la tablette du larmier qui porte une mouchette pour arrêter les eaux. La cymaise inférieure se réduit à un talon avec listel supérieur.

Sous la corniche est une frise unie et l'architrave est séparée de la frise par un filet avec congé; l'entablement ainsi composé et dont le détail est indiqué fig. 287 est supporté par la file des colonnes.

Le chapiteau de la colonne toscane a 1 mod. de hauteur;

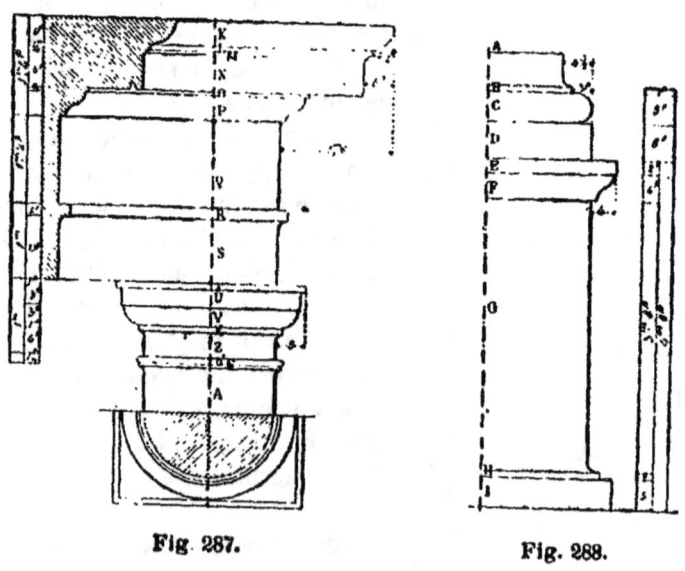

Fig. 287.   Fig. 288.

il est composé : 1° d'un plateau carré nommé *abaque* ou *tailloir* TU, formé d'un listel raccordé par un congé avec une tablette; 2° de l'ensemble d'un demi tore V et d'un filet circulaire X, formant ce qu'on appelle l'*échine* et paraisssant soutenir le tailloir; 3° d'un cylindre court Z ayant le diamètre supérieur du fût et qu'on appelle le *gorgerin*.

Le demi plan de ce chapiteau vu de dessous est rabattu en bas de la figure 287, qui donne en même temps les dimensions et saillies des diverses moulures.

Le fût A de la colonne toscane a par suite du galbe son diamètre ramené à 1 mod. 8 part. et est terminé supérieurement par une astragale $a'b'$. A la partie basse il se raccorde par un congé avec la base (fig. 288). Cette base est formée de deux parties : l'une, ronde, est composée d'un filet B et d'un tore C ; la seconde d'un plateau carré D, appelé *plinthe* ou *socle*.

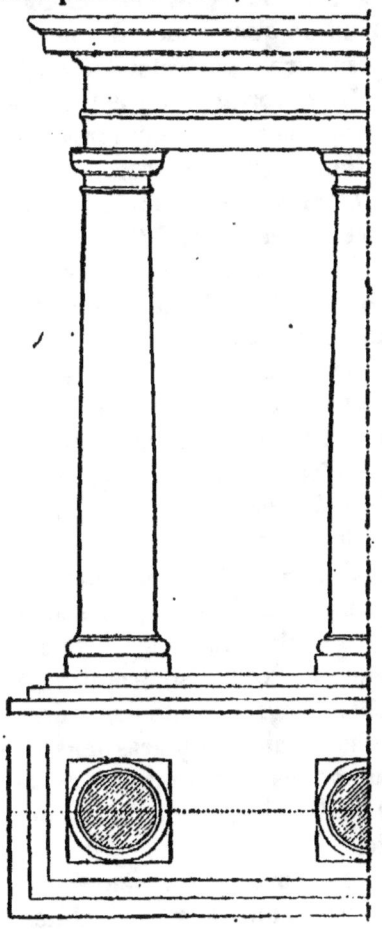

Fig. 289.

Le piédestal a pour corniche un simple talon surmonté d'un listel. Le dé est lisse et se raccorde par congé avec la base faite d'un filet et d'une plinthe. L'*entrecolonnement*, distance d'axe en axe des colonnes, est ordinairement de 6 modules.

178. Ordre sans piédestal. — Le piédestal n'existe pas toujours dans les applications des ordres. La fig. 289 montre la disposition d'un ordre toscan réduit à l'entablement et aux colonnes, et posé sur un palier horizontal élevé de quelques marches au-dessus du sol voisin.

179. Ordre dorique. — L'ordre dorique est le plus

ancien des ordres grecs, c'est aussi celui dont les dimensions varient le plus.

D'abord très massif, il s'est élancé petit à petit et les Romains l'ont appliqué à plusieurs de leurs monuments.

Vignole a proposé un type d'ordre dorique, qui est représenté d'ensemble dans la fig. 290.

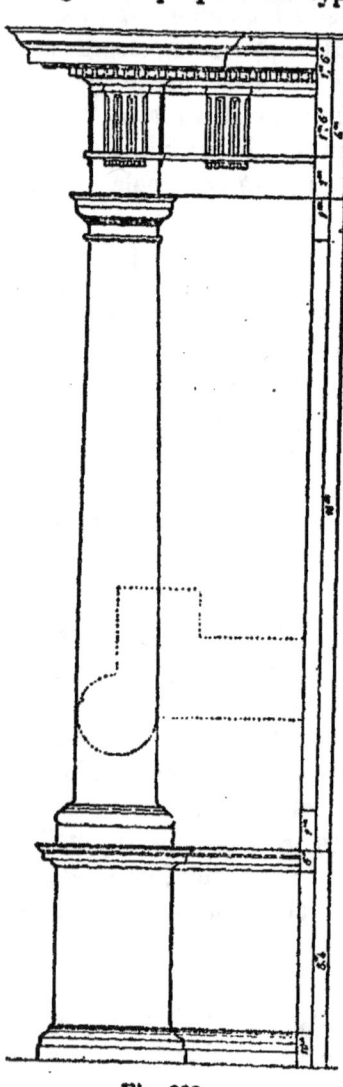

Fig. 290.

La colonne a 8 diamètres de hauteur, elle porte un entablement de quatre modules et repose sur un piédestal de 5 m. 4.

La décoration de cet ordre comporte plus de moulures que celle de l'ordre Toscan.

L'entablement est figuré en détail dans la fig. 291.

La cymaise supérieure comprend un listel, un cavet, un filet et un talon.

Le larmier a sa face unie; il est très saillant, et son plafond, que l'on appelle quelquefois *sous-face* et souvent *soffite* est décoré d'une façon spéciale.

Une série de mutules ou modillons, plats, horizontaux ou quelquefois inclinés, ornés en dessous de trois rangées de six gouttes, sont symétriquement taillés dans le soffite des cadres formant caissons, placés dans les intervalles des mutules, complètent la décoration de ce soffite.

La cymaise inférieure est formée d'un rang de saillies rectangulaires découpées sur un listel et que l'on nomme des denticules, puis d'un talon.

La frise très haute, est décorée de distance en distance par des ornements que l'on appelle *Triglyphes*. Ce sont des champs en saillie, creusés de deux canaux triangulaires complets, au milieu, et de deux demi-canaux sur les bords. Un filet supérieur faisant partie de la corniche ressaute sur

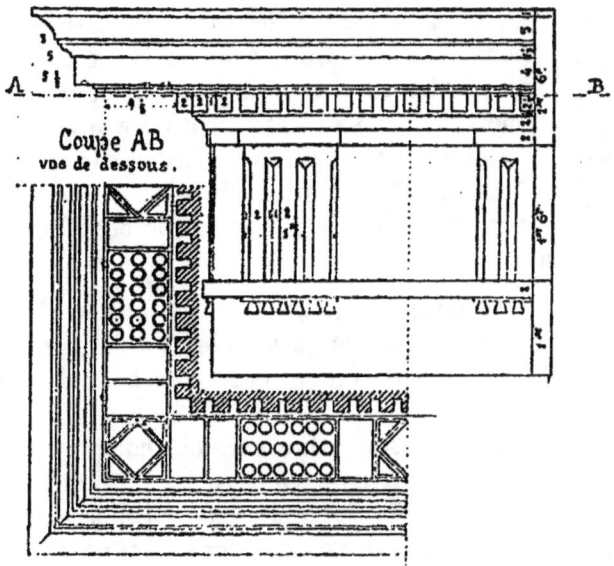

Fig. 291.

les triglyphes, et ces derniers correspondent comme axe et comme largeur aux mutules du larmier. L'intervalle entre deux triglyphes est généralement un carré exact et porte le nom de *métope*.

L'architrave est au nu de la frise et en est séparée par un filet saillant en dessous duquel des séries de gouttes, s'appuyant sur une saillie, viennent correspondre aux triglyphes.

La fig. 292 représente le chapiteau et le haut du fût de la

§ 2. — DES ORDRES D'ARCHITECTURE

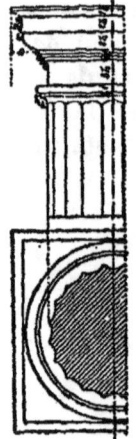

Fig. 292.

colonne dorique. Le tailloir est un plateau carré surmonté d'un talon et d'un listel. L'échine en quart de rond est accompagnée de trois filets légers qui lui font opposition et la séparent du gorgerin.

Le fût est galbé et se termine supérieurement par une astragale ; presque toujours, il est cannelé. Le nombre de cannelures est de 16 à 20, quelquefois 24, toujours un multiple de 4 pour avoir une cannelure dans l'axe de chaque face. Elles sont tracées avec un rayon égal à leur corde, et se rétrécissent avec le galbe, pour se terminer au-dessous de l'astragale.

La fig. 292 montre en même temps que la demi élévation, le demi plan, le chapiteau étant vu par dessous.

Fig. 293.

La base de la colonne est formée d'un filet raccordé par congé avec le fût, d'une baguette circulaire et d'un gros tore, et enfin d'un socle carré.

Le piédestal a une corniche complète, la cymaise supérieure est formée d'un talon entre deux réglets, la tablette de larmier porte une mouchette et un autre talon constitue la cymaise inférieure.

Le dé est mis à l'aplomb du socle de la colonne ; il se raccorde par un congé avec le listel qui surmonte la base.

Celle-ci se continue par une baguette, un talon renversé et une double plinthe. La base de la colonne et le piédestal sont détaillés dans la fig. 293.

160. Ordre sans piédestal. — De même que pour l'or-

252 CHAPITRE IV. — DES MOULURES ET DES ORDRES

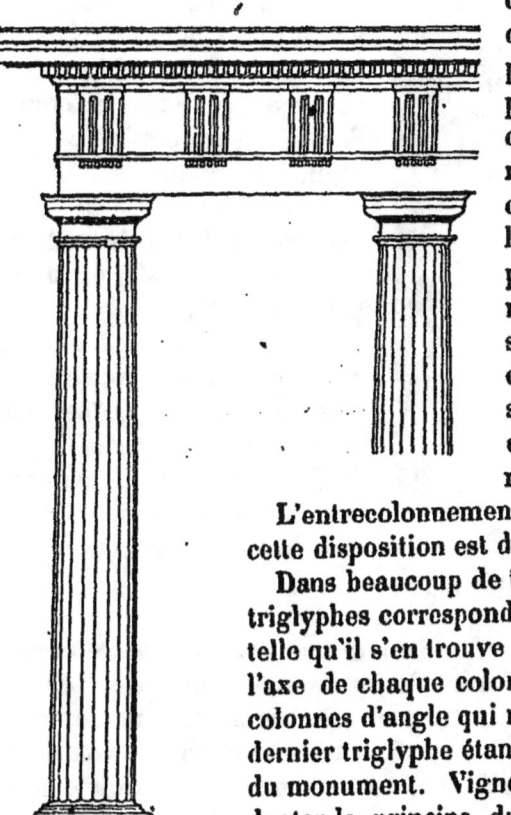

Fig. 294.

dre précédent, l'ordre dorique n'est pas forcément employé avec piédestal. Nombre de monuments doriques ont leurs colonnes simplement posées, comme le montre la fig. 294, sur un palier élevé de une ou plusieurs marches au-dessus du sol environnant.

L'entrecolonnement convenable pour cette disposition est de 7 mod. 6 part.

Dans beaucoup de temples grecs, les triglyphes correspondent à une division telle qu'il s'en trouve toujours un dans l'axe de chaque colonne, sauf pour les colonnes d'angle qui n'en ont point, le dernier triglyphe étant reporté à l'angle du monument. Vignole conseille d'adopter le principe du triglyphe placé dans l'angle de la colonne d'angle et d'avoir à l'extrémité de la frise une portion de métope.

181. Type denticulaire et type mutulaire. — L'ordre dorique tel qu'il vient d'être décrit porte le nom d'ordre dorique *denticulaire*, en raison des denticules qui ornent la cymaise inférieure de sa corniche, et pour le distinguer d'un autre type, le dorique *mutulaire*, dans lequel les

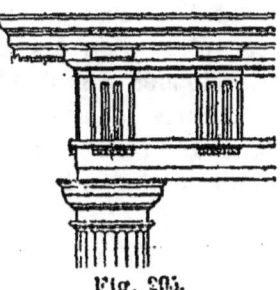

Fig. 295.

§ 2. — DES ORDRES D'ARCHITECTURE   253

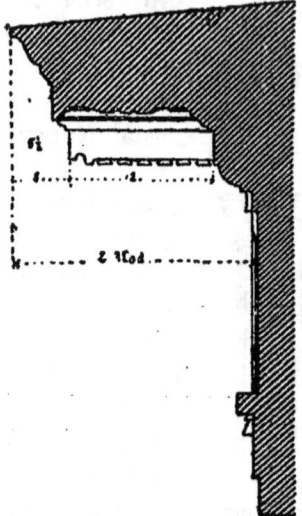

Fig. 296.

mutules prennent de l'importance, forment une forte saillie sous la tablette de larmier et remplacent les modillons. Ces mutules constituent une décoration très apparente en façade et donnent à l'ordre une expression plus sévère et plus énergique.

La fig. 295 donne la vue d'ensemble de l'entablement mutulaire et la fig. 296 en donne le profil détaillé.

Les mutules sont comme les précédents ornés de gouttes à leur plafond inférieur et ces gouttes sont disposées de même.

Quelquefois dans les intervalles des mutules viennent se placer des demi-mutules, qui ne correspondent à aucun triglyphe.

182. Ordre dorique grec. Temple de Pœstum. — Chez les Grecs l'ordre dorique a varié beaucoup. Les temples les plus anciens présentent des colonnes massives très rapprochées, avec de larges chapiteaux, comme on en trouve un exemple dans le temple dit de Pœstum, et qu'on croit avoir été dédié à Neptune. Les colonnes sont formées de cinq assises ; elles diminuent régulièrement de diamètre, depuis le bas jusqu'en haut, sans renflement intermédiaire, et sont ornées de larges cannelures à vives arêtes d'un bel effet. L'échine est très développée et soutient un large tailloir. Les colonnes ne présentent pas de bases.

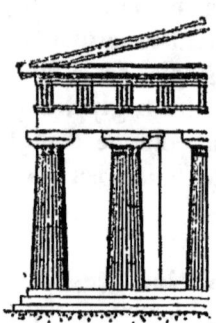

Fig. 297.

La fig. 297 représente l'angle de la façade de ce temple de Pœstum et montre le caractère de solidité que présente cet ordre dorique grec.

183. Temple de Minerve ou Parthénon à Athènes.

— La fig. 298 représente la façade du temple de Minerve, dit

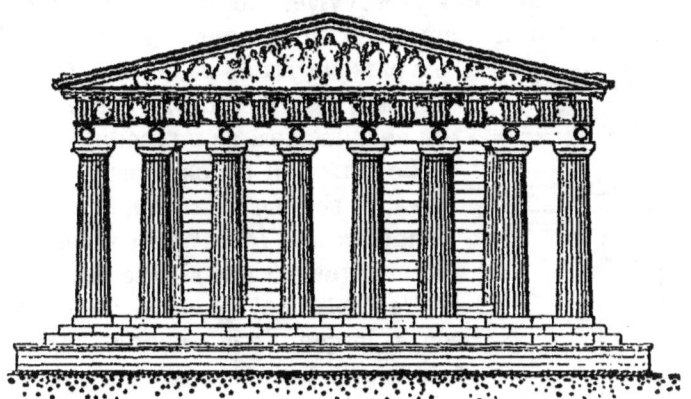

Fig. 298.

le Parthénon, à Athènes, dont l'ordre mieux proportionné est du plus bel effet. Ces deux temples, avec ceux de Junon, d'Hercule et de la Concorde à Agrigente, celui de Minerve à Syracuse, offrent les plus beaux modèles de dorique grec.

Fig. 299.

Chez les Romains, on trouve peu d'exemples de l'ordre dorique. Ceux qui existent ont des colonnes plus élancées, plus écartées, et les moulures et ornements se sont multipliés. Le plus beau type qui en reste se trouve au rez-de-chaussée du théâtre de Marcellus où les colonnes, comme chez les Grecs, reposent sur le sol inférieur sans l'intermédiaire d'une base (voir la fig. 339).

Le profil de l'ordre dorique grec du Parthénon est représenté fig. 299. Les colonnes ont en hauteur cinq fois et demi le diamètre (au lieu de quatre fois et un sixième au temple de Pœstum), leur rétrécissement est des deux neuvièmes; elles sont régulièrement coniques et portent des cannelures régulières séparées par des arêtes vives; le tailloir est carré, sa longueur est de un diamètre et un sixième environ. L'échine est presque droite en profil et repose sur cinq filets très fins. La hauteur totale du chapiteau est de un module.

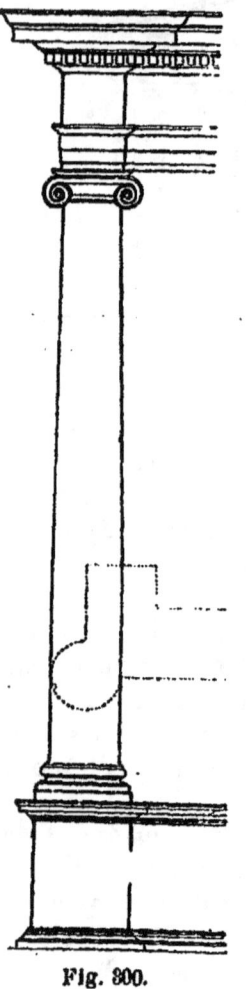

Fig. 300.

Le gorgerin du chapiteau n'est pas orné, il comporte la prolongation des cannelures du fût, et n'est séparé de ce dernier que par une simple rainure.

L'entablement a pour hauteur le tiers de la largeur de la colonne. La frise a à peu près la même hauteur que l'architrave. La largeur des triglyphes est égale au rayon de la colonne du bas. Une série de mutules, correspondent aux triglyphes, et d'autres mutules se trouvent dans les intervalles.

184. Ordre Ionique. — L'ordre Ionique a d'abord été employé à la décoration des tombeaux, plus tard aux monuments. Il tient le milieu entre le dorique et le corinthien, entre la force et la richesse. Les moulures qui ornent ses diverses parties sont presque toujours enrichies de sculptures, l'ensemble de l'ordre d'après Vignole est représenté fig. 300.

L'entablement est plus détaillé dans ses diverses parties; la corniche a sa cymaise supérieure composée d'un listel, d'une large doucine, puis d'un léger talon.

La tablette de larmier vient ensuite, avec une saillie considérable sur la frise, et s'appuie sur la cymaise inférieure. Celle-ci est caractérisée par une rangée de denticules saillants, supportant de petites baguettes et un quart de rond, et repose en dessous sur un talon. La plupart de ces moulures sont ornées.

La frise est unie, sans triglyphes, mais souvent décorée de peintures ou de sculptures.

L'architrave, terminée supérieurement par un talon orné, est le plus souvent divisée en trois bandes faisant les unes sur les autres une légère saillie. La bande ou face inférieure prend comme alignement le nu du fût de la colonne à sa partie haute. Le détail de cet entablement est représenté par la fig. 301.

Cette figure donne également la disposition du chapiteau Ionique, vu de face, de côté et en coupe verticale. Ce chapiteau caractérise l'ordre ionique avec ses enroulements latéraux dont l'aspect est si différent de face ou de côté ; il présente quatre parties : les *volutes*, les *coussinets* ou *balustres*, l'*abaque* et l'*échine*.

La *volute*, imitation des cornes des animaux sacrifiés, ou d'une coiffure féminine, ou de copeaux enlevés au poteau à équarrir, présente une forme gracieuse

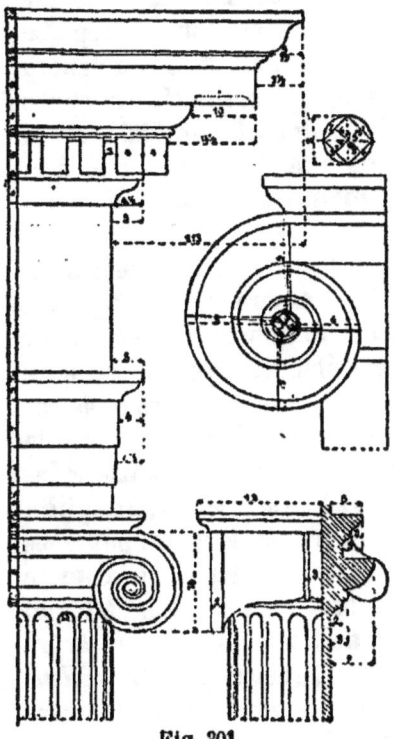
Fig. 301.

et élégante. Un listel saillant sur un fond vertical forme des enroulements dont les spires se rapprochent à chaque tour finissent par arriver au centre ou *œil* de la volute.

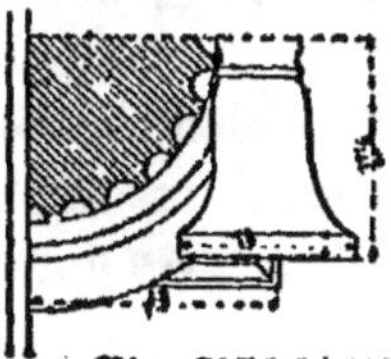

Deux volutes symétriques ornent donc la face du chapiteau tandis que deux semblables ornent sa face arrière.

Les *coussinets* ou *balustres* relient chaque volute de la face avant à la volute corres-

Fig. 302.

pondante de la face arrière, en se raccordant avec la forme enroulée.

L'*abaque* réunit les deux volutes d'une même face et correspond à l'épaisseur de la spire qui s'enroule, augmentée d'une tablette supérieure décorée d'un talon.

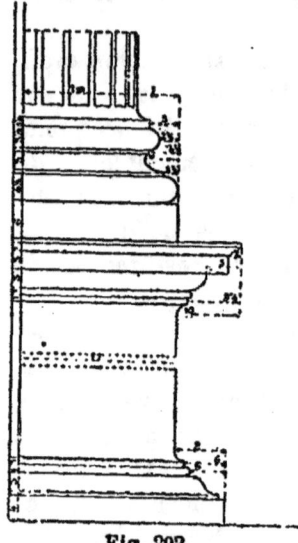

Fig. 303.

L'*échine*, conservant sa forme ronde entre les volutes, dépasse leur plan vertical et fait en dehors une saillie représentée en coupe verticale dans la fig. 301 et en plan dans la fig. 302 ; cette dernière montre le chapiteau vu par dessous.

Le fût présente d'ordinaire un certain nombre de cannelures, presque toujours 24. Leur forme est sensiblement demi circulaire et elles sont séparées les unes des autres par une côte mince, une sorte de listel. Comme à la partie basse des colonnes employées à un rez-de-chaussée, les

Fig. 304.

listels des côtes seraient trop fragiles, les cannelures ne sont pas poussées jusqu'au fond, elles sont comme remplies par une demi baguette qui ne laisse au listel qu'une très légère saillie. Ces baguettes sont des *rudentures* et la cannelure est dite *rudentée*, mais seulement dans le tiers du bas de la colonne.

La base de la colonne ionique, représentée fig. 303, est formé d'un socle carré supportant une partie ronde, et les moulures de la partie ronde se composent principalement de deux tores séparés par une scotie.

Le piédestal, même figure, se compose d'une corniche complète, talon, larmier, quart de rond et baguettes, d'un dé et d'une base faite d'un listel, d'une baguette, d'une forte doucine renversée et d'une plinthe.

Les figures qui précèdent indiquent les saillies de ces différentes moulures.

Les Romains ont laissé peu d'exemples de l'ordre ionique. Leurs chapiteaux sont en général plus maigres que ceux des colonnes grecques. Dans quelques monuments, les volutes, au lieu d'être réunies par des balustres, sont doubles à chaque angle, de manière à présenter la même forme sur deux alignements perpendiculaires, lorsque les façades se retournent d'équerre.

195. Tracé de la volute ionique. — Le tracé de la volute ionique se fait de la façon suivante (voir fig. 305).

De l'extrémité inférieure du talon de l'abaque on abaisse une verticale ayant une longueur de 10 p., et, du point obtenu, centre de la volute, on décrit un cercle de 2 p. de diamètre, qui formera l'œil proprement dit. On inscrit dans ce cercle un carré à diagonale verticale; du centre on abaisse des perpendiculaires sur les côtés du carré et on divise chacune de ces perpendiculaires en trois parties égales ; les points numérotés de 1 à 12 sont successivement les centres des arcs de cercles qui vont former la volute en se raccordant entre eux. On forme ainsi le contour extérieur du filet de la spire. Pour le contour intérieur, on change les centres de manière à obtenir un listel allant graduellement en diminuant avec la largeur de la spire. On divise en quatre les intervalles des centres précédents, mesurés suivant le rayon, et on prend pour nouveaux centres les premières divisions

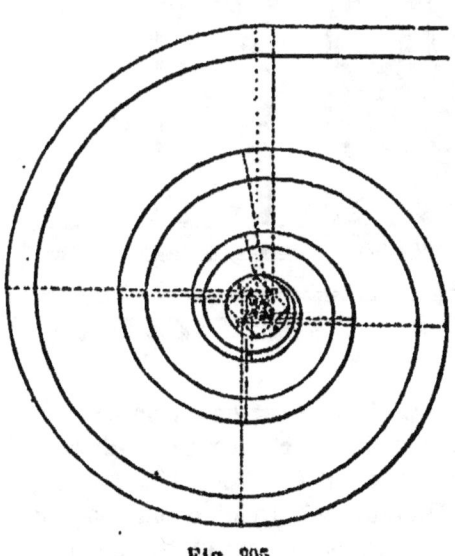

Fig. 305.

qui suivent sur chaque ligne les centres pris pour le contour extérieur.

L'Erectheion à Athènes, le temple de la Victoire aptère dans la même ville, le théâtre de Marcellus et le temple de la Fortune Virile à Rome, et, parmi les monuments modernes, l'église Saint-Vincent-de-Paul et la Monnaie, à Paris, donnent de beaux spécimens de l'ordre ionique.

La fig. 339 montre au premier étage du théâtre de Marcellus l'ordre ionique qui y figure.

186. Temple de la Fortune Virile à Rome. — La fig. 306 donne la façade du temple de la Fortune Virile à

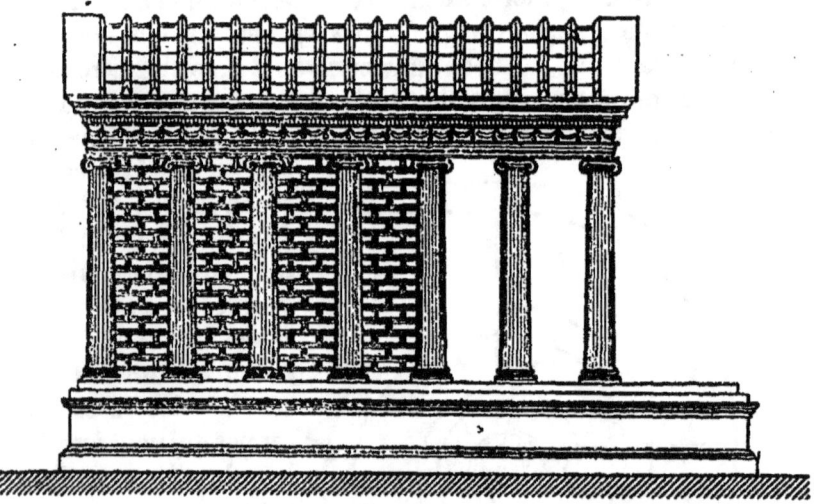

Fig. 306.

Rome. Un piédestal général élève le rez-de-chaussée du temple au-dessus du sol environnant et avance au-devant du pignon qui forme la façade d'entrée. Devant ce pignon, un escalier, large comme le monument, rachète par ses gradins cette différence de niveau. C'est sur ce sol élevé que se dressent et les murs du temple et les colonnes qui l'entourent en formant un porche au-devant de l'entrée. La figure montre la disposition générale de l'entablement qui surmonte les colonnes et qui reçoit la toiture.

187. Ordre corinthien. — Originaire de la Grèce, et attribué à Callimaque, l'ordre corinthien, décoratif par excellence, a été surtout appliqué par les Romains, qui lui ont donné les plus belles proportions dans les monuments nombreux où ils l'ont employé.

La figure 307 donne l'ensemble de l'ordre complet et les figures 309 et 310 en montrent les détails.

La corniche corinthienne a sa cymaise supérieure composée d'une doucine et d'un talon, moulures presque toujours ornées.

Le larmier a sa saillie supportée par une série de consoles, renversées horizontalement, ornées de feuillages et que l'on nomme des *modillons*. Il y a un modillon dans l'axe de chaque colonne, et quatre, également espacées, dans l'entrecolonnement. Le soffite formé par la saillie du larmier, est orné de caissons moulurés, avec rosaces au centre, disposés dans les intervalles des modillons. La fig. 308 représente la coupe verticale du larmier par l'axe d'une rosace et montre en même temps la forme latérale d'un modillon. En contrebas des modillons se trouve la cymaise inférieure. Elle est formée d'un quart de rond orné d'oves, d'une baguette avec liste, d'une rangée de denticules, enfin, d'un talon et de baguettes. Des rais de cœur et des perles sont sculptés sur cette dernière partie.

La frise est unie, rehaussée presque toujous de bas-reliefs intéressants.

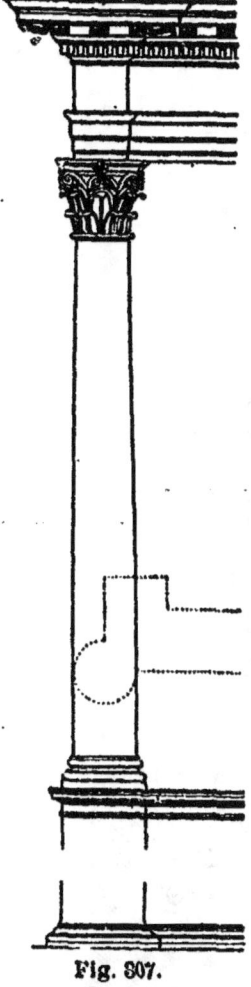

Fig. 307.

Fig. 308.

§ 2. — DES ORDRES D'ARCHITECTURE

L'architrave commence par un talon orné, et est divisée en trois bandes séparées par des moulures légères garnies de feuillage.

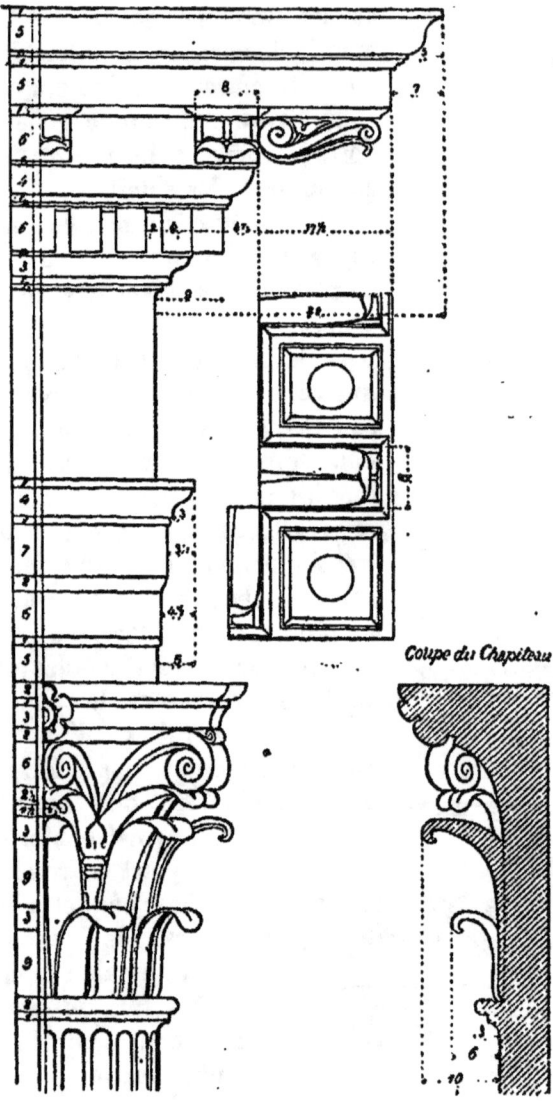

Fig. 809.

La colonne présente un chapiteau spécial, caractéristique de l'ordre, d'une élégance et d'une richesse extrêmes. Ce chapiteau est formé d'un tailloir à bords circulaires concaves, formant quatre angles saillants, et ce tailloir est supporté par le corps même du chapiteau élevé, ayant la forme d'un vase sans renflement, et formé de trois rangs de feuilles sculptées, se développant et s'inclinant au dehors. Du deuxième rang de feuilles naissent des volutes qui se déroulent en saillie et viennent supporter les angles du tailloir. D'autres volutes, de même origine, mais plus petites, viennent aboutir au centre de la partie concave du tailloir et semblent porter l'*œil* ou la *rose* qui en orne le milieu.

Ces feuilles et les volutes semblent imitées des feuilles d'acanthe.

Le fût de la colonne commence en haut par une astragale; il est quelquefois lisse, lorsqu'il s'agit de matériaux précieux, marbres ou porphyres, mais, le plus souvent cannelés, lorsqu'il est construit en pierre.

Les cannelures sont au nombre de 24, séparées par un listel; elles sont demi circulaires et souvent rudentées jusqu'au tiers de la hauteur, lorsqu'elles sont employées à rez-de-chaussée, pour présenter plus de résistance aux chocs.

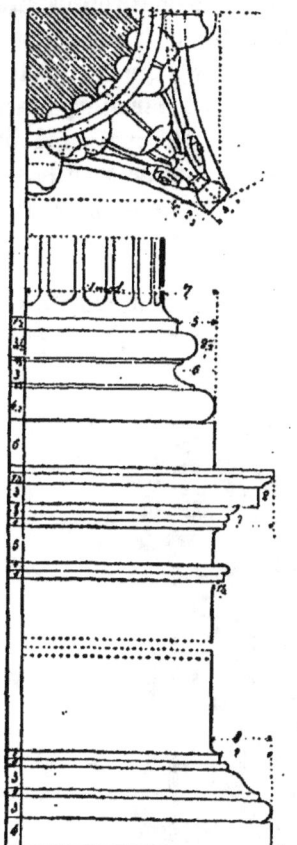

Fig. 310.

La base de la colonne corinthienne, d'après Vignole, est analogue à la base ionique, formée, par conséquent, d'un socle carré surmonté de deux tores avec scotie interposée; c'est la base dite *attique* figurée dans les dessins ci-dessus.

§ 2. — DES ORDRES D'ARCHITECTURE 263

D'autres fois, le socle carré diminue de hauteur et l'intervalle des deux tores est rempli par une double scotie avec baguettes interposées, comme le montre le profil de la fig. 311.

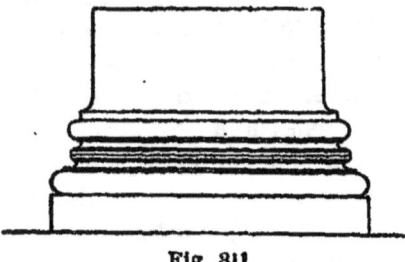

Fig. 311.

Les fig. 309 et 310 montrent les chapiteau, fût et base de l'ordre corinthien d'après Vignole.

Le piédestal, représenté par la fig. 310, se compose d'une corniche complète, avec talon, larmier, quart de rond et baguettes, d'un dé avec astragale ; enfin, d'une base faite, comme moulures principales, d'une doucine, d'une grosse baguette et d'une plinthe.

188. Maison carrée de Nîmes. — La maison carrée de Nîmes, cet exemple si élégant de l'ordre corinthien, est repré-

Fig. 312.

sentée fig. 312. Le monument est élevé sur un piédestal, avec escalier monumental d'une vingtaine de degrés, donnant accès à la façade principale. Celle-ci a six colonnes de front, soutenant l'entablement, qui est lui-même surmonté d'un fronton. Sur les façades latérales, ainsi que sur les faces postérieures, les colonnes sont engagées de moitié dans les murs de l'édifice.

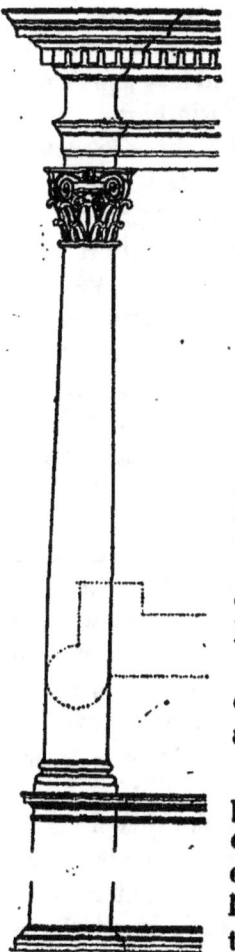

Fig. 313.

La lanterne de Démosthènes, à Athènes, la maison carrée de Nîmes, le temple de la Sibylle, à Tivoli, l'Arc d'Orange, le Panthéon, à Rome, offrent des exemples anciens d'ordre Corinthien. A Paris, des spécimens modernes se rencontrent à la Bourse, au Val-de-Grâce, à l'église Notre-Dame-de-Lorette, à la colonnade du Louvre, etc.

189. Ordre composite. — L'ordre composite n'est pas considéré comme ordre spécial par la plupart des auteurs. Ce n'est qu'une variante de l'ordre corinthien, dont il ne diffère que par le chapiteau, dérivé de l'Ionique, et quelques dispositions de moulures.

Né à Rome, puis abandonné, l'ordre composite a été repris à l'époque de la Renaissance.

La fig. 313 donne l'ensemble de cet ordre, tel que Vignole l'a proposé et qui a été adopté par les architectes modernes.

L'entablement n'a plus de modillons pour soutenir le larmier, mais la dimension des denticules a pris de l'importance. Ces denticules sont posés sur une grosse moulure en quart de rond. La frise et l'architrave ne diffèrent pas de celles de l'ordre précédent.

Le chapiteau est élevé, comme le corinthien; mais, au-dessus de deux rangées de feuilles, viennent se placer des volutes

§ 2. — DES ORDRES D'ARCHITECTURE

très développées, se rapprochant des volutes ioniques et portant un tailloir creusé dont elles suivent la courbure; entre ces deux volutes est une échine ionique au-dessus de laquelle vient se fixer, pour marquer le milieu du tailloir, une rosace sculptée.

Le fût avec son astragale, la base de la colonne, le détail du piédestal restent les mêmes que dans l'ordre corinthien.

La fig. 314 donne le détail de l'élévation et de la coupe du chapiteau composite.

Les exemples de cet ordre se rencontrent à Rome, à l'arc de Titus, à celui de Septime Sévère, au temple de Mars, et, parmi les monuments modernes à Paris, à la Madeleine, la Fontaine des Innocents, la colonne de la Bastille, etc.

190. Tracé du galbe des colonnes. — Une colonne est galbée lorsque la génératrice qui forme sa surface extérieure en tournant autour de son axe vertical présente une convexité

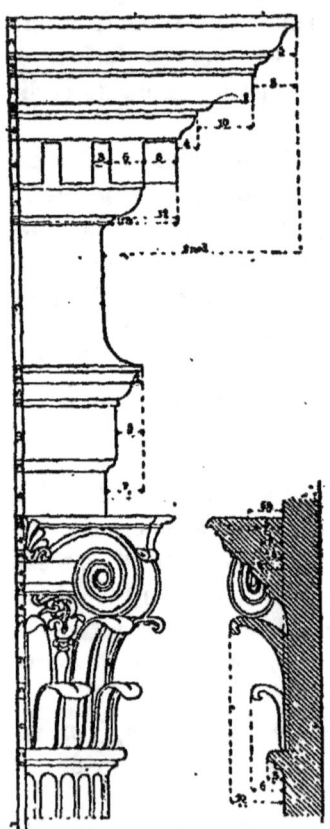

Fig. 314.

à l'extérieur, au lieu d'être, comme dans le dorique grec, formée simplement d'une droite.

Vignole propose pour les ordres toscan et dorique de faire le tiers du bas cylindrique et de diminuer de la manière suivante le diamètre jusqu'en haut. BD est le rayon au tiers de la colonne (fig. 315), AC celui du haut ; sur BD on décrit un quart de cercle ; on mène CI parallèle à l'axe AB ; on divise l'arc DI en 6 parties et aussi la hauteur AB ; on mène des lignes de rappel qui donnent par leurs croisements les points de la courbe génératrice cherchée.

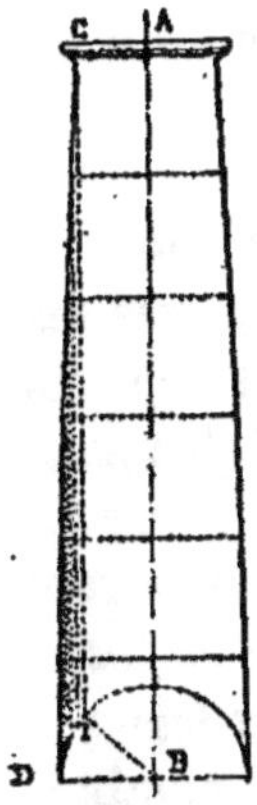

Pour les ordres ionique et corinthien, Vignole conseille de renfler les colonnes légèrement au tiers de la hauteur et de leur donner en ce point 1 mod. 1p. 1/3. La fig. 316 rend compte du tracé qu'il propose. Soit BD le rayon au tiers de la hauteur ; on porte de D en O, 14 modules et on obtient les divers points de la génératrice de la colonne en menant une droite quelconque Ol et la prolongeant au-delà de l'axe d'une quantité IM égale à BD ; le lieu des points M est la génératrice cherchée. Les colonnes ainsi galbées sont légèrement fusiformes.

Fig. 315.

Chez les Grecs la diminution du diamètre de la colonne à la partie supérieure était fortement accentuée. La proportion des deux diamètres varie dans les ordres doriques de $\frac{1}{1.37}$ à $\frac{1}{1.27}$, dans celles d'ordre ionique de $\frac{1}{1.22}$ à $\frac{1}{1.10}$. Chez

Fig. 316.

les Romains la diminution est beaucoup moins forte, elle varie de 6/6 à 7/8 et se trouve relativement d'autant moindre que les colonnes sont plus élevées.

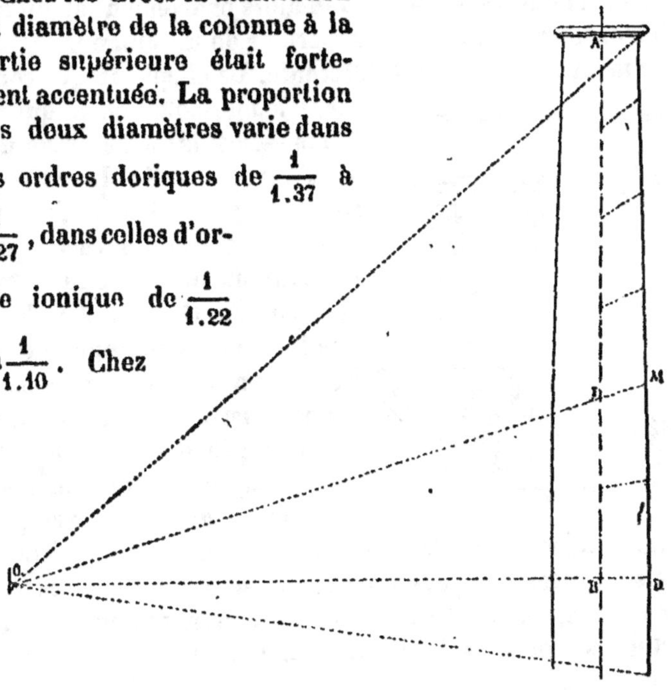

§ 2. — DES ORDRES D'ARCHITECTURE

Les divers auteurs sont loin d'être d'accord sur la règle pratique qu'il faut suivre pour la diminution du diamètre, de même que sur le tracé du galbe.

191. Des pilastres et des antes. — On a vu que les pilastres sont des colonnes à section carrée. Quelquefois les pilastres forment des piliers isolés ; la plupart du temps ils sont incorporés à des murs sur lesquels ils forment des saillies plus ou moins prononcées. Souvent ces pilastres correspondent à des colonnes ; incorporés aux murs, ils concourent avec elles à porter l'entablement ; on les nomme alors des *antes*.

Bien souvent on donne aux pilastres une largeur égale à celle des colonnes à leur base, d'autres fois ils sont notablement plus étroits, et leur rétrécissement supérieur est nul ou très faible. L'architrave correspond alors exactement au pilastre et déborde sur le diamètre supérieur de la colonne.

L'ornementation aussi est différente. Le chapiteau qui convient à une colonne, et qui la fait passer de la forme circulaire à la forme carrée du tailloir serait trop lourd si on l'appliquait à l'extrémité carrée du fût d'un pilastre, avec sa forme et sa saillie. On cherche donc une forme plus appropriée et la fig. 317 en donne un exemple.

Fig. 317.

Les pilastres peuvent être très peu engagés dans un mur, la saillie peut n'être que du 1/10 de leur largeur par exemple. Elle peut atteindre les 2/3 de cette même largeur. Les faibles saillies sont réservées pour les intérieurs, les saillies accusées pour le dehors, et sur les pilastres fortement saillants on fait ressauter les moulures de l'entablement ; on les traite alors comme contreforts.

Les pilastres ne correspondent pas toujours à des colonnes ; ils peuvent, en formant des saillies sur un mur, y dessiner une ossature qui motive une construction par parties principales et remplissages et concourt à l'ornementation de l'ensemble.

192. Superposition des ordres. — Les ordres d'architecture ne correspondent pas toujours à la hauteur totale d'un édifice ; souvent on les fait correspondre à un seul étage d'une construction et on les superpose en conservant un même axe vertical pour les colonnes superposées.

La fig. 318 donne un exemple de deux ordres ainsi appliqués aux étages d'un monument.

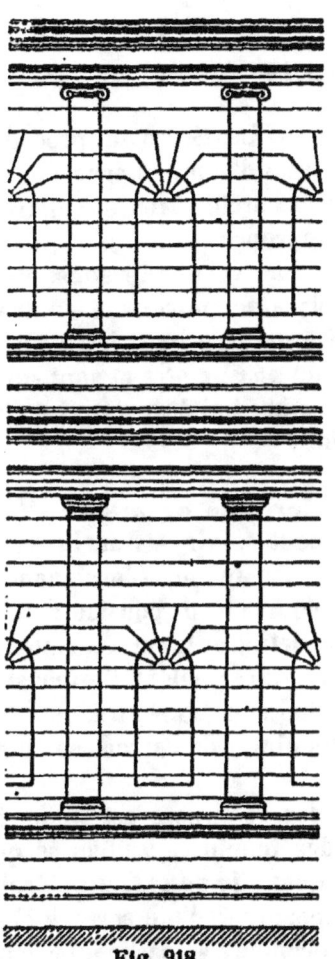

Fig. 318.

Le rez-de-chaussée est formé d'un ordre dorique avec piédestal, et les colonnes demi-engagées dans le mur supportent une forte saillie de l'entablement. Le premier étage est également composé au moyen d'un ordre ionique également avec piédestal ; le nu de la plinthe de ce dernier correspond au nu de la frise de l'ordre inférieur, de sorte que le parement du mur se retraite à la partie haute ; la partie pleine du mur, dans les intervalles des colonnes, est décorée de niches.

La seule règle à suivre dans dans cette superposition des ordres est commandée par le bon sens ; elle consiste à mettre à l'étage inférieur l'ordre le plus massif et le plus résistant, et à l'étage supérieur un ordre plus léger.

L'ordre Ionique est dans l'exemple précédent superposé à l'ordre Dorique.

Un autre exemple de superposition d'ordres se trouve dans le théâtre de Marcellus, fig. 339.

§ 3.

DES ARCADES

193. Des arcades en général. — Les Grecs ont procédé dans leurs constructions par des points d'appui rapprochés et les intervalles étaient franchis par des architraves en pierres d'une seule pièce et de résistance appropriée.

Les Romains ont franchi les intervalles devenus plus grands de leurs colonnes et pilastres au moyen de voûtes, dont ils ont pris l'idée à la civilisation étrusque ; les voûtes sont généralement en demi cercle ou *plein cintre* et sont souvent associées aux ordres d'architecture imités des Grecs. On donne à ces voûtes le nom d'arcades.

194. Disposition et décoration des arcades. — *Impostes et archivoltes.* — L'arcade peut servir à franchir une baie percée dans un mur. L'ornementation appliquée à l'arcade consiste à indiquer la construction de la voûte au moyen de moulures qui semblent limiter son épaisseur et indiquer son extrados.

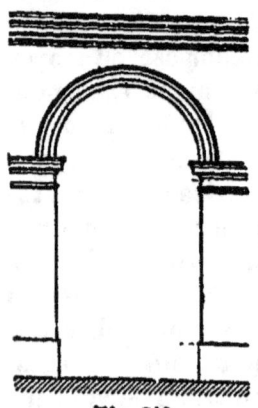

Fig. 319.

La face moulurée de l'arcade se nomme l'*archivolte*.

L'assise des sommiers est indiquée aussi par des moulures saillantes qui portent le nom d'*imposte*. Le piédroit, auquel l'imposte sert d'une sorte de chapiteau, est terminé à sa partie inférieure par un socle saillant. Enfin, au-dessus de la baie, le mur est surmonté d'un entablement, tangent ou non, à l'archivolte. Le voussoir de clef est souvent accusé par une forme de console.

L'archivolte, servant à indiquer l'épaisseur de la voûte, ne doit être appliquée qu'à la décoration des arcs extradossés.

195. Arcades appareillées avec refends. — Dans les soubassements, les arcades sont parfois dénuées de moulures et leur construction est accusée par de simples refends, qu'elles soient appareillées en tas de charge, ou bien qu'elles soient extradossées, ainsi que le montrent les figures 320 et 321.

Les arcs peuvent retomber sur un bandeau saillant formant imposte ou faire partie d'un appareil de même nu, dans lequel l'assise des sommiers n'est pas accentuée. On prend cette dernière disposition, qui est celle des fig. 320 et 314, lorsque l'assise de soubassement n'est pas trop éloignée et qu'on ne veut pas diminuer sa hauteur apparente en la coupant par la saillie d'un bandeau d'imposte. On aurait avantage à établir ce bandeau si, pour une façade étroite, le soubassement était relativement trop élevé.

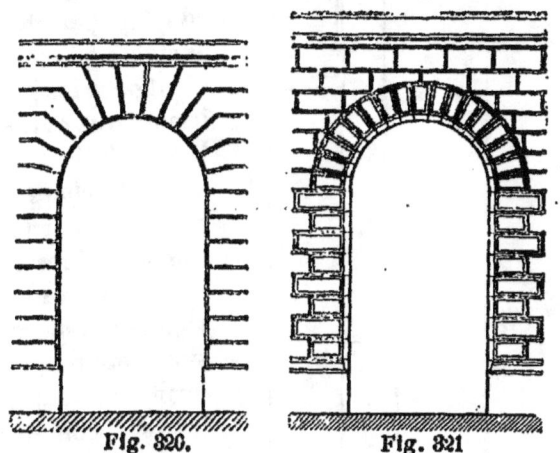

Fig. 320.   Fig. 321.

196. Arcades sur colonnes ou sur pilastres. — Enfin, les arcades peuvent être combinées avec les ordres d'architecture, et alors trois dispositions sont employées :

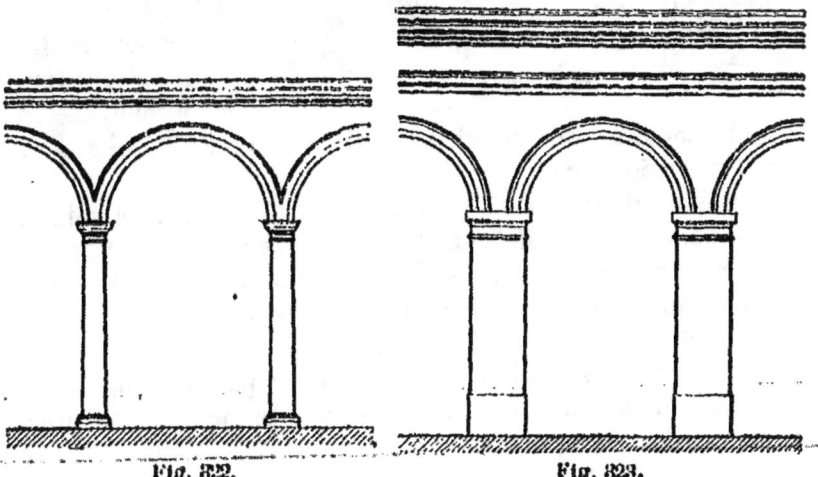

Fig. 322.   Fig. 323.

§ 3. — DES ARCADES

1° Les arcades viennent reposer sur la tête des colonnes ; cela donne à la construction un caractère un peu grêle et cette disposition n'a pas été adoptée par les anciens; elle convient pour les galeries ouvertes lorsqu'elles ne sont pas chargés par une construction supérieure.

2° Les arcades viennent reposer sur leurs piédroits rectangulaires, surmontés d'imposles qui présentent une apparence bien plus grande de solidité, ainsi que le montre la fig. 323 ; disposition applicable au cas où la construction supérieure qui charge ces piédroits a un poids considérable.

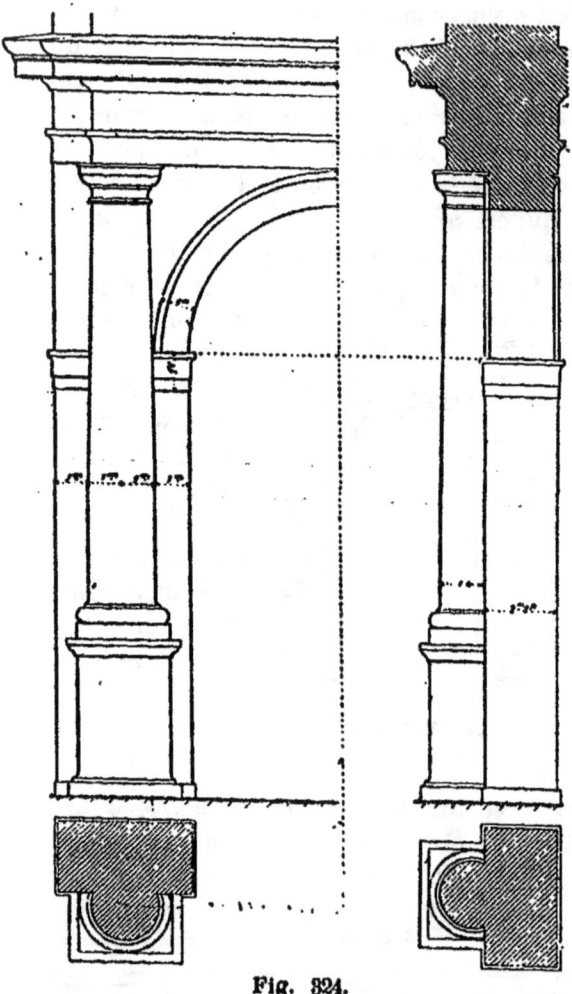

Fig. 324.

3° Les pilastres sont plus larges et présentent au milieu des colonnes en partie engagées, qui soutiennent un entablement supérieur. Ce dernier fait alors sur le mur une saillie notable. Cette construction est indiquée en élévation, en plan et en coupe dans la figure 324.

C'est une disposition mixte consacrée par un long usage et qui est devenue une des bases de l'architecture moderne. L'entrecolonnement dans cet exemple est de 13 mod. 9 part.

197. Proportions des arcades. — Les proportions des arcades sont très variables, car elles dépendent de la destination qu'on donne à la baie qu'elles limitent. Elles ne sont donc pas astreintes à des règles aussi absolues que les ordres. Mais lorsqu'elles sont associées à ces ordres, leurs proportions doivent s'inspirer de leurs caractères généraux ainsi que de leur ornementation. En général la hauteur d'une arcade varie entre une fois et demie et deux fois sa largeur.

198. Arcade liée à un ordre toscan. — La figure précédente montre une arcade liée à un entablement toscan, les colonnes étant montées sur piédestal. L'*entrecolonnement*, ainsi qu'on appelle l'entraxe de deux colonnes successives, est de 13 mod. 9 part. Les colonnes sont enga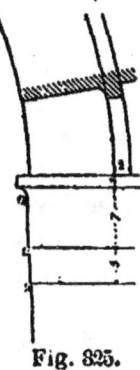gées dans le piédroit de l'arcade ordinairement de 1/3, quelquefois de moitié. La figure 325 donne le profil de l'archivolte, profil dont les moulures se rapprochent de celles de l'architrave et sont en rapport avec la simplicité de l'ordre. Il comprend un filet se raccordant par congé avec un simple champ plat. L'imposte a un profil analogue, le champ étant divisé en deux parties au moyen d'une arête motivée par une légère saillie.

Fig. 325.

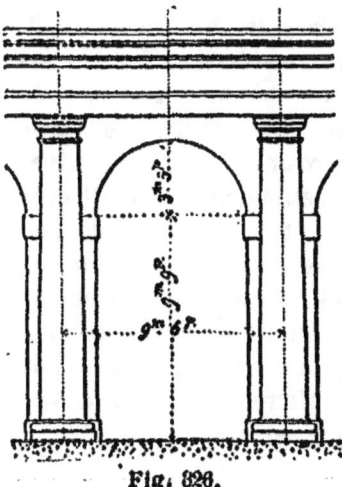

199. Arcade liée à un ordre toscan sans piédestal. — La fig. 326 donne une seconde disposition de l'arcade liée à l'ordre toscan ; les colonnes dans cet exemple viennent porter sur le sol sans intermédiaire de piédestal. La largeur de la baie est, comme dans l'exemple de la fig. 324, moitié de la hauteur ; l'entrecolonnement diffère et est porté à 9 modules 6 parties.

Cette disposition est plus mas-

Fig. 326.

sive et plus résistante d'apparence que la précédente ; elle s'applique à des édifices plus élevés, ou plus chargés à leur partie supérieure. L'entrecolonnement employé dans ce cas est de 9 modules 6 parties.

200. Arcade liée à un ordre dorique avec ou sans piédestal. — L'arcade liée à l'ordre dorique est d'expression plus légère comme le montre la fig. 327, dans laquelle la colonne est sur piédestal. La colonne est engagée de moitié dans le piédroit de l'arcade, mais pourrait être dégagée des 2/3.

La largeur du piédroit doit être plus grande que celle du piédestal augmentée des saillies de sa corniche, de manière à permettre aux retours de cette corniche de venir s'amortir sur le nu de face.

L'entablement, en partie engagé dans le mur, a, comme d'ordinaire, sa frise au nu du fût de la colonne ; il en résulte qu'il fait une saillie considérable sur la façade de l'arc et on compte sur cette saillie pour produire une ombre décorative.

L'entablement paraît être supporté par les colonnes successives, et il est important que celles-ci ne soient pas trop éloignées les unes des autres ; on limite l'entrecolonnement à 14 modules 9 parties.

Fig. 327.

Dans l'exemple ci-dessus, les métopes de la frise sont ornées de bucranes ou crânes de bœufs, rappelant les sacrifices, et alternant avec des rosaces.

Plusieurs moulures de l'entablement sont ornées de sculptures. Le gorgerin des colonnes porte des rosaces.

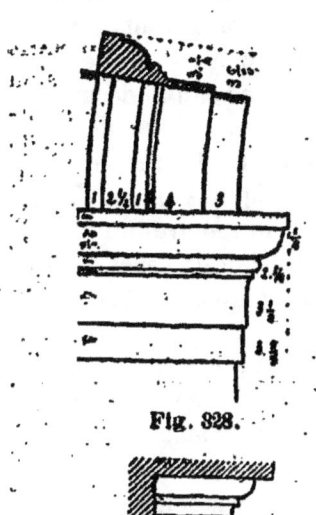

Fig. 328.

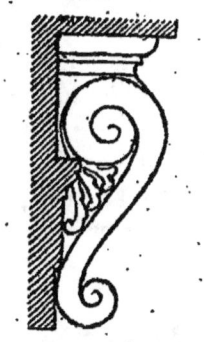

Fig. 329.

Le piédestal est garni à sa partie inférieure d'une plinthe simple régnant comme hauteur avec le socle du piédestal de l'ordre.

L'archivolte, ainsi que l'imposte, ont une forme de moulures établie suivant le principe des architraves, et représentée dans la fig. 328. Ce profil n'est pas immuable; d'ordinaire il est formé d'un listel, d'un quart de rond, d'une baguette et d'un filet, enfin de deux champs étagés et dont l'un est au nu du mur, l'autre faisant une saillie très faible sur ce nu. La fig. 328 donne les dimensions de ces dernières moulures en largeur et en saillie.

L'imposte a un profil identique, les mêmes moulures se reproduisent dans le même ordre et avec la même saillie que celles qui leur correspondent dans l'archivolte.

L'archivolte a un module de largeur et l'imposte également.

L'archivolte n'arrive pas jusqu'à l'architrave, elle se raccorde avec elle par la saillie de son voussoir de clef, qui a charge de soutenir, lui aussi, l'entablement dans l'intervalle des deux colonnes. On lui donne la forme d'une console, comme l'indique en coupe la fig. 329, et l'archivolte vient de chaque côté s'amortir contre les faces latérales de cette console.

L'enroulement de la console porte généralement une

tête moulurée, profilée dans l'exemple actuel d'un quart de rond et d'un cavet, et formant une sorte de tailloir recevant l'architrave de l'entablement. D'autres fois, comme dans l'ensemble (fig. 327), l'enroulement soutient directement l'architrave. La clef fait également, souvent, une saillie décorative sur l'intrados de l'arcade.

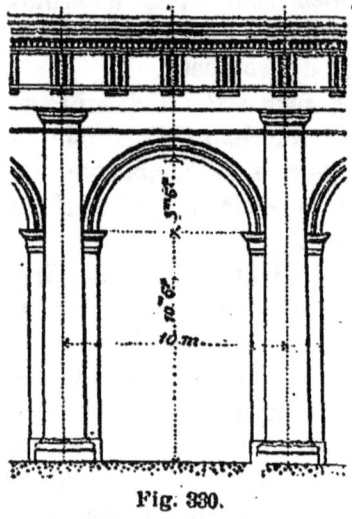

Fig. 330.

L'arcade peut être liée à un ordre dorique sans piédestal, ainsi que le montre la fig. 330. La disposition de l'arcade reste la même et la base de la colonne règne avec la ligne inférieure de l'édifice ; la plinthe du piédroit a la même hauteur que la base de la colonne. Les moulures d'imposte viennent s'amortir contre la colonne et cette dernière est engagée de la moitié ou du tiers de son diamètre dans le mur du piédroit.

L'entrecolonnement est réduit à 10 modules, les colonnes sont plus rapprochées, l'entablement mieux soutenu, et cette disposition convient lorsqu'il y a lieu d'accuser pour la construction une solidité plus grande.

201. Arcades liées à l'ordre ionique. — Les fig. 331 et 332 donnent les dispositions et proportions des arcades ioniques, avec ou sans piédestal. Dans le premier cas, des arcades avec piédestal, l'entrecolonnement est de 15 modules 12 parties ; dans le second, seulement 10 modules 16 parties.

La fig. 333 donne pour les arcades ioniques la coupe de l'archivolte et l'élévation de l'imposte sur lequel elle doit retomber.

Les profils de l'archivolte et de l'imposte sont analogues aux profils déjà étudiés dans les ordres précédents. L'archivolte se compose d'un talon avec listel et de deux champs étagés, dont l'un est au nu du mur et le second fait une très légère saillie

276   CHAPITRE IV. — DES MOULURES ET DES ORDRES

sur le premier. L'imposte est plus moulûré : un talon avec

Fig. 331.

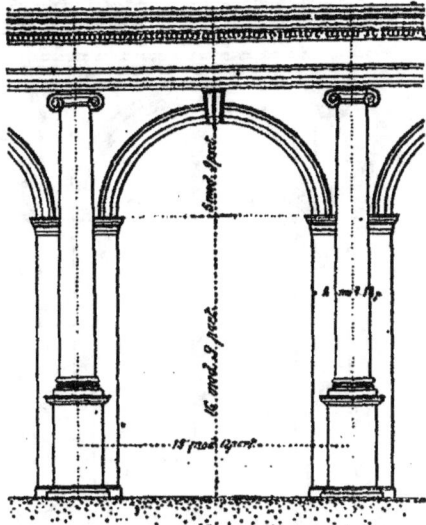
Fig. 332.

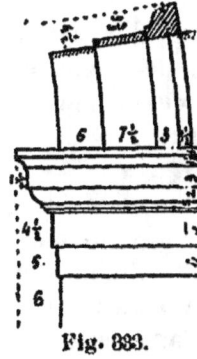
Fig. 333.

listel surmonte un champ au-dessous duquel se trouvent un quart de rond, une baguette et un filet ; enfin, il se termine par deux champs étagés comme ceux de l'archivolte, dont le dernier est au nu du corps du piédroit. Ici, la saillie de l'imposte est plus forte que celle de l'archivolte, six parties au lieu de quatre parties et demie. Comme dans tous les autres exemples d'ordre ionique, la plupart de ces moulures sont décorées de sculptures.

302. Arcades corinthiennes. — Les fig. 334 et 335, montrent des arcades liées à un ordre corinthien avec ou sans piédestal. Avec piédestal, l'entrecolonnement est de 16 modules 9 parties ; sans piédestal, l'entrecolonnement est réduit à 14 modules 6 parties.

La fig. 336 donne la coupe de l'archivolte et l'élévation de l'imposte d'une arcade corinthienne. Les mêmes disposi-

§ 3. — DES ARCADES 277

tions et moulures peuvent s'appliquer à l'ordre composite.

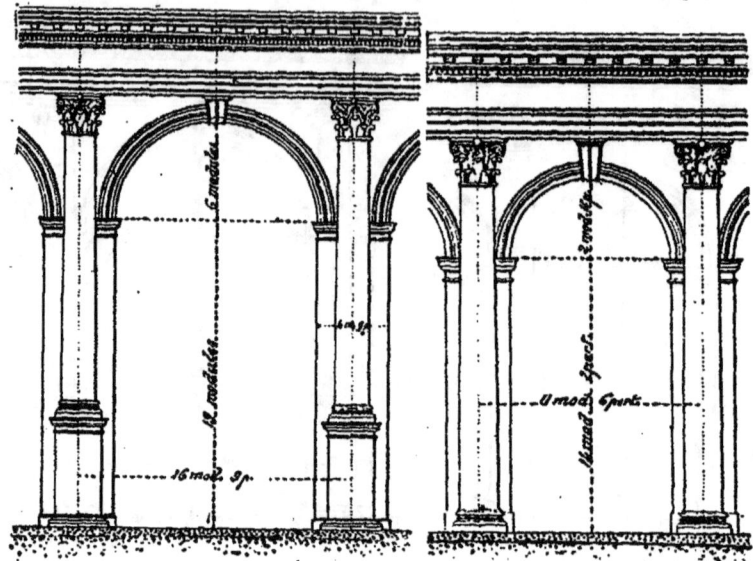

Fig. 384.   Fig. 385.

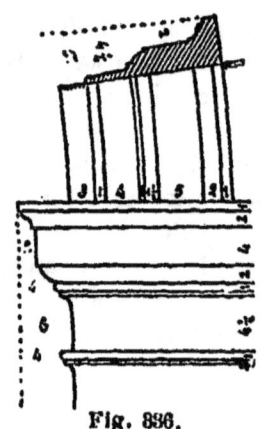

Fig. 386.

L'archivolte est formée d'un listel avec talon, d'un champ, d'un second talon, puis enfin de deux champs étagés; le dernier de ces champs est au nu du mur. La saillie totale est de 5 parties sur ce nu.

L'imposte est formé d'un listel avec talon, d'un champ, d'un quart de rond, d'une baguette et d'un filet. Au-dessous, se trouve une partie plate, au nu du mur, rappelant les gorgerins des colonnes, et enfin une astragale surmonte le corps du piédroit. La saillie de l'imposte est de 6 parties ; il déborde donc d'une partie sur le filet le plus saillant de l'archivolte.

303. Arcades avec colonnes dégagées. — On a vu que dans les dispositions précédentes, les colonnes étaient engagées de la moitié ou du tiers de leur diamètre dans les piédroits de l'arcade ; lorsqu'il faut avoir une forte saillie de

278   CHAPITRE IV. — DES MOULURES ET DES ORDRES

l'entablement sur le nu du mur, les colonnes sont entièrement dégagées, séparées du mur par un intervalle et un pilastre avec faible saillie les remplace sur le mur et leur correspond. Cette disposition est indiquée en plan fig. 337, l'écarte-

Fig. 337.

ment entre la colonne et le pilastre est suffisant pour que les plinthes des bases soient séparées par un léger intervalle.

304. Arc de Trajan. — Nous donnons comme exemple

Fig. 338.

§ 3. — DES ARCADES

d'arcade liée à un ordre d'architecture, l'arc de Trajan, à Ancône, représenté par la fig. 338. Sur un soubassement élevé, auquel correspondent les degrés d'un escalier développé, s'élève un ordre corinthien monté sur piédestal et engagé dans les piédroits de l'arcade ; les quatre colonnes supportent un entablement surmonté d'une construction massive décorée de moulures identiques à celles d'un piédestal. Cette partie ainsi portée par l'entablement se nomme l'attique et il sert à soutenir à son tour le motif allégorique qui domine l'ensemble.

Ce monument est d'une très belle forme.

205. Superposition des ordres et des arcades. — De même que les ordres se superposent, de même les arcades liées aux ordres peuvent se superposer. La fig. 339 donne comme exemple une travée de façade du théâtre de Marcellus, à Rome. Dans ce remarquable monument, on voit un rez-de-chaussée avec arcade et ordre dorique auquel se superpose un étage avec arcade et ordre ionique.

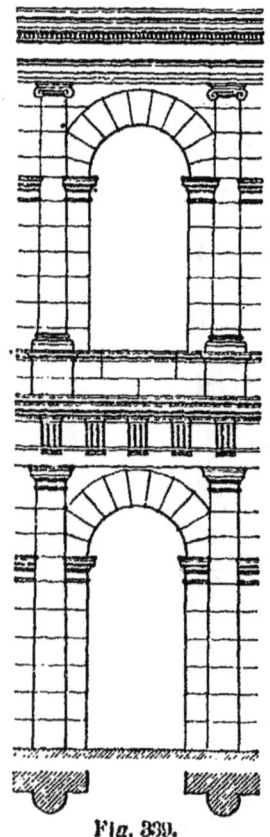

Fig. 339.

Les bases des colonnes de l'ordre inférieur n'existent pas, non plus que le socle des piédroits des arcades du rez-de-chaussée. Les colonnes sont engagées et portent l'entablement qui est en saillie sur le nu du mur.

Les impostes, qui couronnent les piédroits, viennent s'amortir sur la surface cylindrique des colonnes ; l'arc n'a pas d'archivolte mouluré, il est formé à l'extérieur d'un simple bandeau plat appareillé et légèrement en saillie sur le mur.

Au-dessus du rez de chaussée vient l'ordre ionique du premier étage, il est monté sur un piédestal général incomplet formé d'une corniche et d'un dé. Les impostes sont disposés comme ceux du rez-de-chaussée, et s'amortissent contre les colonnes. De même que pour l'arcade dorique, l'arcade du 1er étage n'a pas d'archivolte moulurée ; elle est accusée par un bandeau plat en saillie sur le mur de face.

CHAPITRE V

DÉCORATION
DES
MURS EXTÉRIEURS DES ÉDIFICES

§ 1. *Décoration des murs de face*
§ 2. *Décoration des baies.*

SOMMAIRE :

1. *Décoration des murs de face* : 206. Adaptation des moulures et des principes des ordres à la décoration des murs. — 207. Murs de clôture, décoration des parties pleines.— 208. Chaperons et soubassements moulurés.— 209. Division par pilastres ou chaînes verticales.—210. Murs en briques, appareils, saillies. — 211. Murs avec pilastres en saillie. — 212. Des clôtures avec parties à jour. — 213. Pilastres en briques. — 214. Pilastres en matériaux mixtes. — 215. Dispositions de murs suivant des terrains en pente. — 216. Ressauts, amortissements. — 217. Clôtures surmontées d'une balustrade. — 218. Composition et décoration d'une balustrade. — 219. Diverses formes de balustres. — 220. Balustrades en terres cuites et briques. — 221. Stabilité des balustrades. — 222. Murs extérieurs des bâtiments : soubassement, corps du mur, entablement. — 223. Différentes sortes de soubassements. — 224. Entablements, profils divers. — 225. Entablement avec consoles. — 226. Corniches architravées. — 227. Corniches simples. — 228. Entablements partiellement interrompus. — 229. Entablements construits en briques. — 230. Corps du mur, chaînages verticaux. — 231. Pilastres. — 232. Colonnes. — 233. Chaînages horizontaux, bandeaux. — 234. Disposition des bâtiments à étages, principes à suivre dans leur division.— 235. Rez-de-chaussée formant soubassement. — 236. Murs de face couverts par un comble avancé. — 237. Décoration des murs pignons. Pignons couverts. — 238. Pignons dégagés – en pente – en gradins. — 239. Frontons de diverses formes. — 240. Décoration des souches de cheminées hors comble. — 241. Souches de cheminées en briques.

§ **2.** *Décoration des baies* : 242. Des baies dans les murs de clôture : portes de piétons couvertes et portes charretières. — 243. Portes de piétons découvertes. Pilastres en pierre. — 244. Pilastres en briques. — 245. Portes charretières couvertes.— 246. Portes d'entrée des bâtiments. — 247. Linteaux et arcs moulurés. — 248. Chambranles avec ou sans crossettes. — 249. Décoration par refends indiquant l'appareil. — 250. Chambranle surmonté d'une corniche. — 251. Baie ornée d'un entablement complet. — 252. Portes avec entablement et consoles. — 253. Portes avec entablement complet porté sur pilastres. — 254. Porte avec entablement sur colonnes. — 255. Portes avec entablements et frontons. — 256. Porte cochère comprenant la fenêtre de l'entresol. — 257. Porte comprenant plusieurs étages. — 258. Ornementation des fenêtres. — 259. Fenêtres avec matériaux mixtes. — 260. Fenêtres avec entablement supérieur. — 261. Fenêtres avec entablements et frontons. — 262. Des baies en plein cintre ou surbaissées formant arcades. — 263. Arcades séparées par des pilastres. — 264. Arcades portées par des pilastres. — 265. Arcades portées par des colonnes. — 266. Composition et décoration d'un portique. — 267. Portiques avec baies à linteaux. — 268. Des baies accompagnées de balcons, décoration des balcons. — 269. Portes surmontées d'un balcon. — 270. Balcons étagés. — 271. Balcons avec balustrades en pierre. — 272. Des lucarnes, ornementation par pignon mouluré. — 273. Ornementation au moyen d'un fronton. — 274. Œil-de-bœuf. — 275. Motifs d'horloges.

CHAPITRE V

DÉCORATION DES MURS EXTÉRIEURS DES ÉDIFICES

§ 1

DÉCORATION DES MURS DE FACE

206. Adaptation des moulures et des principes des ordres à la décoration des murs. — L'architecture moderne s'est beaucoup inspirée des formes adoptées par les Grecs et les Romains, et les ordres détaillés dans le chapitre précédent peuvent servir de guides dans les études des édifices. Ils donnent des formes et des rapports de dimensions auxquels l'œil est accoutumé et constituent les meilleurs modèles au point de vue du sentiment des proportions, du goût et de l'art.

Ainsi, nos bâtiments sont généralement terminés, à leur partie supérieure, soit par une corniche seule, soit par une corniche et une architrave, soit par une corniche, une frise et une architrave, c'est-à-dire par un entablement complet.

De même, leur soubassement est formé, par analogie, d'un piédestal plus ou moins complet. Il peut présenter une corniche, un dé et une base. La corniche peut se simplifier en un bandeau ou même disparaître, de même que le dé, et la base seule peut rester. Dans d'autres cas, on laisse le bandeau et le dé et la base se trouve supprimée.

La hauteur totale d'un édifice peut correspondre à un ordre

d'architecture, comme les temples des anciens ; on peut aussi la diviser suivant le nombre d'étages que comporte la construction et affecter un ordre à chacune de ces divisions ; ce qui conduit à des ordres superposés. Ces ordres peuvent être réduits à quelques-unes seulement de leurs parties essentielles.

Dans le présent chapitre, il sera question de cette adaptation des moulures et des ordres à l'ornementation des diverses parties extérieures des constructions, à la décoration de leurs murs et de leurs baies.

207. Murs de clôture. Décoration des parties pleines. — Les murs les plus simples, au point de vue de la décoration, comme à celui de la construction, sont les murs de clôture. Leurs parements sont traités très sobrement, et ce n'est qu'au voisinage des entrées ou des bâtiments qu'on leur applique une ornementation plus soignée et plus dispendieuse.

Ils comportent trois parties dans la hauteur : le soubassement, le corps même du mur et le chaperon ou couronnement.

Lorsqu'on veut décorer une partie pleine d'un mur de clôture construit en pierres de taille, on peut se contenter de l'appareillage des matériaux accusés par des joints, comme il a été vu au chap. III. On peut aussi le diviser en champs et

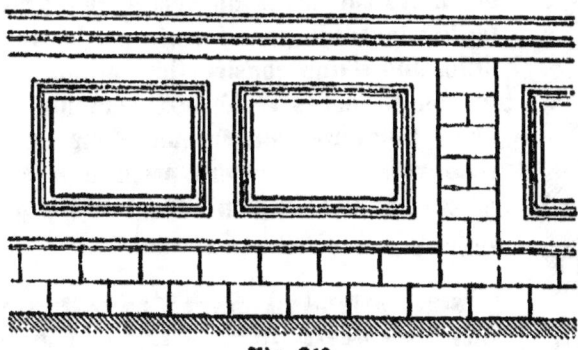

Fig. 340.

panneaux, ces derniers entourés d'un encadrement mouluré plus ou moins développé (fig. 340).

Les panneaux seront de proportions très variables en hauteur et largeur, suivant l'aspect à donner au mur, suivant que l'on doit ou affirmer sa hauteur ou l'atténuer.

Quelquefois on fait des panneaux successifs alternativement étroits et longs.

Les panneaux, figurant des remplissages, ont quelquefois leur parement en retrait sur celui des champs qui représentent les parties solides du mur.

808. Chaperons et soubassements moulurés. —

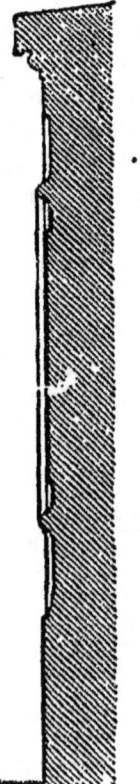

Fig. 811.

Lorsque le corps du mur est ainsi divisé par des panneaux moulurés, le chaperon est lui-même décoré de moulures. On lui donne le profil d'un bandeau, ainsi qu'il est représenté dans la fig. 341, qui donne le tracé de la coupe verticale du mur précédent.

Lorsqu'on juge utile d'augmenter la hauteur, on interpose une astragale entre le bandeau et les champs du corps du mur.

Le soubassement est en saillie sur le nu des champs, le mur devenant plus épais à la partie basse. Cette surépaisseur peut être rachetée par une moulure renversée, un cavet, par exemple. La disposition par panneaux s'applique aussi à des murs construits autrement qu'en pierres de taille ; tantôt ils sont formés par les matériaux différents d'une construction mixte, ou même formée de petits matériaux seulement ; tantôt leurs moulures sont traînées dans des enduits recouvrant le parement préparé à cet effet, et ces enduits simulent une face en pierre de taille.

809. Division par des pilastres ou chaînes verticales. — Lorsque le corps du mur n'est pas mouluré et est décoré seulement par l'appareil des matériaux, on accuse souvent des parties plus solides régulièrement espacées, sous forme de chaînes verticales de grosses pierres de taille avec harpes de chaque côté, fig. 342.

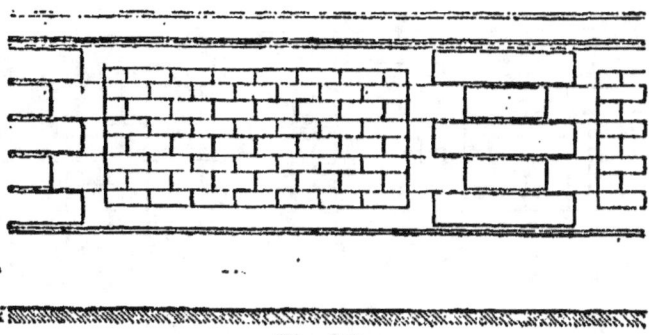

Fig. 342.

Ces chaînes sont quelquefois doublées de bossages de toutes formes accentuant encore leur solidité.

Si le mur doit porter des motifs de décoration espacés, statues, vases ou autres, on les posera sur ces pilastres qui seront ainsi encore mieux motivés.

Les intervalles des pilastres sont composés d'ordinaire de parties unies formées par le parement de petits matériaux de remplissage ; d'autres fois, ils sont disposés en panneaux, comme dans les exemples précédemment cités.

D'autres fois encore, les chaînes verticales en pierre ont leur parement en alignement avec celui du mur, sauf un pilastre milieu découpé en saillie, portant sur le soubassement et s'arrêtant au chaperon qu'il paraît soutenir. La largeur de ces pilastres est proportionnée à la hauteur du mur et à la dimension du chaperon. Ils sont tantôt simples et réduits à un fût, tantôt accompagnés d'une base et d'un chapiteau plus ou moins orné.

210. Murs en briques. — Appareils. — Saillies. — Dans les pays où l'on n'a à sa disposition que des briques pour la construction, on exécute avec ces matériaux seuls toutes les parties des murs, et notamment les murs de clôture.

Le corps du mur peut être complètement uni, et l'appareil

de briques, se présentant en parement tantôt en carreaux, tantôt en boutisses, produit des dessins au moyen des colorations différentes des deux sortes de faces vues. On peut éga-

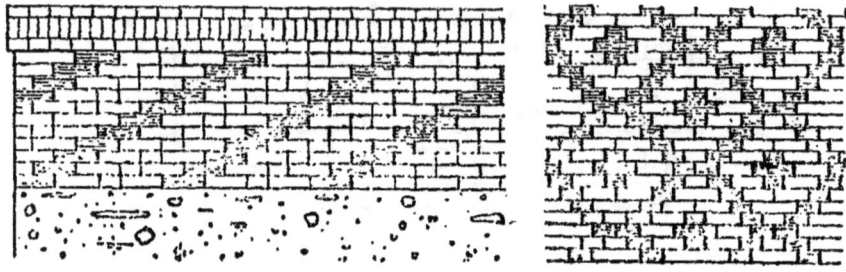

Fig. 313.   Fig. 314.

lement obtenir des motifs de décoration dans l'arrangement de briques de couleurs différentes, fig. 343 et 344 ; on forme ainsi des dessins qui peuvent varier à l'infini.

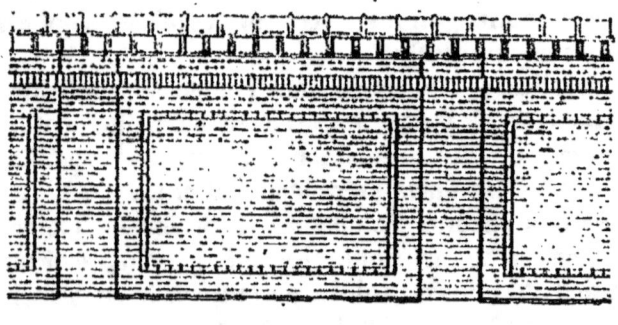

Fig. 315.

D'autres fois, au moyen de pilastres en saillie, on découpe le mur en un certain nombre de panneaux, comme l'indique la fig. 345, et ces panneaux sont remplis par des encadrements de briques en saillie et des arrangements où la coloration des briques vient par sa variété jouer un rôle important.

Les chaperons sont faits avec de véritables bandeaux en

briques formés de quelques rangs en saillie sur le nu du mur. On peut les accompagner en dessous, à distance convenable, d'une astragale en briques saillantes à plat ou bien de champ. Les rangs de briques de champ, placés au milieu de rangs de briques à plat, produisent un effet agréable.

Enfin le bandeau pourra être une véritable corniche avec ses deux cymaises et son larmier. Mais toutes les saillies sont réduites si le chaperon, ainsi disposé, est recouvert de tuiles.

211. Des murs avec pilastres en saillie. — La division d'un mur au moyen de pilastres peut être rendue plus décorative lorsque ces pilastres, au lieu de se limiter à la hauteur même du mur, prennent de l'importance comme largeur et hauteur et dépassent le chaperon d'une notable quantité. Ce sont de véritables piliers isolés, très solides, vu leurs dimensions, et dont les intervalles sont remplis par des portions de murs plus minces qui viennent s'amortir contre leurs parements.

La silhouette générale est moins uniforme et souvent plus agréable. Les pilastres sont régulièrement espacés et les parties de remplissage peuvent recevoir à leur tour une décoration par panneaux (fig. 346).

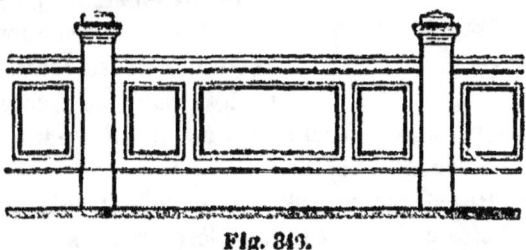

Fig. 346.

Les pilastres ont la forme de ceux des ordres d'architecture ; leur partie inférieure se raccorde avec le soubassement du mur et leur partie supérieure est terminée par un chapiteau carré, se rapprochant plus ou moins, comme profil, de celui des chapiteaux de colonnes. Au-dessus, un *acrotère* prolonge le fût sur une petite hauteur et dégage ainsi les saillies du profil.

§ 1. — DÉCORATION DES MURS DE FACE 289

213. Des clôtures avec parties à jour. — Lorsqu'une clôture doit être formée d'une partie à jour, et constituée, par exemple, par une grille dormante, cette grille repose d'ordinaire sur un soubassement en pierre de 0 m.75 à 1 m. de hauteur, et la longueur de la clôture est divisée par tronçons de 5 à 10 m. séparés par des pilastres en pierre qui donnent de la stabilité à l'ensemble, tout en concourant à l'ornementation de la clôture.

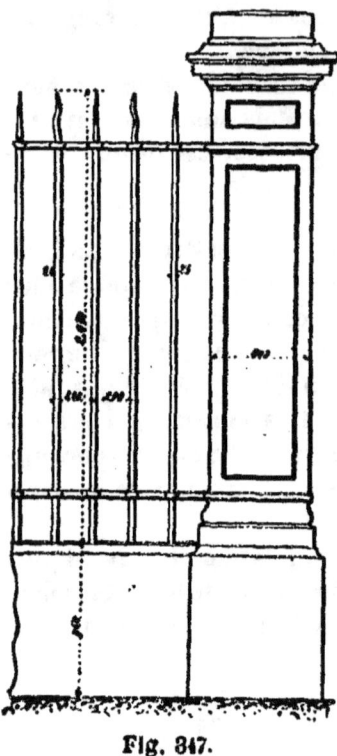

Fig. 347.

Ces pilastres, dont un exemple est donné fig. 347, ont une forme analogue à celle des colonnes. Ils reposent sur un soubassement saillant régnant avec celui du mur et se composent de trois parties, une base, un fût et un chapiteau.

La base est formée d'une plinthe raccordée avec le fût plus étroit par l'intermédiaire d'une ou plusieurs moulures.

Le fût a une section carrée constante et se termine quelquefois par une astragale. On peut lui donner de la légèreté en creusant des panneaux sur chacune de ses faces.

Le chapiteau est formé par une corniche surmontant un gorgerin, et cette corniche est complète avec ses trois parties, cymaise inférieure, tablette de larmier avec mouchette et cymaise supérieure. Au-dessus de cette corniche, des pentes sont réservées dans la pierre pour assurer l'écoulement de l'eau. On donne une apparence convenable au pilastre en le surmontant, comme précédemment, d'un acrotère en saillie ; le dessus de cet acrotère est taillé en pentes à sa partie supérieure pour éviter que l'eau puisse y séjourner.

On s'arrange, dans la composition des moulures de la base et de la partie haute, pour qu'il s'en trouve qui correspondent aux traverses de la grille, de manière à en continuer les lignes ; on donne ainsi de l'unité à l'ensemble de la construction.

213. Pilastres en briques. — Les pilastres des clôtures peuvent être construits en briques ; on leur donne la même forme générale, mais les profils moulurés sont remplacés par des profils de briques entières ayant des retraits ou des saillies successives. On évite la taille de la brique dans la composition de ces profils.

On profite aussi des colorations que peuvent donner les parements de briques pour les faire concourir à l'ornementation.

La fig. 411 donne des exemples de pilastres en briques disposés pour recevoir des grilles.

214. Pilastres en matériaux mixtes. — Lorsque l'on emploie la pierre de taille concurremment avec la brique pour exécuter les pilastres, on réserve la pierre pour le chapiteau et on y taille les moulures du profil adopté ; la brique ne sert alors que pour les parties unies du fût.

Quant au soubassement, on ne le fait en briques que lorsque la qualité et la cuisson de ces dernières permettent de les employer près du sol en raison de leur résistance à l'humidité et à la gelée en même temps qu'au salpêtre.

215. Dispositions de murs suivant des terrains en pente. — La division d'un mur par des pilastres successifs permet de disposer convenablement l'aspect d'un mur de clôture à élever sur un terrain en pente. On établit des pilastres saillants régulièrement espacés et suivant la pente même du terrain, et leurs intervalles sont remplis par des portions de murs, dont le chaperon, ainsi que l'arête supérieure du soubassement, sont de niveau. Mais, d'un intervalle à l'autre, les parties de remplissage se décrochent, comme niveau, pour correspondre à la pente du terrain, fig. 348.

§ 1. — DÉCORATION DES MURS DE FACE

Dans un même intervalle, la différence du niveau du sol est prise sur le soubassement, dont la hauteur est telle qu'elle rachète cette variation.

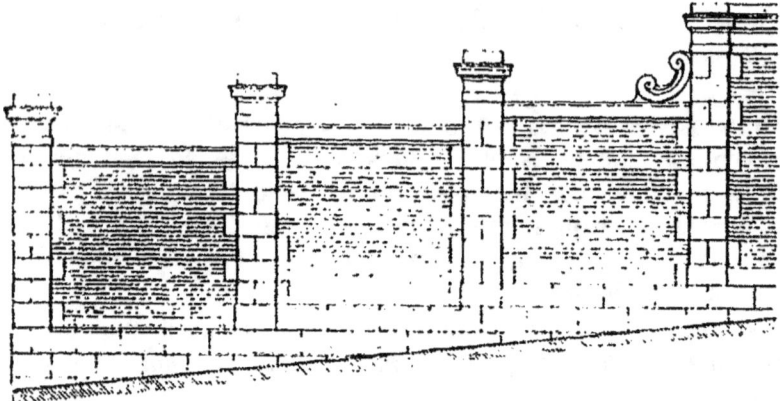

Fig. 348.

L'étude du mur permet de trouver facilement les hauteurs de soubassement et l'écartement des pilastres qui correspondent le mieux à une pente donnée.

216. Ressauts. — Amortissements. — On nomme res-

Fig. 349.

saut la différence brusque de niveau de deux parties successives d'un mur disposé ainsi en gradins. Lorsque la dénivellation de deux murs, séparés par un pilastre, est trop considérable et produit un effet disgracieux, on la rachète par un ornement qui porte le nom d'*amortissement* ; on l'applique sur la face du pilastre qui paraît trop grande ou trop nue.

Cet amortissement peut prendre la forme d'un objet sculpté. Souvent on lui donne celle d'une console formée de deux volutes inégales. La petite est placée à la partie supérieure, et l'ensemble paraît jouer le rôle de contrefort, fig. 349.

Lorsque la différence de niveau est relativement moins considérable ou qu'on veut donner plus de longueur à l'amortissement, on renverse cette console, la grosse volute est placée près du pilastre et la petite se trouve à la partie la plus éloignée, fig. 350.

Fig. 350.

On relève ces amortissements jusqu'à la saillie d'astragale de pilastre, toutes les fois qu'on le peut, pour donner de l'unité à l'ensemble.

La fig. 348 montre une autre forme que l'on donne souvent à ces amortissements.

217. Clôtures surmontées d'une balustrade. — Les murs de clôture qui limitent du côté de la voie publique une propriété dont le sol est plus élevé sont souvent surmontés d'une balustrade formant parapet. — Cette balustrade est formée de pilastres pleins séparant des travées à jour, et ces parties ajourées sont composées d'un socle en pierre, portant une série de colonnettes appelées *balustres*, qui soutiennent, à leur tour, une pierre ou tablette d'appui. L'ensemble de cette balustrade, représentée fig. 351, porte sur le bandeau qui termine la partie supérieure du mur, et les axes des parties pleines de la balustrade correspondent verticalement aux axes des chaînes saillantes ou des pilastres du mur. Comme on est forcé, tant pour la solidité que pour l'aspect, de restreindre la longueur des parties à jour, on les sépare par d'autres parties pleines régulièrement disposées dans les intervalles des pilastres. Ces parties pleines sont appelées *alettes*.

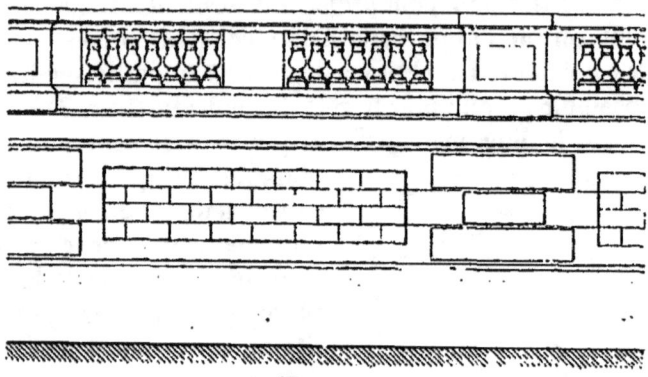

Fig. 351.

Les balustrades n'ont pas été employées par les anciens. Tout au plus trouve-t-on quelques vestiges de parapets ornés ou formés de dalles verticales comprises entre des dés saillants; elles ont été créées à l'époque de la Renaissance par imitation avec des ouvrages en bois où des colonnettes tournées formaient les parties à jour. Les balustres ont pris de l'ampleur en se construisant en pierre, et les formes qu'ils présentent dans les nombreuses applications qu'on en a faites accusent une grande variété dans les profils.

Quelques auteurs ont voulu rattacher aux divers ordres des balustrades de profils et de caractères appropriés ; c'était restreindre la variété de formes auxquelles elles se prêtent, en même temps qu'associer aux profils simples des colonnes et de leurs entablements les formes plus tourmentées et disparates des balustres.

Dans quelques exemples, on trouve les balustres remplacés par des colonnettes raccourcies rappelant les colonnes ordinaires, mais l'effet est trop sévère et ne satisfait pas le regard, comme les dispositions ordinaires des balustres auxquelles l'œil s'est accoutumé.

294 CHAPITRE V. — DÉCORATION EXTÉRIEURE DES ÉDIFICES

218. Composition et décoration d'une balustrade.
— La fig. 352 montre en élévation et en plan la composition d'une balustrade. La pierre inférieure forme socle ou plinthe, aussi bien pour les pilastres que pour les balustres ; puis vient le corps du pilastre auquel correspond la hauteur des balustres. Enfin sur le tout se pose la tablette.

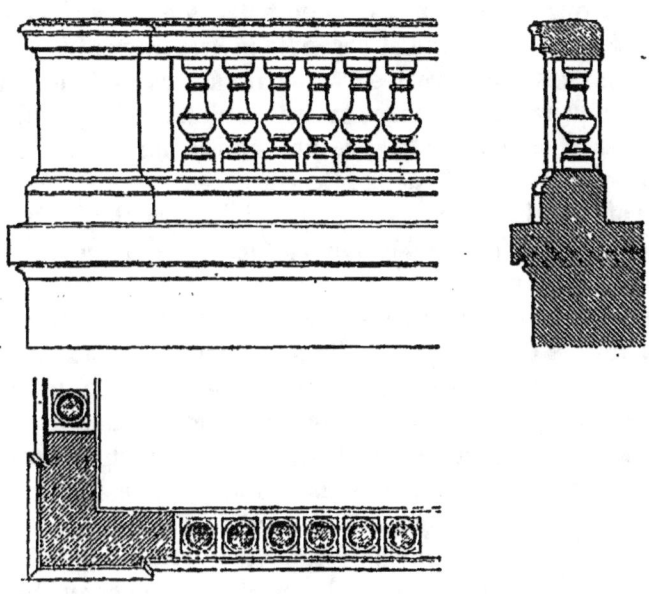

Fig. 352.

Les pilastres ainsi formés de ces trois parties ont la forme d'un piédestal. On les double du côté des balustres d'une sorte de contrepilastre, une demi-alette, qui concourt à porter les extrémités de la tablette qui couvre les balustres. Cette alette est préférable à un demi-balustre qui serait accolé à la face latérale du pilastre, disposition que l'on rencontre pourtant quelquefois.

Les balustres sont composés de trois parties, comme les

colonnes, dont ils sont des diminutifs : une base, un fût et un chapiteau.

La base est souvent formée d'un socle carré surmonté d'un tore, d'une scotie et de quelques filets ou baguettes.

Le chapiteau comporte généralement une tablette carrée formant tailloir, puis quelques moulures rondes pour produire l'échine.

Enfin le fût est tourné et présente presque toujours, en haut, une partie étroite surmontée d'une astragale, et, en bas, une portion fortement élargie et arrondie inférieurement.

Les balustres sont écartés les uns des autres de la quantité nécessaire pour que les vides soient sensiblement équivalents aux pleins. Il est bon de mettre un nombre impair de balustres dans l'intervalle de deux pilastres.

Le profil de la tablette est un profil de corniche, de même que celui de la pierre inférieure présente les moulures d'un socle de piédestal.

L'assemblage des différentes parties d'une balustrade est indiquée dans la coupe fig. 353. Un goujon en fer galvanisé, ou mieux, en bronze, sert à réunir la base du balustre avec le socle, et, en dehors de la partie en contact, la surface supérieure de ce dernier présente les pentes nécessaires pour que l'eau ne puisse s'arrêter.

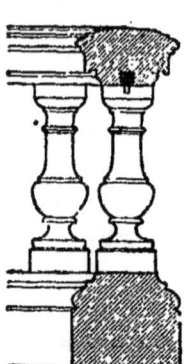

Fig. 353.

La même disposition permet de relier la tablette avec le chapiteau de chaque balustre, le double scellement d'un goujon les rend solidaires.

On facilite bien la pose en reliant tous les goujons de balustres par une barre de fer carrée dans laquelle ils sont rivés d'avance, et on fait au plafond de la tablette une rainure capable de loger cette barre de fer. La fig. 354 représente les profils de la balustrade précédente.

Le socle passe d'une largeur équivalente à celle du balustre à une plus grande au moyen d'un cavet et d'un quart de rond renversés.

La partie supérieure, qui présente les repos carrés nécessaires à la pose des balustres, est taillée, dans leurs intervalles, suivant deux pentes qui ne permettent pas à l'eau d'y séjourner.

Le balustre, dans cet exemple, a son chapiteau composé d'un tailloir carré, d'une échine et d'un gorgerin ; son fût commence par une astragale, se renfle en partie concave jusqu'à un filet au-delà duquel se trouve une partie convexe très élargie.

Au-dessous, se trouve une partie formée d'une scotie entre deux filets ou baguettes et que l'on nomme un *piédouche*; enfin, un socle carré.

La tablette d'appui de la balustrade, qui vient s'appuyer sur les balustres, est profilée en forme de bandeau avec deux cymaises, comprenant une tablette de larmier pour éloigner les eaux du joint inférieur. Sa surface supérieure est taillée en double pente pour éviter le stationnement de l'eau.

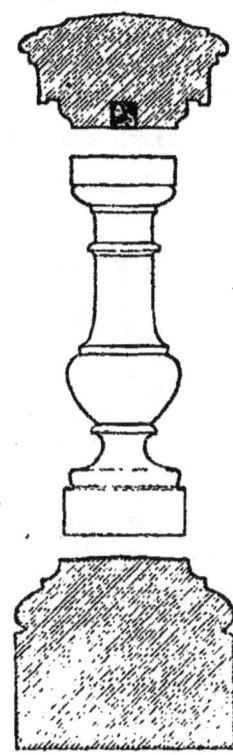

Fig. 354.

219. Diverses formes de balustres. — On a vu qu'on avait associé les balustres aux ordres d'architecture, en leur assignant des caractères en rapport avec chacun d'eux. C'est ainsi que dans les ouvrages d'architecture on a les balustres toscan, dorique, ionique, corinthien.

Indépendamment de ces balustres classiques, on a varié le profil de ces colonnettes à l'infini ; et la fantaisie a la plus grande part dans leurs tracés.

Les fig. 355, 356, 357, 358 représentent quelques genres de balustres qui montrent la variété des formes auxquelles ils se prêtent et qui rappellent les tambours, les fuseaux, les panses, les gaines, etc.

La taille compliquée des balustres est nécessairement chère, et la dépense est d'autant plus grande que la pierre est plus dure et le numéro de taille moins élevé ; et cependant, comme ils sont exposés aux intempéries, il faut que les balustrades présentent une résistance sérieuse. Un moyen terme généralement adopté consiste à faire en pierre dure le socle et la tablette haute, à soigner le profil de cette dernière

fig. 355.   fig. 356.   fig. 357.   fig. 358.

pour qu'elle protège bien le balustre de l'humidité et à exécuter celui-ci en pierre demi dure ou même en pierre tendre, mais non gélive.

Fig. 359.

Quelquefois on se résigne, pour abaisser le prix des balustres, à tourner même le tailloir et la plinthe ; mais la suppression de la forme carrée enlève à ces parties le caractère auquel on est habitué, et de près ne produit pas un bon effet.

On diminue le prix d'une balustrade en remplaçant les balustres par une dalle verticale évidée à jour, suivant des dessins analogues à ceux de la fig. 359, et on comprend cette dalle entre un socle et une tablette d'appui.

298 CHAPITRE V. — DÉCORATION EXTÉRIEURE DES ÉDIFICES

Les parties pleines séparant les jours jouent le rôle de balustres, et l'ornementation consiste à entourer les vides d'une moulure ou d'un filet saillant.

On fait aussi ce genre de balustres en mortier moulé donnant une imitation de pierre parfois très bien réussie.

220. Balustrades en terre cuite et en briques. — On remplace encore les balustres par des poteries ou des briques disposées suivant des dessins ajourés et la différence de couleur de ces matériaux vient concourir à la décoration.

Les poteries adoptées prennent souvent la forme de tuiles creuses demi-cylindriques présentant en parement une surépaisseur moulurée. On les pose par rangs successifs chevauchés comme l'indique l'arrangement de la fig. 360.

Pour plus de solidité, on peut faire le rang supérieur en poteries spéciales ajourées elles-mêmes et terminées en haut par une surface horizontale. C'est sur cette surface formant joint que l'on viendra placer une dalle d'appui.

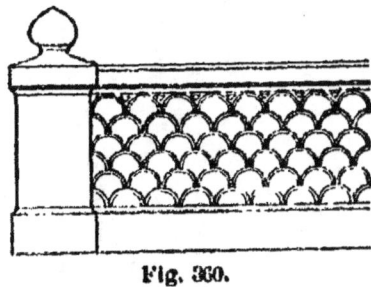

Fig. 360.

La fig. 361 représente une autre disposition dans laquelle la partie à jour est formée par un véritable mur en briques ordinaires de 0,11, 0,22 ou 0,33 d'épaisseur ; l'arrangement des briques, chevauchées de diverses manières, peut produire, soit des jours allongés dans la forme de ceux qui séparent les balustres, soit des vides plus petits, semés régulièrement sur la surface.

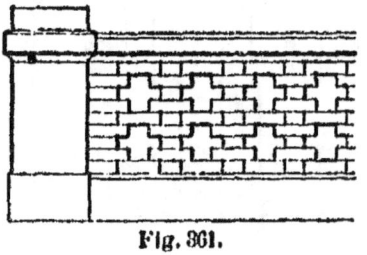

Fig. 361.

221. Stabilité des balustrades. — Dans l'établissement des balustrades, il faut se rendre compte des poussées hori-

§ 1. — DÉCORATION DES MURS DE FACE 299

zontales qu'elles peuvent avoir accidentellement à supporter. Les parapets des ponts et des quais, qui doivent résister aux pressions de foules considérables, ne trouvent une stabilité suffisante que dans la forme de murs pleins dont les pierres soient bien reliées. Les balustrades à jour doivent présenter une épaisseur paraissant même exagérée, lorsqu'un grand nombre de personnes sont susceptibles de s'y appuyer à la fois, et il est bon, dans les pilastres et les alettes, d'engager des barres de fer scellées à l'autre bout dans le restant du mur, pour compléter la résistance nécessaire.

222. Murs de face des bâtiments, soubassement, corps du mur. — Entablement. — Au point de vue de la décoration, le mur de face d'une construction est composé d'au moins trois parties :

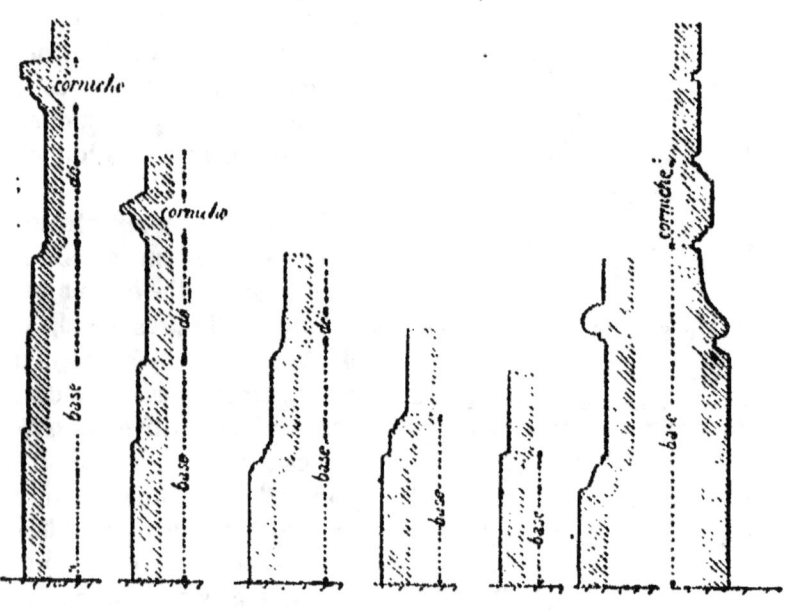

Fig. 802.

Le soubassement près du sol, avec les surépaisseurs nécessaires pour répartir la charge sur les murs inférieurs ;

300 CHAPITRE V. — DÉCORATION EXTÉRIEURE DES ÉDIFICES

Le corps du mur soit sans divisions, soit avec l'indication des divers étages au moyen de bandeaux ;

L'entablement, partie supérieure couronnant la construction, la protégeant, et disposé pour recevoir la charpente et le comble.

C'est du rapport des proportions que l'on donnera à ces diverses parties que dépendra l'aspect du mur.

223. Différentes sortes de soubassements. — Le soubassement d'un mur, par assimilation avec les ordres, peut être formé d'un piédestal complet, ayant sa corniche, son dé et sa base, avec les proportions que nous ont léguées les anciens, ou avec des dimensions relatives en rapport avec la construction à élever. Ces parties peuvent se simplifier et présenter des profils comme ceux n°° 1, 2 et 6 de la fig. 362.

L'une quelconque de ces parties peut manquer, la corniche, par exemple, profil n° 3, ou le dé, profil n° 7, ou la base, comme dans les deux profils de la fig. 363.

Deux parties peuvent enfin disparaître à la fois, et ce sont d'ordinaire la corniche et le dé qui sont supprimés; il ne reste que la base, plus ou moins moulurée, comme le montrent les profils 4 et 5 de la fig. 362.

Fig. 363.

224. Entablements. Profils divers. — L'entablement est la partie des ordres d'architecture qui s'est le mieux perpétuée dans nos constructions modernes, tant son utilité est réelle pour protéger le parement du mur en même temps que porter les chéneaux de la couverture.

Les trois parties constitutives de l'entablement existent bien souvent, et avec des profils variant peu de ceux des anciens ; le caractère du profil dépend de la destination du bâtiment et de l'aspect qui doit en résulter.

Depuis l'entablement sévère de l'ordre toscan jusqu'au corinthien riche, élancé et offrant une grande saillie décorative, on trouve tous les intermédiaires.

Les entablements complets s'emploient lorsque l'on dispose d'une hauteur suffisante entre l'arête supérieure du mur et le linteau des fenêtres de l'étage le plus élevé.

225. Entablement avec consoles. — Lorsque l'on a besoin, pour couronner une construction élevée, d'un entablement avec saillie considérable de la corniche, on lui donne un caractère de grande solidité en soutenant la partie saillante par une série de consoles qui ont comme hauteur non seulement la cymaise inférieure, mais encore la frise et dont le bas paraît s'appuyer sur l'architrave.

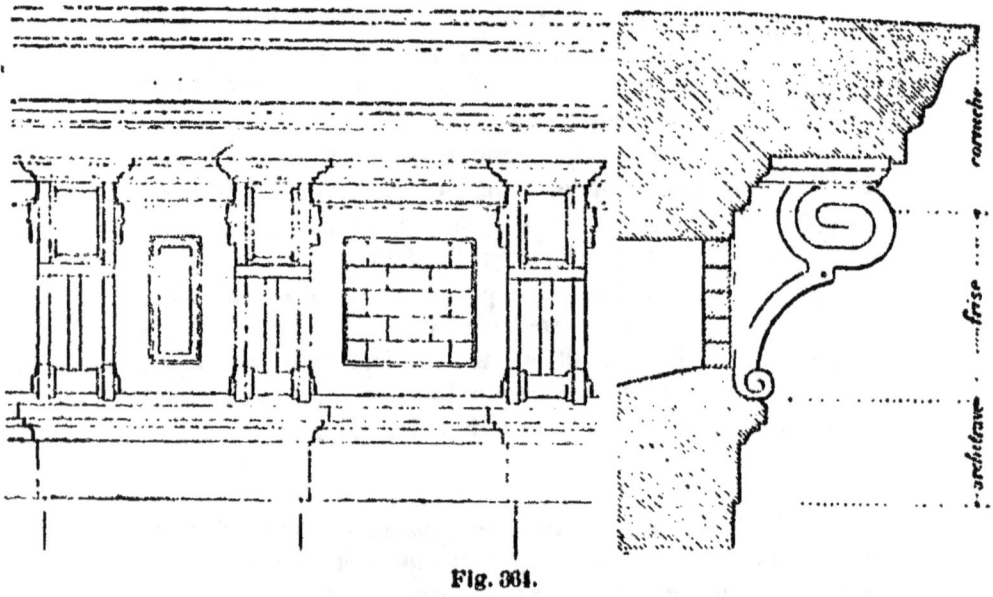

Fig. 364.

Les intervalles des consoles découpent sur la frise des parties carrées dites métopes, que l'on décore de rosaces, médaillons, terres cuites ou panneaux de diverses formes.

La fig. 364 donne un exemple de ce genre d'entablement.

Dans le cas particulier qu'elle représente, les métopes correspondaient à des baies qui étaient tantôt bouchées en plein avec des briques et tantôt garnies de grilles destinées à la ventilation.

386. Corniches architravées. — Lorsque, la hauteur faisant défaut, ou pour un motif d'aspect, on est obligé de réduire l'entablement, c'est en général la frise qui disparaît la première ; il reste ce que l'on nomme une corniche architravée, c'est-à-dire un entablement incomplet, composé d'une corniche et d'une architrave.

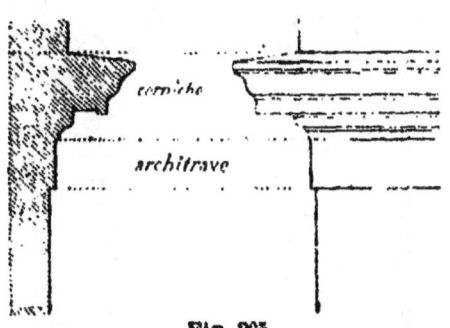

Fig. 365.

La fig. 365 donne un exemple de ce genre d'entablements, très fréquemment employé.

Dans cet exemple, la corniche est complète et l'architrave est formée par un simple champ en saillie légère sur le restant du mur de face.

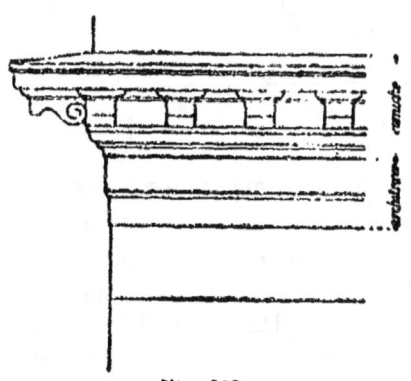

Fig. 366.

La fig. 366 donne un second exemple de cette disposition, mais avec une décoration plus importante ; la tablette de larmier de la corniche est soutenue par une série de modillons s'appuyant eux-mêmes sur la cymaise inférieure.

L'architrave est formée de deux champs en saillie l'un sur l'autre et sur le nu du mur, et séparée par une moulure légère.

387. Corniches simples. — Dans un grand nombre de

cas, la corniche est la seule partie qui subsiste de l'entablement.

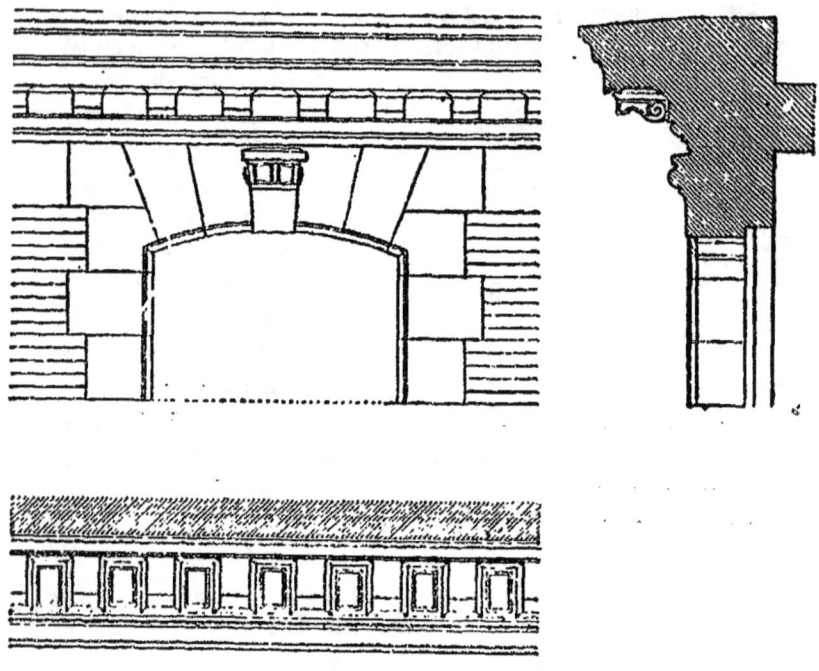

Fig. 367.

La fig. 367 donne l'exemple d'une corniche couronnant les murs, d'une maison d'habitation. Cette corniche est ornée de modillons soutenant la tablette de larmier et les soffites des intervalles de ces modillons sont décorés de petits caissons en creux. L'élévation, la coupe et le plan, vu par dessous, donnent les dispositions d'ensemble et de détail ainsi que le profil employé.

228. Entablements partiellement interrompus. — La fig. 368 donne une disposition employée quelquefois, lorsque les fenêtres se trouvent près de la corniche sans laisser place suffisante pour l'entablement complet.

On accompagne, dans les trumeaux, la corniche de la frise et de l'architrave, et on les supprime au droit des baies. L'interruption se fait naturellement si la majeure partie du trumeau forme un pilastre saillant sur le restant du mur, et l'architrave se retourne sur les saillies pour s'amortir sur la façade. On ne laisse de chaque côté des baies que la largeur nécessaire pour claver les voussoirs.

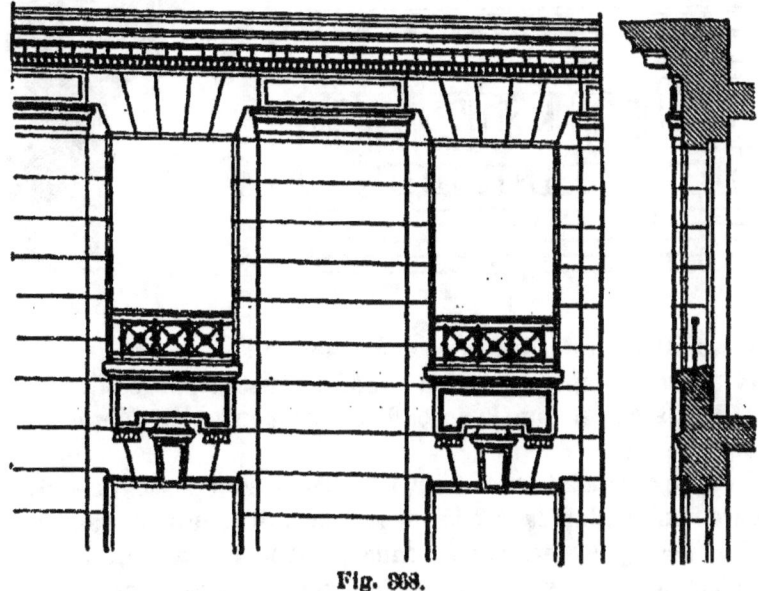

Fig. 368.

La frise est au nu du pilastre et peut être décorée d'un panneau mouluré. La cymaise inférieure peut, elle-même, ressauter autour de la saillie du pilastre, et l'avancement du restant de la corniche est ménagé en conséquence.

229. Entablements construits en briques. — Lorsque l'on doit construire en briques tout ou partie d'un entablement, on renonce généralement aux moulures dans la partie exécutée avec ces matériaux, pour éviter la taille de la brique, coûteuse et difficile à obtenir régulière. On se contente de faire des parties à angles carrés, plus ou moins épaisses et plus ou moins saillantes, les briques restant entières. La fig. 369 représente un exemple de cette construction dans un entablement de construction mixte. Dans cet entablement, l'architrave, la frise et la cymaise inférieure de la corniche sont en briques, le reste est taillé dans une dalle qui couvre le tout.

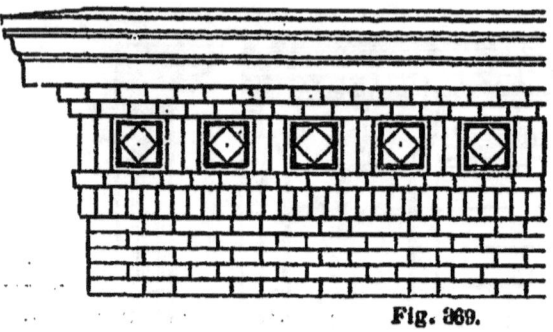

Fig. 369.

L'architrave est formée de deux rangs : l'un en briques de 0,11 posées de champ et bien alignées, faisant une saillie de 0,03 sur le nu du mur, la seconde en briques à plat, dépassant encore de 0,02.

La frise a 0 m. 22 de hauteur, les briques sont posées debout, légèrement saillantes sur le nu du mur, et leur arrangement est disposé pour présenter, dans le sens horizontal, alternativement deux briques debout et une métope en creux de 0 m. 23 de largeur.

Ces métopes seront garnies ultérieurement des carreaux de terre cuite, ornés, figurés au croquis.

La cymaise inférieure est formée de deux rangs simples de briques posées à plat étagés l'un devant l'autre. Le restant de la corniche, exécuté en pierres, est moulé à la manière ordinaire.

Lorsque la pierre est rare, et que la contrée argileuse donne des briques à bon marché, cette construction mixte est très économique.

Dans bien des briqueteries on fait pour le commerce des briques moulurées, suivant des profils assez variés. Lorsqu'elles sont régulières et que l'on peut faire un choix convenable, il peut y avoir avantage à les employer. Si les moulures dont on dispose sont disproportionnées, il faut revenir aux briques ordinaires, avec lesquelles on obtient un effet satisfaisant.

306   CHAPITRE V. — DÉCORATION DES MURS EXTÉRIEURS

Toutes les briques faisant les entablements doivent être choisies avec soin, droites, d'épaisseur uniforme, à arêtes vives et les assises réglées avec soin d'épaisseur et de largeur. Il faut tracer d'avance sur des règles verticales fixes les hauteurs de ces assises, et les poser avec une ficelle ou ligne, tendue successivement devant chaque joint horizontal.

La fig. 370 représente une corniche complètement cons-

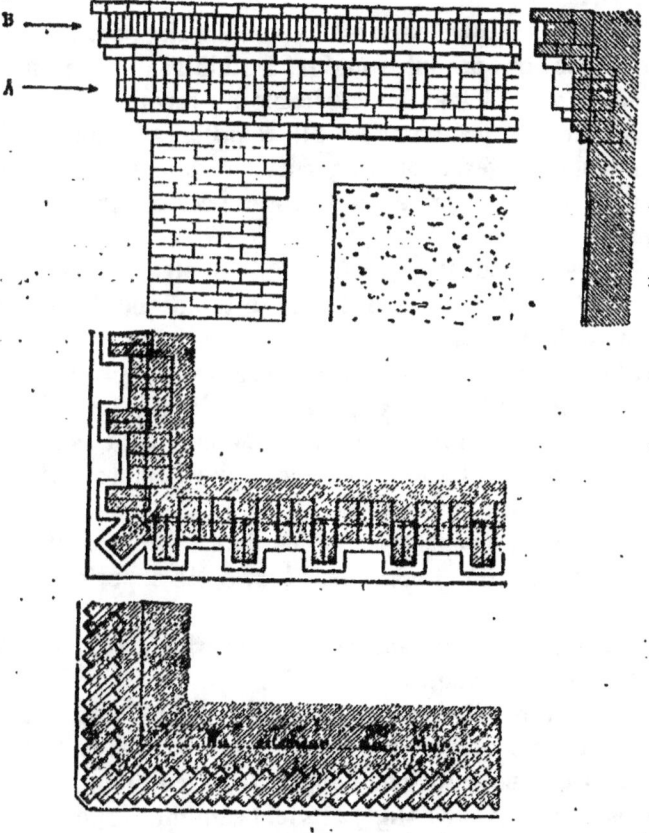

Fig. 370

truite en briques et en donne à la fois l'élévation, la coupe verticale, et des plans à deux hauteurs différentes en A et en B.

La cymaise supérieure est formée d'un rang simple de briques à plat formant listel avancé.

La tablette de larmier est composée de deux rangs, celui du haut est en briques de champ, posées à 45° sur le parement, comme le montre le plan inférieur. Cette disposition produit une série de stries verticales qui concourent à la décoration par le jeu de la lumière directe et des ombres portées. Le second rang est en briques à plat et affleure les côtes extérieures des stries.

La cymaise inférieure est la plus développée. Elle doit être combinée pour produire, malgré les faibles dimensions des briques, le porte à faux considérable du larmier.

Au lieu de présenter un nu régulier et monotone, on lui donne de la légèreté en la garnissant de parties en saillie formant consoles et produisant des ombres successives et régulières.

Ce rang de consoles est formé de quatre assises de briques en hauteur et l'arrangement en est indiqué dans le premier plan vu de dessous.

Chaque console est composée de 2 briques en largeur posées de champ et de deux rangs de ces briques. La saillie est de 0 m. 11, et les fonds formant métopes, sont constitués par deux piles latérales de 4 briques à plat comprenant deux briques de champ superposées.

Les consoles sont surmontées d'un rang de briques qui est en saillie de 0,05 et contourne leur arête supérieure pour leur former une tête.

Au-dessous des consoles, leur encorbellement est soutenu par trois rangs étagés.

La ligne ponctuée dans les plans indique le nu de façade.

Le croquis montre en même temps la disposition donnée à la brique pour former l'angle de la corniche. Une console est mise à 45° sur l'angle et vient soutenir le porte-à-faux de la tablette de larmier dont les deux parements se coupent à angle droit.

Lorsque la saillie de la tablette de larmier amène à des porte-à-faux trop grands pour la dimension restreinte des briques ordinaires, on fait fabriquer, suivant une forme appropriée, de

308   CHAPITRE V. — DÉCORATION DES MURS EXTÉRIEURS

grandes dalles de 0,11 d'épaisseur avec lesquelles la construction devient plus facile.

220. Corps du mur. Chaînages verticaux. — Les entablements plus ou moins complets, qui couronnent la partie supérieure du mur de face, peuvent être soutenus par un mur plein dans toute leur longueur, ce qui a été supposé dans les exemples qui ont été précédemment représentés. Dans nombre d'autres cas, on accuse dans la construction des parties plus solides, au moyen de saillies, si le mur est tout en pierre de taille ; au moyen de chaînages verticaux en pierre, lorsque la construction est mixte. Ces chaînages s'établissent principalement aux angles ; d'autres peuvent être régulièrement répartis dans la façade aux points résistants du mur.

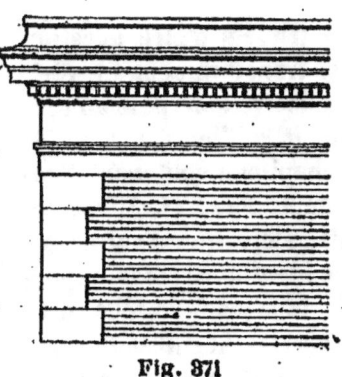
Fig. 371

La fig. 371 montre un chaînage de ce genre formant l'angle d'une construction.

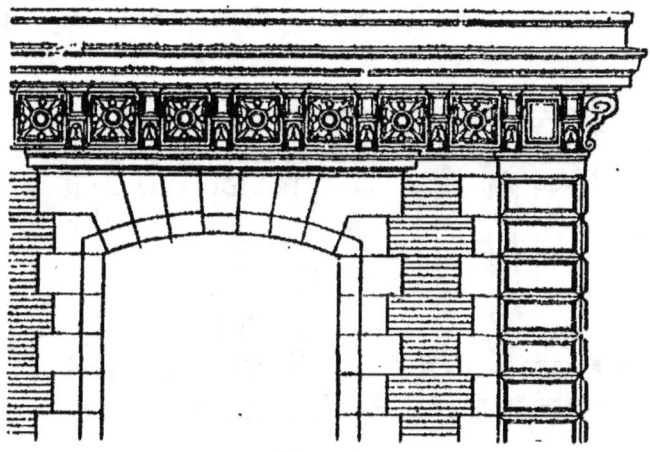
Fig. 372.

La fig. 372, donne la même disposition accentuée par une

saillie dont chacune des assises est ornée de bossages; la moulure de l'architrave ressaute sur cette saillie et la division des consoles de la corniche est étudiée pour que deux d'entre elles, plus rapprochées que les autres, forment un motif dont la largeur correspond exactement à cette sorte de pilastre.

Dans cet exemple, les pierres d'angle sont plus larges que la partie en saillie et ce qui excède le pilastre est ramené au nu du mur se et relie par harpes avec les petits matériaux.

231. Pilastres. — La saillie dont il vient d'être question peut se transformer en un véritable pilastre incorporé au mur et dont la saillie est surmontée d'un chapiteau soutenant l'entablement, fig. 373. Il est nécessaire alors que d'autres pilastres identiques soient répartis sur la façade, de telle sorte qu'ils paraissent suffisants pour porter l'entablement sans qu'on ait trop à compter sur les matériaux de remplissage. Il est donc important qu'ils ne soient pas trop écartés.

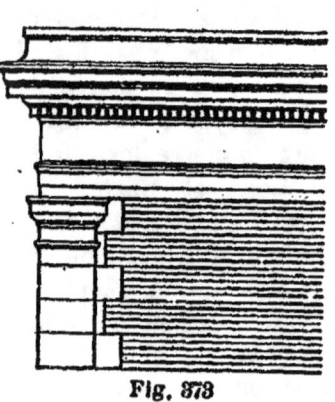
Fig. 373

La partie basse de ces pilastres vient s'appuyer sur une forte

Fig. 374

assise de pierres qui forme, soit le soubassement de l'édifice, soit un chaînage horizontal intermédiaire, fortement soutenu lui-même.

La fig. 374 représente des pilastres de ce genre, accouplés, incorporés aux trumeaux d'un édifice et soutenant l'entablement. Ils reposent sur un piédestal commun formant une large assise horizontale.

Les deux dispositions peuvent se combiner avec un angle renforcé formant fort chaînage vertical et à la suite duquel des pilastres viennent soutenir l'entablement. Un dernier pilastre, mais partiel, vient s'adosser à l'angle plus massif et s'amortir contre sa saillie. Cette partie du pilastre, dont la largeur varie entre la moitié et les trois quarts d'un pilastre courant, se nomme un *contre pilastre* fig. 375.

Fig. 375

339. Colonnes. — Les pilastres de l'exemple précédent peuvent être remplacés par des colonnes engagées. Les saillies qui en résultent pour l'entablement produisent un effet beaucoup plus décoratif et monumental.

L'exemple fig. 376 rend compte de cette composition.

Des colonnes, posées sur piédestaux partant du sol, sont en partie engagées dans le mur de façade de l'édifice, et assez rapprochées pour supporter la saillie correspondante de l'entablement supérieur.

§ 1. — DÉCORATION DES MURS DE FACE 311

Quant aux parties du mur qui se trouvent comprises entre ces colonnes, elles sont percées des baies nécessaires pour la destination des pièces qu'elles éclairent ou auxquelles elles donnent accès.

Fig. 376

Dans les façades ainsi disposées on fait l'application directe des ordres anciens, soit purs, soit avec les modifications que l'étude rend compatibles avec le caractère ou l'ordonnancement de l'édifice.

Un autre exemple de colonnes décorant une façade est représenté fig. 377; le dessin donne l'élévation d'un palais italien d'après Palladio.

Un rez-de-chaussée, un premier étage et un comble composent l'édifice, et la décoration comprend deux ordres superposés en saillie sur le nu du mur.

L'ordre inférieur est ionique et les murs à rez de chaussée compris dans les intervalles des colonnes sont percés des baies nécessaires, fenêtres et porte d'entrée; ils sont décorés de refends accusant l'appareil des pierres. Les tympans de la porte sont décorés de sculptures.

312 CHAPITRE V. — DÉCORATION DES MURS EXTÉRIEURS

L'ordre supérieur est Corinthien.

Les baies percées dans les entraxes sont beaucoup plus décorées et des balcons avec balustres accompagnent leur partie

Fig. 977

basse. Ces ordres sont sans piédestaux, et posés sur une plinthe générale.

§ 1. — DÉCORATION DES MURS DE FACE 313

Au dessus de la corniche principale, pour éclairer des chambres secondaires placées dans le comble, on a créé un étage bas, que l'on nomme *étage d'attique*, avec fenêtres de hauteur réduite.

Cet étage est plutôt traité comme piédestal que comme étage ordinaire, il est monté sur une base générale, comporte une corniche peu importante, et ces deux parties sont réunies par de petits pilastres courts.

La corniche de l'attique doit être beaucoup plus faible que celle du haut de la façade, vu la petite hauteur à protéger.

On a vu, fig. 224, l'étage élevé des maisons à loyers, situé au-dessus du balcon supérieur de la façade, traité aussi en forme d'attique.

323. Chaînages horizontaux. Bandeaux. — Les chaînages horizontaux, soit au nu du mur, soit plutôt en saillie sous forme de bandeaux, viennent également concourir à l'ornementation des façades. Ils marquent d'ordinaire le niveau du plancher et séparent les divers étages de la construction; ils ont moins d'importance que les corniches et par suite moins de saillie.

Quelquefois ils ont un profil de corniche complète, avec cymaises supérieure et inférieure comprenant entre elles la

a *b* *c*
Fig. 378

tablette du larmier; fig. 378 *a*. Souvent on les simplifie en enlevant la cymaise supérieure comme en *b*. Enfin, dans bien des cas, ils se réduisent à la tablette de larmier, profil *c*.

Lorsque les bandeaux ont une saillie moyenne, ils se retournent autour de toutes les saillies de chaînes verticales ou pilastres en constituant ainsi leur chapiteau. D'autres fois, ils passent sans ressauter devant les pilastres verticaux ; il leur faut alors une saillie plus considérable. Lorsqu'au contraire ils doivent s'amortir contre des piles de deux ou plusieurs étages de hauteur, on réduit considérablement leur saillie et on les simplifie.

934. Disposition des bâtiments à étages. Principes à suivre dans leur division. — Les bâtiments sont donc naturellement divisés par des lignes ou saillies verticales, accusant les parties portantes, l'ossature résistante, et par des lignes ou saillies horizontales, les bandeaux ou chaînages de niveau, séparant les divers étages et indiquant les planchers intérieurs.

L'un ou l'autre de ces deux systèmes de lignes pourra dominer, suivant l'aspect que l'on voudra donner à la façade et l'idée que son architecture devra exprimer.

Si l'édifice, tout en satisfaisant au programme, présente des proportions qui le font paraître bas, écrasé, on devra accuser plutôt les lignes verticales qui lui donneront une apparence de hauteur et rétabliront l'équilibre d'aspect. Inversement, si la façade à laquelle le programme conduit avait une forme trop élevée par rapport à sa largeur, on serait conduit à donner plus d'importance aux lignes horizontales pour augmenter la largeur apparente.

Il faut éviter de diviser une façade par une série de bandeaux la séparant en parties comparables en hauteur ; il en résulte une certaine monotonie. Les intervalles qui séparent les bandeaux doivent varier de dimension, et cela dans des proportions agréables. Cela conduit à réunir souvent dans un même intervalle deux ou plusieurs étages dont la destination est la même, et qui par suite peuvent être traités de la même manière au point de vue architectural.

La division en travées égales par des lignes verticales n'a pas le même inconvénient, elle témoigne de la multiplicité de services pareils et par suite de l'importance du programme.

Lorsqu'une façade est un peu longue on rompt la monotonie en créant des parties en saillie que l'on appelle des *avant-corps* qui comprennent un ou trois entraxes, rarement plus.

Ils sont souvent motivés par la pénétration arrière de corps de bâtiments se reliant avec celui dont on s'occupe, et, dans ce cas, leur place est toute indiquée. Ces avant-corps correspondent à des entrées qu'il y a lieu de bien accuser ; ils reçoivent une ornementation plus développée que celle des entraxes voisins, et les bandeaux et corniches, qui se profilent en se retournant sur la saillie, contribuent à la décoration, en même temps que l'ombre qu'elles produisent.

Le plus souvent un de ces avant-corps est ménagé au milieu de la façade pour en marquer l'axe. Quelquefois on en ajoute un autre à chaque extrémité, lorsque la façade est longue et que la disposition peut les motiver.

Dans une façade d'avant-corps, il y a avantage pour l'aspect à avoir une baie au milieu ; de là, un nombre impair d'ouvertures, une, trois, ou cinq s'il est très large.

Cette règle convient également à toute façade de bâtiments lorsqu'elle est principale et qu'elle est courte. Un trumeau dans l'axe fait toujours mauvais effet.

Autant que possible dans une construction, on s'arrange pour avoir des entraxes égaux ; il en résulte une unité de décoration extérieure qui est très appréciée. L'établissement des avant-corps oblige à des inégalités pour les trumeaux qui contiennent les ressauts horizontaux de la façade. On a alors des entraxes égaux pour chaque partie du mur ainsi divisée.

L'entraxe milieu qui contient une porte peut être plus grand en raison des dimensions qu'il faut affecter à l'entrée. On justifie cette différence par le motif architectural qui accuse cette porte.

Tels sont les principes généraux de décoration qu'on peut appliquer à l'étude d'une façade.

235. Rez-de-chaussée formant soubassement. — Dans les bâtiments à étages, le rez-de-chaussée est souvent traité comme formant en entier le piédestal qui supporte le restant de la façade, et ce piédestal est composé de ses trois parties ordinaires, une base, un dé et une corniche.

La base comprend les baies de soupiraux nécessaires pour l'éclairage et l'aérage des caves.

316 CHAPITRE V. — DÉCORATION DES MURS EXTÉRIEURS

Le dé est percé des fenêtres du rez-de-chaussée, et la corniche est un bandeau de la façade dont le profil varie avec le

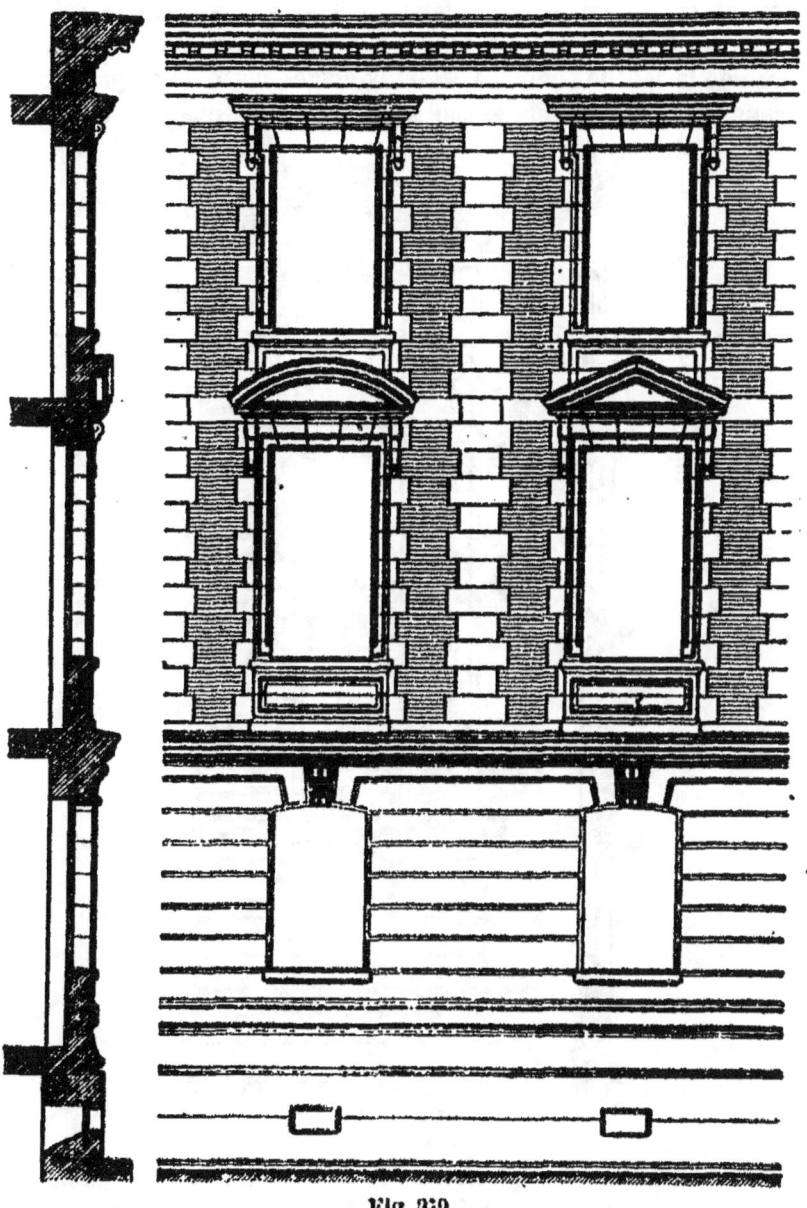

Fig. 370

§ 1. — DÉCORATION DES MURS DE FACE 317

caractère à imprimer à l'ensemble. Les murs de ce soubassement sont souvent taillés avec refends, soit dans les joints horizontaux seulement, soit dans tous les joints de l'appareil.

La fig. 379, montre un rez-de-chaussée ainsi traité, le restant de la façade comprenant deux étages n'est coupé par aucune ligne horizontale en saillie. Des piles verticales accusent

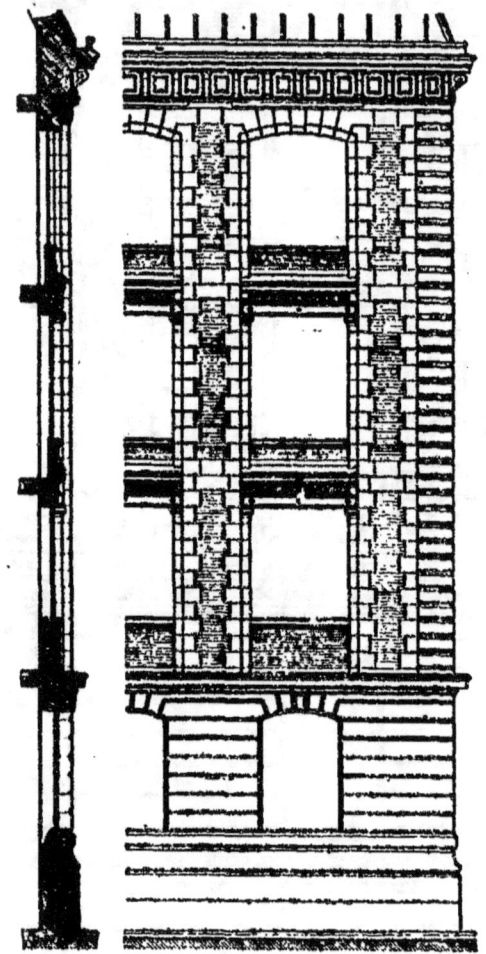

Fig. 890

le milieu des parties pleines et montent jusqu'à la corniche. Les encadrements des baies sont également en pierre et les intervalles sont construits en briques se reliant par harpes avec les matériaux précédents.

L'ensemble est donc traité comme un ordre sur piédestal, et, comme les proportions obligées de cette façade donnaient trop d'importance au piédestal, on a cherché à l'abaisser par une décoration horizontale et à élever au contraire la façade supérieure par une prédominance des lignes verticales. Les étages restent suffisamment indiqués par la décoration des baies.

La fig. 380, donne un autre exemple d'une façade dont le rez-de-chaussée forme le piédestal. Ce dernier est traité comme le précédent avec des refends horizontaux et comporte une corniche complète.

Les larges baies du rez-de-chaussée sont percées dans le dé ; le socle a pris de l'importance, en raison de la hauteur du bâtiment.

Le restant de la façade, comprenant trois étages de services identiques, est traité sans aucune saillie horizontale jusqu'à la forte corniche qui surmonte et protège le tout.

Des trumeaux en maçonnerie mixtes montent dans la hauteur des trois étages ; ceux d'angles sont épaulés par des pilastres saillants ; un arc les réunit deux par deux à leur partie supérieure et il en résulte trois grands vides verticaux, remplis par une partie de mur en retrait dans lequel sont percées les baies des étages.

Les planchers sont simplement indiqués au dehors, indépendamment des baies, par des chaînages horizontaux en pierre sans aucune saillie, et suffisamment marqués à travers la maçonnerie mixte par la différente coloration.

La même figure donne une coupe verticale par l'axe d'une file de baies, et indique les saillies de ces diverses parties, les unes par rapport aux autres.

La fig. 381, représente la façade et la coupe d'un grand bâtiment industriel composé d'un rez-de-chaussée avec atelier et de six étages de magasins, surmontés d'un comble.

La façade du bâtiment étant très longue par rapport à sa hauteur, on a réuni les étages de façade trois par trois, pour éviter la trop grande multiplicité des bandeaux, et on a posé le tout sur un soubassement formé de l'étage du rez-de-chaussée tout entier.

Fig. 961

Ce rez-de-chaussée comprend un socle dans lequel sont percées les larges baies d'éclairage d'un sous sol ; il est terminé à sa partie haute par une corniche et dans la hauteur du dé est ouverte une série de fenêtres en plein cintre dont les arcs reposent sur une assise d'imposte. Des refends accusent les joints horizontaux ainsi que l'appareil en tas de charge des arcs.

Les deux parties superposées de la façade des magasins sont identiques et séparées par un bandeau.

Chacune d'elles est formée par un trumeau montant verticalement de trois étages et relié par des arcs avec les trumeaux voisins.

Les grands espaces verticaux ainsi découpés sont remplis par une maçonnerie plus mince de petits matériaux, briques et ciment, dans laquelle sont percées les baies des dits magasins.

Les fenêtres nécessaires devant avoir peu de hauteur, on leur a donné une proportion meilleure, en les établissant plus hautes dans le gros œuvre de la construction, et remplissant en briques la partie basse jusqu'au chassis ouvrant mais sur une épaisseur plus faible. Il en est résulté une partie murée, que l'on nomme *fausse-fenêtre*, qui compte comme baie dans la façade parce que son remplissage est de couleur sombre et vient s'ajouter au vide de la baie qui, vu de dehors, paraît toujours foncé.

Une corniche générale, très importante en raison de la grande hauteur du bâtiment, vient couronner le tout.

236. Murs couverts par un comble avancé. — Dans nombre de constructions industrielles et dans quelques autres, les murs de face se trouvent recouverts par une saillie plus ou moins avancée de la toiture. Celle-ci remplit alors avec avantage le rôle protecteur qui était dévolu à la corniche, et cette dernière devient sans objet. Elle se réduit à quelques moulures plates dont l'ensemble se rapproche du profil des architraves, fig. 382.

Dans beaucoup de bâtiments ainsi disposés on fait concourir à la décoration la polychromie d'une construction mixte où la brique joue un rôle important.

D'autres fois, on profite d'une série de consoles nécessaires au soutien du porte à faux du toit, pour établir, au niveau de leur appui sur le mur, un bandeau dont le rôle utile est de supporter leur base.

Il en résulte que la ligne horizontale de ce bandeau forme une corniche éclairée; le haut du mur au dessus, formant acro-

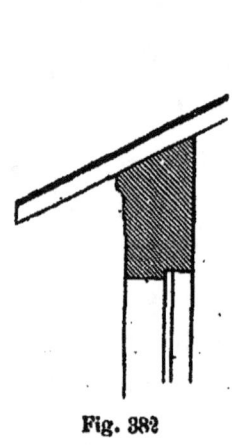

Fig. 382

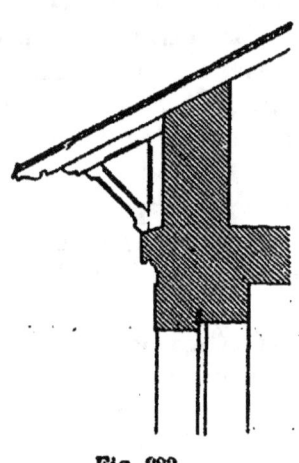

Fig. 383

tère, reste dans l'ombre, et sur cette ombre viennent se détacher les consoles successives du toit.

Cette disposition est représentée en coupe dans la fig. 383.

937. Décoration des murs pignons. — Pignons couverts. — Les murs pignons s'élèvent jusqu'à la rencontre des pans inclinés de la couverture, et se terminent par suite en triangle. Ils peuvent se décorer de différentes manières suivant qu'ils sont recouverts par la toiture, ou bien au contraire qu'ils la dépassent pour lui permettre de s'amortir contre leur parement intérieur.

Recouverts, ils participent de la décoration de la façade longitudinale avec laquelle la leur doit se raccorder.

Les fig. 384 et 384 *bis*, représentent les façades d'un bâtiment industriel présentant ainsi deux pignons différents, un à chaque extrémité pour les murs qui en forment les petits côtés, l'autre formant avant-corps au milieu de chacune des façades longitudinales.

322   CHAPITRE V. — DÉCORATION DES MURS EXTÉRIEURS

Les étages très inégaux sont tracés au dehors par des bandeaux ; de plus, une corniche réduite à une architrave se trouve

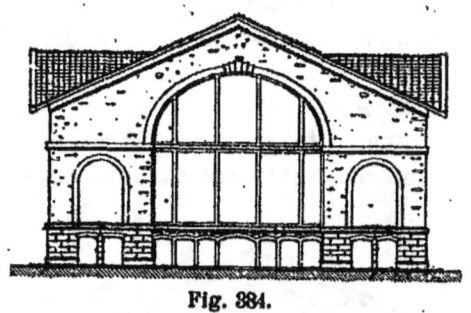

Fig. 884.

Fig. 884 *bis*.

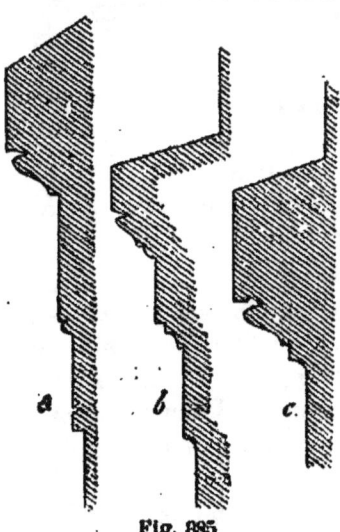

Fig. 885.

immédiatement sous la couverture avancée. Cette corniche se retourne pour suivre les rampes des pignons. Ces pignons sont percés de grandes baies destinées à l'éclairage de cette large construction. Le bandeau du haut du premier étage sert d'imposte aux arcs qui terminent ces baies.

Le rez-de-chaussée est très bas relativement et percé tout autour des baies nécessitées par la destination.

La fig. 885 représente les profils des divers bandeaux et de la corniche.

a. est le profil des moulures

§ 4. — DÉCORATION DES MURS DE FACE

en forme d'architrave qui se trouvent sous la toiture avancée.

b. le profil du bandeau qui forme imposte des baies ; et enfin, *c* le profil du bandeau du rez-de-chaussée, ce dernier formant le socle général du bâtiment.

Une autre disposition est figurée au n° 386 ; c'est la construction dont la coupe a été donnée fig. 383. Le bandeau de la façade longitudinale, se retourne sur les faces des pignons

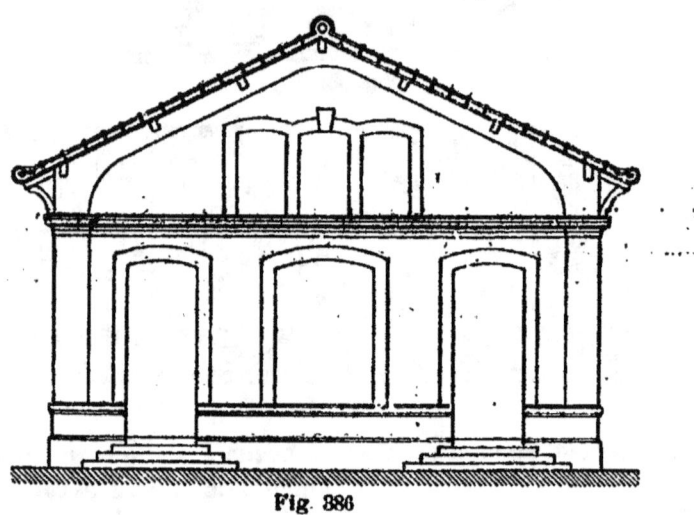

Fig. 386

pour former le chapiteau d'un pilastre d'angle, et une surépaisseur du mur forme une sorte d'arc se raccordant avec les rampants et s'appuyant sur les deux pilastres.

Les baies sont percées à la demande du programme d'établissement de la construction.

238. Décoration des pignons dégagés, en pente, en gradins. — On peut former dans un mur d'atelier un pignon étroit en avant-corps pour indiquer une porte. Le pignon peut être un mur plein ; il peut aussi être composé de deux piédroits et d'un arc, et comprendre un vide rempli d'un mur plus mince dans lequel la porte est percée, fig. 387.

La corniche générale du bâtiment se retourne sur la saillie de l'avant-corps et sur la pente du rampant du pignon. Elle concourt par ce relèvement, autant que l'avant-corps par sa saillie, à faire apercevoir de loin la baie d'entrée. La section

Fig. 387

droite de la partie inclinée de la corniche n'est pas la même que celle des parties horizontales, mais elle doit être choisie

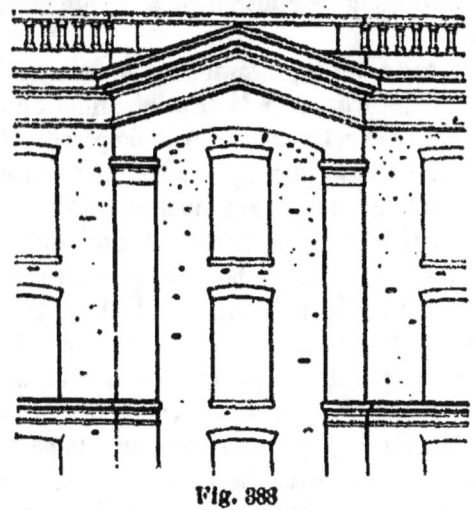
Fig. 388

de telle manière qu'elle se raccorde aux angles avec le profil des retours.

Dans l'exemple proposé la corniche est accompagnée d'une astragale et surmontée d'un léger acrotère qui suivent les mêmes mouvements.

Ce relèvement de corniche peut s'appliquer à la partie supérieure d'un édifice élevé, pour décorer l'avant-corps milieu indiquant l'axe du bâtiment et comportant l'entrée. La fig. 388 montre la partie supérieure d'une construction industrielle couverte en terrasse et dont la corniche très simple est surmontée d'un acrotère à jour.

Dans la hauteur de l'acrotère, la corniche se relève en pignon, pour indiquer l'avant-corps formant axe et entrée. Ce pignon est porté sur deux pilastres montant de fond dans la hauteur du bâtiment.

La couverture peut exiger une pente plus considérable que celles figurées plus haut ; le pignon a nécessairement la pente du toit que la corniche suit également. Le pignon peut avoir une corniche plus élevée que celle du restant de la construction ainsi que le montre la fig. 389. Dans cet exemple, le pignon est encadré de deux contreforts saillants sur les façades longitudinales.

C'est contre cette saillie, augmentée au besoin de quelques moulures, que vient s'amortir la corniche horizontale.

Le pignon est couvert par une série de pierres de taille formant un champ saillant incliné, et ce champ est surmonté d'une moulure et d'un listel. De chaque côté, l'élargissement du contrefort motive une petite crossette horizontale et la moulure se retourne ensuite sur la face latérale du mur.

Les moulures qui suivent les rampants des pignons peuvent avoir des retours horizontaux plus larges, capables de former des chapiteaux de pilastres saillants, comme le montre la façade du bâtiment d'usine, représentée fig. 390.

Dans cet exemple, le pignon se termine à la partie haute par un campanile. Les moulures des rampants s'amortissent contre les faces latérales de deux consoles saillantes réunies par une partie pleine en arc. Cette partie pleine est surmontée d'une corniche complète sur laquelle est établi le campanile.

Celui-ci est formé de deux pilastres courts réunis par un arc et le mur au-dessus se termine en pignon mouluré.

Les piédroits et l'arc comportent un vide fermé par un remplissage plus mince, dans lequel est percée la baie qui doit contenir la cloche.

Le restant de la façade du pignon est formé d'un mur plein

326 CHAPITRE V. — DÉCORATION DES MURS EXTÉRIEURS.

dans l'axe duquel est percée une grande baie en plein cintre ; l'archivolte, unie et simplement décorée par l'appareil, vient re-

Fig. 889

tomber sur un bandeau d'imposte, et, entre ce bandeau d'imposte et le soubassement, sont percées deux autres baies plus petites, également en plein cintre.

Au-dessous du bandeau l'appareil est en pierres de taille tandis qu'au-dessus le remplissage de la partie haute est en appareil de moellons.

Un escalier largement développé, porté sur un mur voûté, sert à accéder du sol extérieur au sol de la salle de ce rez-de-chaussée élevé.

§ 1. — DÉCORATION DES MURS DE FACE

Le soubassement correspondant à des sous-sols qui n'ont besoin que de peu d'éclairage, est percé de deux petites baies au-dessus des rampants d'escalier et on y accède par la porte percée sous la voûte du perron.

Fig. 820

328 CHAPITRE V. — DÉCORATION DES MURS EXTÉRIEURS

Le plan est établi à la hauteur du rez-de-chaussée.

Les moulures rampantes des pignons peuvent affecter les formes diverses que prennent les corniches ordinaires.

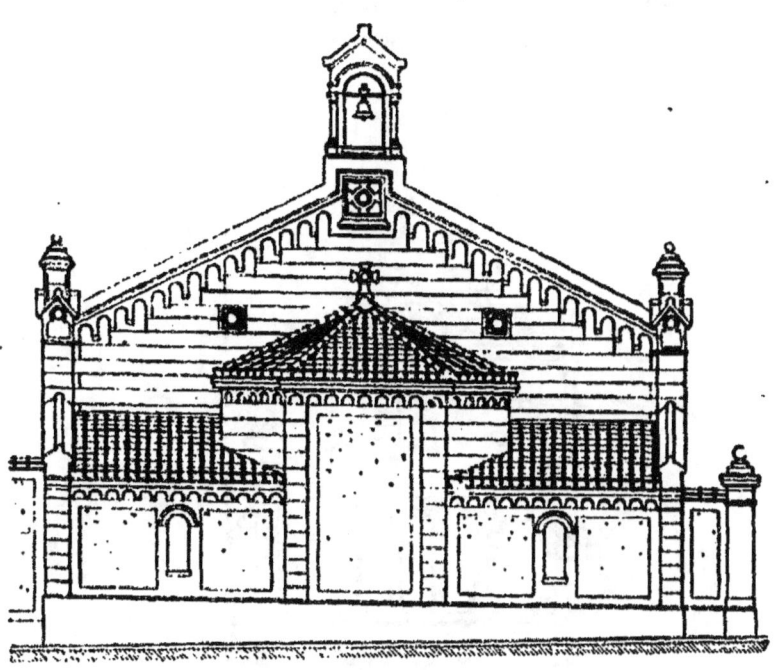

Fig. 391

La fig. 391 montre un pignon dont les moulures rampantes sont portées par une série de consoles réunies par de petits arcs en plein cintre ; il en résulte des ombres produisant un découpage agréable. Dans cet exemple encore, le pignon est surmonté d'un campanile et se trouve compris entre deux pilastres saillants, surmontés eux-mêmes de petits clochetons pleins en pierre.

Un autre moyen de terminer les pignons à leur partie supérieure consiste à remplacer les moulures rampantes par une série de gradins horizontaux étagés, construits soit en pierre soit en matériaux mixtes, et traités comme des murs de clôture ressautés les uns sur les autres. Il en résulte une décoration qui produit souvent un excellent effet.

§ 1. — DÉCORATION DES MURS DE FACE

La fig. 392 représente un mur pignon dont la partie supérieure en pierre de taille est ainsi construite; les matériaux employés sont souvent des briques, mais chacun des gradins est recouvert par une dalle en pierre dûre ayant les pentes et dispositions voulues pour l'écoulement de l'eau.

Fig. 392

239. Frontons de diverses formes. — Une décoration plus importante pour les pignons consiste à les accompagner d'un fronton. C'est une forme tirée des monuments anciens et qui vient s'ajouter à la corniche d'un entablement.

Le temple de Pæstum, celui de Minerve, la Maison Carrée de Nîmes, fig. 297, 298 et 312 ont déjà présenté cette disposition qui consiste à relier les moulures rampantes à l'entablement horizontal de l'édifice.

La règle ordinaire à suivre pour la construction d'un fronton est la suivante: On termine la partie large du pignon par un entablement qui règne avec celui des façades en retour, et au point où se termine le listel de la cymaise supérieure de

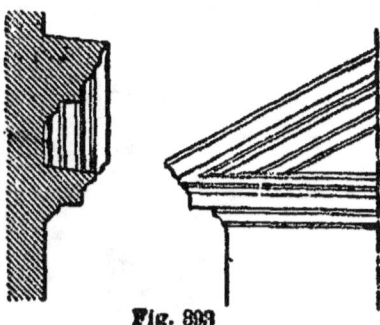

Fig. 393

la corniche, on retourne ce listel, dans son plan vertical suivant le rampant du pignon, et on le prolonge jusqu'à l'axe ; fig. 393. Au-dessous ce listel on établit une série de moulures ram-

Fig. 394

pantes dont le profil reproduit exactement celui de la corniche ; au-dessus du même listel, on ajoute une grosse moulure complémentaire, accompagnée ou non de son listel, et qui avance sur la corniche pour faire une nouvelle saillie.

La fig. 393 donne l'élévation et la coupe verticale d'un fronton ainsi construit.

§ 1. — DÉCORATION DES MURS DE FACE   331

La coupe montre que le triangle intérieur compris entre les moulures rampantes et la corniche, et que l'on nomme le *tympan*, se trouve au nu du mur immédiatement au-dessous.

Fig. 895

La corniche est terminée par une pente supérieure pour l'écoulement de l'eau, et c'est contre cette pente que doivent venir s'amortir les moulures rampantes.

La moulure extérieure la plus communément ajoutée aux frontons est la doucine, accompagnée de son listel ; plus rarement elle est remplacée par un talon ; enfin, quelquefois on se contente d'un gros quart de rond sans autre addition.

La fig. 394, représente un fronton complet ajouté à la corniche du pavillon saillant d'un bâtiment industriel ; le tympan est un mur nu, et percé seulement de la baie nécessaire pour l'établissement d'une horloge; un chambranle mouluré en briques entoure cette baie.

Le tympan des frontons employés dans les édifices est souvent décoré de sculptures ou de remplissages en terre cuite ornée, ce qui donne à l'ensemble un caractère monumental.

La fig. 395 représente le fronton d'une façade de palais de Justice, surmontant un entablement complet posé sur colonnes et pilastres d'angle de la hauteur de l'édifice. Un piédestal forme soubassement général et se retourne pour constituer les murs en ailes d'un large escalier donnant accès à la façade.

Le fronton est orné, dans cet exemple, à son sommet et aux deux angles, de motifs, sculptés nommés *antéfixes* dont l'usage remonte à l'antiquité grecque. Les antéfixes des angles sont formés de deux faces d'équerre dans les plans des façades auxquelles ils correspondent.

Lorsque le fronton doit porter une inscription, on pose les extrémités de la corniche sur des pilastres dont elle forme les chapiteaux, et on l'interrompt en tout ou en partie dans l'intervalle milieu; on réunit ainsi le tympan au restant du mur de face, ce qui augmente l'emplacement réservé.

Les parties rampantes peuvent s'amortir dans un motif sculpté formant emblème décoratif.

Ces deux dispositions se rencontrent dans la fig. 396, représentant le motif d'entrée de la façade de l'Ecole centrale des Arts et Manufactures.

Le fronton termine l'avant-corps en saillie qui marque le milieu de la façade du bâtiment d'administration. Il est porté par deux chaînes verticales ornées de refends et de bossages et surmontées de la corniche. Celle-ci est interrompue dans l'intervalle des chaînes dont elle forme les couronnements, de telle sorte que le tympan se joint au nu du mur pour recevoir les inscriptions. Les rampants viennent, au sommet, s'amortir dans un grand motif sculpté.

Les pièces principales de l'établissement, qui se trouvent dans le pavillon représenté, sont éclairées par de larges ouvertures, réunies au premier étage et au deuxième dans une grande baie unique, divisée par des meneaux et un imposte milieu.

Il ne reste plus, pour terminer cette revue rapide de la dé-

§ 1. — DÉCORATION DES MURS DE FACE

Fig. 896

coration des parties pleines des murs extérieurs des édifices qu'à indiquer les diverses formes que peuvent affecter les souches de cheminées hors comble.

240. Décoration des souches de cheminées hors comble. — La décoration la plus usitée, pour les souches de cheminées hors comble, consiste à mouluror la tablette en pierre qui les surmonte ordinairement. On lui donne le profil d'un bandeau, généralement une tablette de larmier soutenue par une cymaise inférieure.

On y ajoute quelquefois, en augmentant l'épaisseur de l'assise, un gorgerin et une astragale, comme dans l'exemple représenté dans la fig. 397. La face supérieure est taillée avec les pentes nécessaires pour l'écoulement de l'eau.

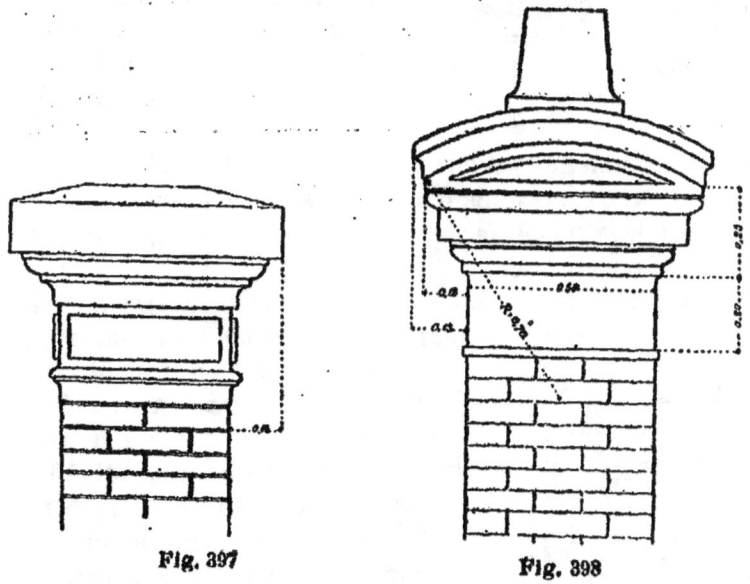

Fig. 397   Fig. 398

La fig. 398 représente une souche de cheminée surmontée d'une corniche complète, augmentée d'une sorte de fronton cintré, suivant la forme duquel est taillée la face supérieure. Toutes les moulures, même celles du fronton, se retournent sur les longs côtés de cette assise.

Un gorgerin et un filet formant astragale complètent cette décoration.

Le tout est taillé dans une seule assise de pierre.

La tablette est percée des trous nécessaires pour faire communiquer les vides des tuyaux avec le dehors, et dans les orifices on vient sceller les mitrons en terre cuite ou en métal.

Ces mitrons peuvent être unis ou exécutés en terre cuite décorée, ainsi que les représente la fig. 399.

Les uns sont fermés à leur partie supérieure et portent latéralement des orifices de section suffisante pour l'écoulement de la fumée.

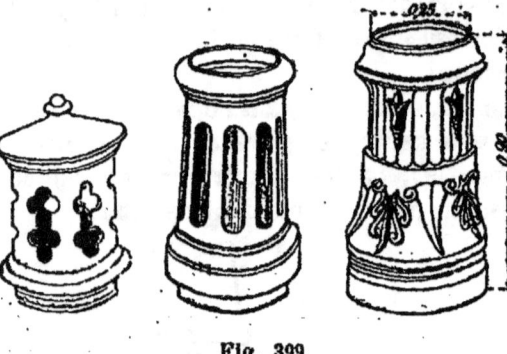

Fig. 399.

D'autres sont ouverts à la fois à leur partie haute et sur les côtés pour présenter une plus grande section.

D'autres enfin ne sont ouverts que par en haut et leur surface extérieure est revêtue d'ornements pleins en saillie. Tous se scellent de la même façon dans les trous ménagés dans la pierre de couronnement.

Le corps même de la souche de cheminée peut être fait en construction mixte avec angles en pierre de taille posés en besace, se reliant par leurs harpes avec la brique, ainsi qu'on le voit dans les fig. 400, 401, 402.

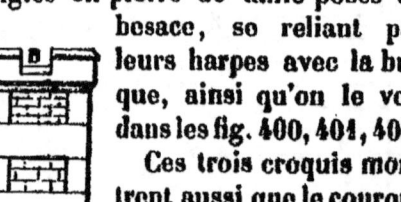

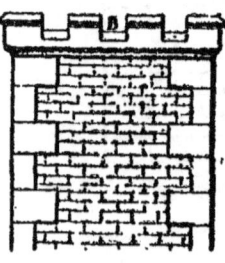

Fig. 400.

Ces trois croquis montrent aussi que le couronnement en pierre peut affecter des formes très variées.

Dans la fig. 400, il est crénelé. Une série d'encoches B dans la moulure supérieure produit cet effet ; cette forme ne comporte pas l'emploi de mitrons.

Dans la fig. 401, la pierre de couronnement est moulurée d'un entablement complet avec fronton sur les grands côtés :

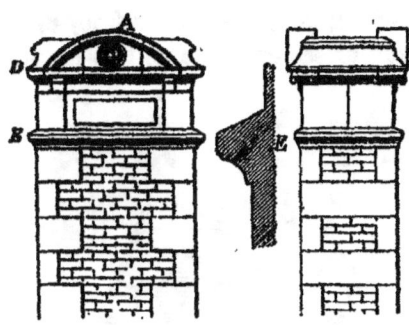

Fig. 401

en E une architrave saillante, au-dessus une frise, puis une véritable corniche D. Sur une partie des longs côtés, deux consoles se détachent en avant-corps et la corniche ressautée porte un fronton cintré A.

Dans la hauteur de ce fronton, une sorte d'acrotère en pente moulurée arrive à la partie supérieure où débouchent les tuyaux.

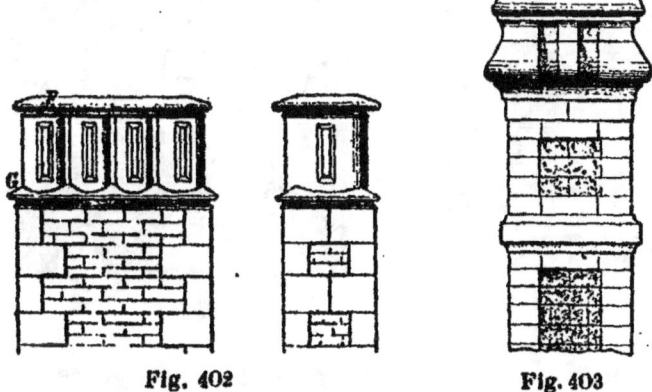

Fig. 402   Fig. 403

La fig. 402 montre un couronnement en pierre mouluré haut et bas, avec parois intermédiaires cintrées pour imiter des mitrons accolés, ces mitrons compris entre les deux moulures F et G.

§ 1. — DÉCORATION DES MURS DE FACE

La fig. 403 représente une autre forme de cheminée dont le corps est construit avec des briques de couleurs différentes, et l'assise en pierre qui la termine est décorée d'une grosse moulure principale rappelant une doucine, mais rentrée supérieurement et comprises entre de petites moulures.

Fig. 404   Fig. 405

Un peu plus bas, une autre petite assise de pierre figure une astragale.

Les souches de cheminées doivent dépasser les toitures d'au moins 0 m. 50 pour ne pas être influencées par les vents rendus plongeants par le contact des faîtages. Dans bien des cas on les surélève beaucoup plus, et elles forment motifs de décoration, surtout lorsqu'elles accompagnent des toitures très importantes.

Dans le croquis figuré sous le numéro 404, on voit une souche de cheminée très élevée, dépassant ainsi de beaucoup la partie la plus haute de la couverture.

Cette souche est tout en pierre et a son parement extérieur uni, posé sur quelques moulures à la base. Sa tête est décorée d'une astragale et d'une moulure supérieure qui longe les grands côtés et se retourne en demi-cercle sur les pignons. La face supérieure de la pierre est taillée suivant le demi-cercle.

Dans la fig. 405, on a donné l'exemple d'une souche de cheminée en maçonnerie mixte de pierres de taille et de briques, posée sur un piédestal mouluré et dont les assises sont décorées de refends et bossages.

Une architrave moulurée porte une frise formée d'une assise pareille aux précédentes, et enfin une corniche finement taillée surmonte le tout ; elle est terminée par une pente qui porte les mitrons.

Lorsque les souches sont grêles et élevées, en raison des toitures qu'elles doivent dépasser en hauteur, il y a lieu de se préoccuper de leur stabilité comme résistance au vent.

Lorsqu'elles sont exposées à des vents violents, on les consolide souvent par des chaînages en fer traversant leurs matériaux, reliés aux deux faces par des ancres et fixés à l'autre extrémité à la charpente du comble voisin.

Lorsque ces chaînes sont judicieusement placées, qu'elles sont bien d'équerre sur les parements et bien horizontales, leur utilité est évidente, et l'œil les accepte sans discussion.

241. Souches de cheminées en briques. — Dans les pays où la pierre est rare, on la remplace au couronnement par de la brique. On a avantage, en raison des saillies en porte à faux, à construire les souches hors comble avec de la brique hourdée en mortier de ciment à prise lente.

La décoration consiste à entourer le haut de la cheminée d'une véritable corniche et souvent d'un entablement.

La fig. 406 représente une construction ainsi disposée. Dans cet exemple, une première assise de 0,14, placée de champ, figure une architrave.

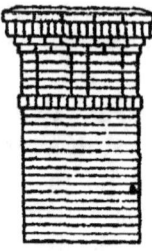

Fig. 406

La frise au-dessus est formée de cinq assises de briques, et une série de piles en saillie indiquent les languettes et montrent le passage des tuyaux.

La corniche est formée d'assises successives de briques en saillie les unes sur les autres ; deux assises de briques à plat figurent la cymaise inférieure, une assise de 11 de champ constitue le larmier, enfin un dernier rang à plat représente la cymaise supérieure. Une pente en ciment forme la couverture du dessus de la cheminée.

Des mitrons seront scellés ultérieurement aux différents orifices.

Il est bon, dans ces sortes de corniches, d'établir sous le larmier un cadre en fer plat formant chaînage et logé dans le joint qui sépare deux assises de briques ; on évite ainsi les fissures et détériorations de la partie haute.

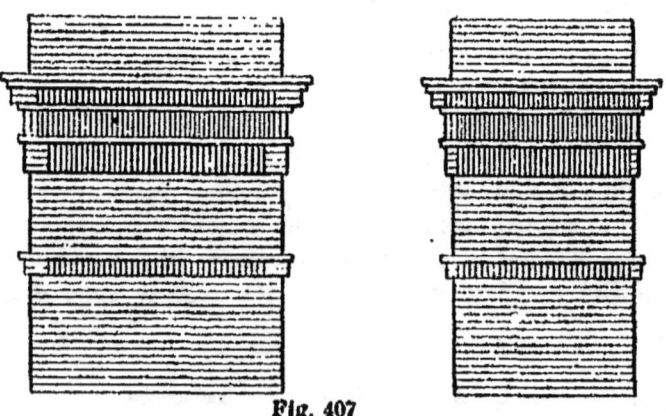

Fig. 407

La fig. 407 représente le sommet d'une cheminée rectangulaire de grande dimension montée en briques. Le fût se termine par une astragale saillante.

Le couronnement se compose d'une partie unie formant le fût et d'un entablement complet formé d'une architrave, d'une frise et d'une corniche, le tout surmonté d'un acrotère. Les profils sont indiqués au croquis et les saillies sont couvertes soit par un enduit de ciment avec les pentes nécessaires, soit par des lames de plomb, soit enfin par une couverture en fonte.

Il va être traité dans le paragraphe suivant des formes des baies que l'on peut percer dans les murs extérieurs des édifices, et des principales manières de décorer ces baies.

§ 2

DÉCORATION DES BAIES

242. Des baies dans les murs de clôture. — Portes de piétons couvertes et portes charretières. — Lorsque les murs de clôture sont construits avec beaucoup de simplicité, les portes de piétons qu'on y ménage sont très simples elles-mêmes. Elles ne tirent leur ornementation que de l'arrangement et de la coloration des matériaux de la construction. La maçonnerie est presque toujours mixte. La pierre de taille forme les jambages, soit seule, soit alternant avec des assises de briques. Le linteau est en pierre d'une seule pièce porté par les jambages, soit directement soit par l'intermédiaire de corbeaux. Les arêtes sont souvent chanfreinées, et le chanfrein se limite à quelque distance des piédroits par des arrêts taillés à 45°.

Cette simplicité de décoration est indiquée dans les fig. 408 et 409, qui montrent des portes de piétons à côté de portes charretières plus larges. Celles-ci sont traitées un peu plus luxueusement, en vue d'indiquer de loin l'entrée de la clôture.

La fig. 408 donne l'élévation et la coupe d'une porte charretière ménagée dans un mur de clôture, dont la décoration dérive de la construction même : assises alternées de pierres et

§ 2. — DÉCORATION DES BAIES

de briques ; chaperon en pierre avec joints relevés, pour éviter que l'eau ne puisse y pénétrer. De chaque côté de la baie, le mur vient s'amortir contre le pilastre, plus large, plus épais, et qui présente la stabilité nécessaire pour soutenir la porte ou la grille qui fermera l'ouverture.

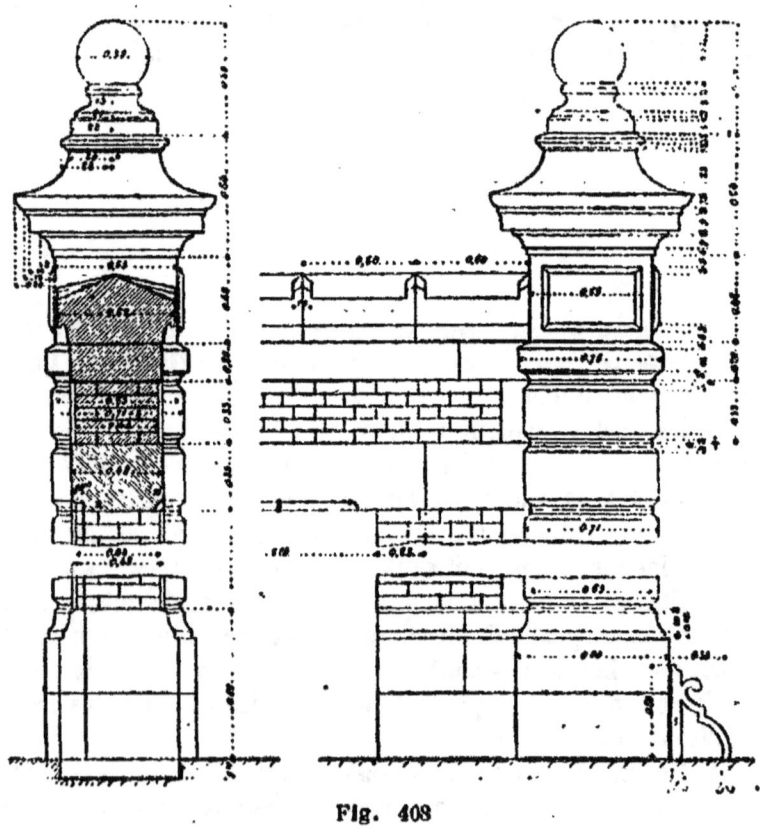

Fig. 408

C'est sur les pilastres que l'on porte la décoration.

Chacun d'eux, traité comme les pilastres anciens, est composé de ses trois parties, base, fût et chapiteau. La base se compose d'un socle plus large que le fût, et le retrait est racheté par une moulure renversée, un cavet par exemple.

Le fût est formé d'un certain nombre d'assises de pierre régnant avec celles du mur, et les faces de chacune d'elles sont accusées par refends et bossages.

Une assise plus petite le termine, remplissant le rôle d'astragale.

Au-dessus, le chapiteau comprend l'assise du gorgerin avec panneau saillant sur chaque face, puis une corniche moulurée retournée sur chaque parement et composée d'un larmier entre deux cymaises. Enfin, ce chapiteau est composé d'une partie haute, sorte de piédestal nommé *acrotère*, plus ou moins rétrécie et moulurée suivant une forme de fantaisie. D'autres fois, l'acrotère est une assise rectangulaire sans corniche ni base, un simple dé devant soutenir un vase de fleurs ou un emblême quelconque.

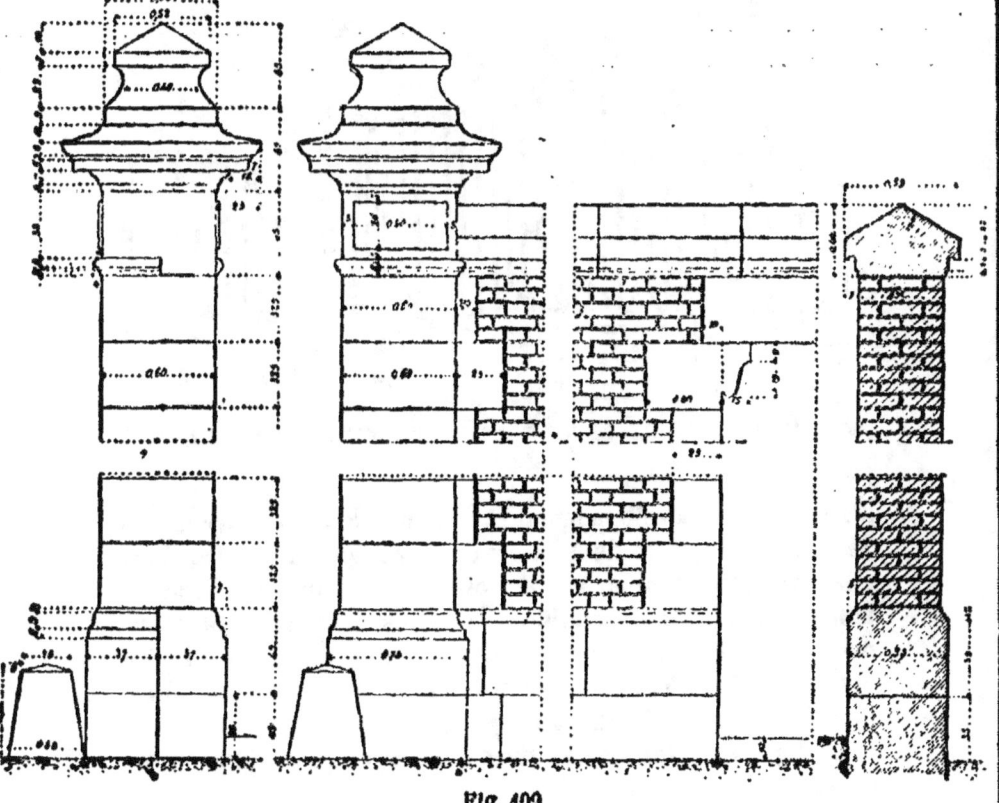

Fig. 409

La fig. 409 donne le dessin d'une disposition analogue un peu plus simple comme décoration.

Elle montre la coupe du mur, sa façade longitudinale et la façade latérale d'un pilastre. L'astragale est interrompue pour permettre de poser et de développer la grille ; il en est de même du soubassement.

Aucune feuillure n'est réservée pour cette grille qui se pose simplement contre la face du pilastre.

243. Portes de piétons découvertes. — Pilastres en pierre. — Les portes de piétons ne sont pas toujours ménagées dans le mur de clôture lui-même. On donne à l'entrée

Fig. 410

un plus grand développement et une meilleure apparence en découvrant la porte de piétons et la comprenant entre deux pilastres ; mais comme elle a moins de hauteur et d'importance que la porte charretière, les pilastres qui la comprennent sont de dimensions réduites ; l'un du côté du mur est entier, l'autre, accolé au pilastre de la grande baie, est diminué de largeur et forme contrepilastre.

La fig. 410 montre cette disposition appliquée à une entrée de villa.

Les grands pilastres sont construits en pierre ornée de refends, avec gaîne saillante sur le devant pour les élégir ; les petits pilastres sont en même matériaux, mais plus simples.

Dans bien des cas, par raison de symétrie, on se croit obligé de répéter de l'autre côté de la grande porte une autre porte de piétons analogue à la première, mais qui se trouve condamnée. Il est bon, dans ce cas, que l'architecture indique bien dès l'abord quelle est la porte vers laquelle on doit se diriger.

D'autres fois, on élève quatre pilastres égaux, mais inégalement espacés pour comprendre dans leurs intervalles la grande porte et les deux petites. Cette disposition n'est pas logique et celle de la fig. 410 est plus rationnelle et préférable.

Fig. 411

944. Pilastres en briques. — Les pilastres de portes ou grilles ne sont pas nécessairement en pierre, on les construit

§ 2. — DÉCORATION DES BAIES

également en petits matériaux et, pour cet usage, on préfère la brique, qui donne des piles isolées plus solides.

La fig. 411, représente une entrée de clôture composée de deux gros pilastres comprenant une grille, et de petits pilastres pour entrée de piétons. Les soubassements sont en pierre ou en petits matériaux enduits en ciment et simulant la pierre. Le fût du grand pilastre est uni, en briques, avec arrangement des faces diversement colorées ; une astragale formant une légère saillie le termine. Au-dessus est une corniche composée de quelques rangs de briques en saillie posés sur modillons. Sur chaque face la partie haute de la corniche se relève en fronton cintré pour encadrer un médaillon en terre cuite. Au-dessus un acrotère porte un motif sculpté. La porte de piétons est comprise entre un pilastre plus petit et un contrepilastre semblable adossé au grand. Ces petits pilastres sont ornés d'une corniche plus simple dont le dessus est enduit en ciment avec les pentes nécessaires.

245. Portes charretières couvertes. — Les portes charretières ouvertes dans un mur de clôture peuvent être couver-

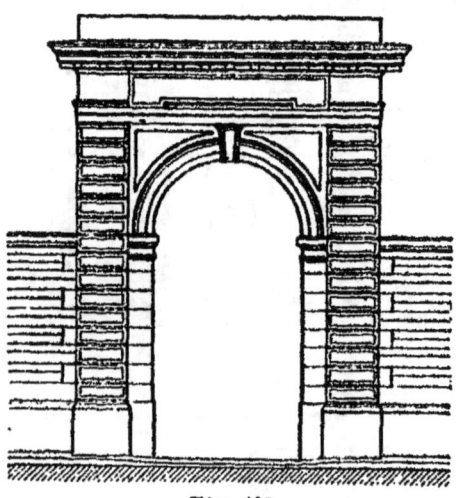

Fig. 412

tes. Cette couverture a pour double but d'attirer la vue sur l'entrée, et de protéger la porte mobile.

Les pilastres sont alors étudiés pour porter un entablement, sur la frise duquel on peut mettre les inscriptions nécessaires.

La fig. 412, représente une porte de ce genre avec arcade au-dessus de la baie.

Au-dessus de la corniche repose un acrotère sur lequel peuvent se placer des emblèmes sculptés ou terminé simplement par une simple pente.

On donne à toute cette construction les épaisseurs nécessaires pour obtenir la stabilité désirable.

Cette disposition se prête à une décoration monumentale, la fig. 413 donne l'élévation principale, l'élévation latérale et la

Fig. 413

coupe d'une large porte couverte destinée à recevoir pour fermeture mobile une grille avec partie pleine.

L'ouverture est cintrée en anse de panier, les piédroits et la voûte sont ornés de refends, de deux en deux les voussoirs portent une mouluration d'archivolte.

Les voussoirs s'extradossent horizontalement suivant un plan qui porte un entablement, et la corniche de cet entablement ne règne qu'au-dessus des piédroits. Un fronton largement développé surmonte le tout.

La frise vient se joindre du tympan du fronton pour former un grand espace dans lequel se trouvent encadrées une horloge et une plaque de marbre avec inscription.

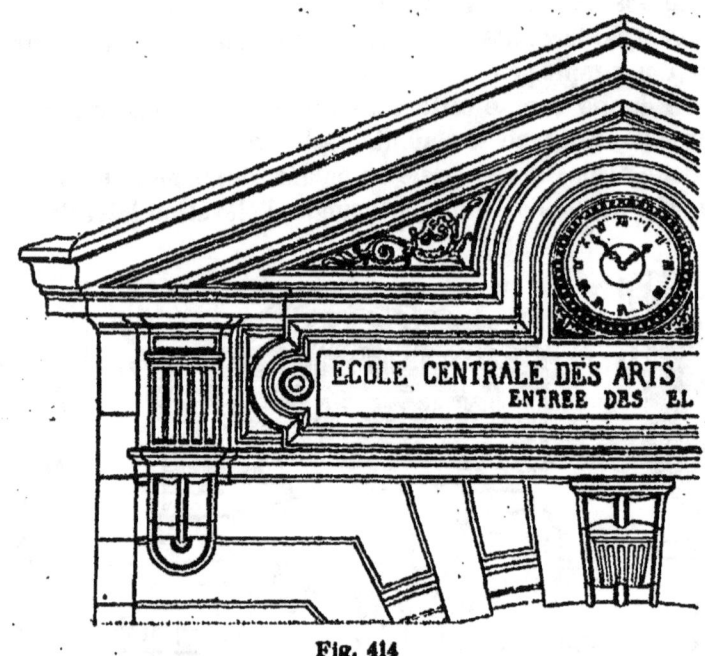

Fig. 414

Les deux parties de corniche portent sur deux petits pilastres courts ayant la hauteur de la frise, et posés sur des consoles que l'architrave vient contourner.

Une sorte de contrefort latéral se termine inférieurement sur un contrepilastre répétant la forme des pilastres qui ornent le mur de clôture à droite et à gauche de la porte.

La fig. 414 donne à plus grande échelle le détail de la décoration de cette porte.

Enfin, on peut réunir dans un ensemble monumental la porte charretière et deux portes de piétons symétriques, ainsi que le montre la fig. 415 qui représente l'entrée de la maison de Brécy. La grande porte est cintrée en demi-cercle, avec archivolte et pilastres d'imposte; elle est comprise entre deux grands pilastres ioniques portant un entablement surmonté d'un fronton cintré. La frise est ornée de sculptures ainsi que les tympans de l'arc et le fond du fronton.

Les deux portes latérales sont également comprises dans un ordre ionique de proportions plus restreintes, et l'entablement porte des consoles d'amortissement les reliant à la grande porte.

Fig. 415

Enfin, le tout se prolonge de chaque côté par un mur de clôture dont le couronnement est formé de l'architrave du petit ordre, et dont les panneaux sont séparés par des pilastres ioniques surmontés de vases sculptés.

246. Portes d'entrée des bâtiments. — Les baies des murs de face des bâtiments présentent des décorations très diverses par les combinaisons des éléments qui ont été étudiés jusqu'ici.

Les portes d'entrée peuvent être des portes de piétons, qu'on nomme souvent aussi portes bâtardes, ou des portes charretières. Elles se terminent à leur partie supérieure par un linteau droit, une voûte en platebande ou un arc. Elles peuvent tirer leur ornementation soit des matériaux seuls et de leur appareillage, soit de l'application des moulures à des saillies raisonnées.

247. Linteau et arc moulurés. — L'application la plus

simple des moulures consiste à accuser le linteau au moyen d'une moulure saillante qui suit son contour, fig. 416.

Les piédroits, s'ils sont en briques, ne présentent aucune disposition spéciale; s'ils sont en pierre, ils peuvent être taillés en chanfreins sur une partie de la longueur de l'arête.

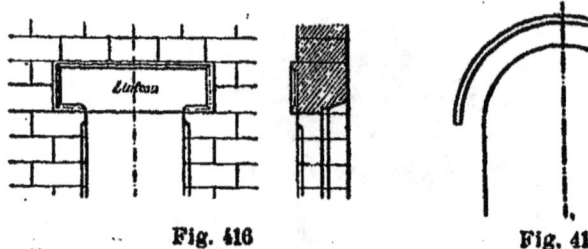

Fig. 416   Fig. 417

La même disposition est applicable à une baie en arc; un simple filet ou une légère moulure peut suivre l'extrados de l'arc de manière à le mieux marquer, fig. 417. On forme ainsi une archivolte, et le voussoir de clef peut être en saillie et porter un bossage ou une pointe de diamant.

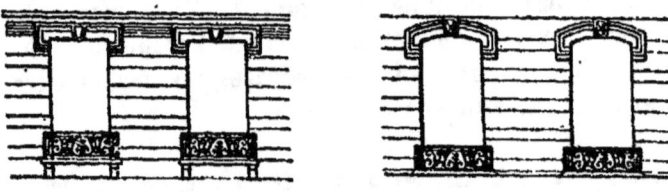

Fig. 418

Les baies de la fig. 418 portent cette ornementation, soit pour une voûte en arc, soit pour une voûte en platebande. Quant aux joints des voussoirs de ces voûtes, ou bien on ne les détache pas, ou bien on se contente de les indiquer par un mortier coloré soigneusement et finement posé.

348. Chambranles avec ou sans crossettes. — La moulure peut former encadrement complet en entourant la baie de trois côtés, sur le linteau et le long des jambages.

Cet encadrement porte le nom de *chambranle* de la baie, la

partie *ab* de ce chambranle dépasse un peu en largeur la partie *cd* fig. 419; autrement dit, la largeur du profil du chambranle est plus forte au linteau qu'aux jambages.

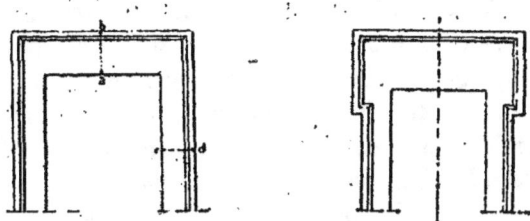

Fig. 419

Une autre disposition très fréquemment employée est représentée dans le second exemple de la fig. 419. Le chambranle est plus large au linteau que dans le restant de la baie

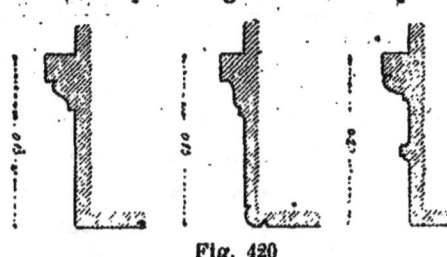

Fig. 420

et cette différence se raccorde de chaque côté par un ressaut de la moulure que l'on appelle *crossette*.

Ce ressaut se fait un peu en contrebas du linteau et n'a comme saillie que 0,03 à 0,05 sur la largeur du restant du montant de chambranle. Quant au profil même de ce dernier, il varie beaucoup suivant la destination, l'ordonnancement et l'ornementation de l'édifice. Dans les maisons ordinaires, il se compose généralement d'un listel accompagnant soit une doucine, soit un talon, soit un quart de rond ou un cavet, puis d'un large champ s'étendant jusqu'au tableau. On y ajoute quelquefois une moulure sur l'angle ou un encadrement inscrit, formé d'une petite moulure et partageant le champ en deux parties.

Ces trois dispositions sont représentées dans la fig. 420. La largeur du profil, mesurée de l'extérieur du listel à l'arête du tableau, varie ordinairement de 0 m. 15 à 0,20.

La saillie du chambranle sur le nu de la façade est ordinairement de 0,03 à 0,04. On dépasse rarement cette dimension toutes les fois que les baies sont garnies de persiennes s'ouvrant à l'extérieur. On ferre ces menuiseries de telle sorte que dans leur développement elles ne puissent rencontrer le chambranle, qui pour cela doit avoir peu de saillie.

Les montants de chambranle viennent s'amortir à leur partie inférieure soit contre le soubassement même du bâtiment s'il est plus haut que le sol intérieur, soit contre une petite saillie dont le profil est peu mouluré et que l'on nomme un *socle*.

D'autres fois, au lieu de se terminer par un simple amortissement, le chambranle arrivé sur la saillie inférieure, se retourne horizontalement d'onglet et se trouve coupé net au droit du tableau de la baie.

Pour les baies en arc et plus particulièrement pour les baies en plein cintre, on emploie souvent comme chambranle d'encadrement un simple champ non mouluré, faisant une saillie de 0 m. 04 à 0 m. 06 sur le nu du mur. Voir fig. 384.

Cette saillie peut se limiter à l'arc, dont elle forme l'archivolte ; dans d'autres cas elle se prolonge le long des piédroits et vient s'amortir sur le soubassement inférieur.

Lorsque l'on veut décorer davantage un arc en plein cintre ou surbaissé, on remplace le champ par un profil mouluré d'archivolte se rapprochant beaucoup des profils de la fig. 420 : un listel, soutenu par quelques fines moulures, se trouve à l'extérieur, et le reste du profil jusqu'au tableau est composé soit d'un champ unique, soit de plusieurs champs successifs étagés.

Dans tous les cas, on ne donne que très peu de saillie à cette archivolte, quelques centimètres seulement. L'archivolte limitée à l'arc se trouve très souvent amortie sur la saillie un peu plus forte d'un imposte ; d'autres fois, l'imposte manquant, elle se continue le long des piédroits jusqu'à une saillie inférieure qui l'arrête.

A cet encadrement, on peut toujours joindre l'effet d'une clef saillante sur le nu du mur de face et aussi en tableau. Cette clef sera simple, ou ornée d'une pointe de diamant,

352 CHAPITRE V. — DÉCORATION DES MURS EXTÉRIEURS

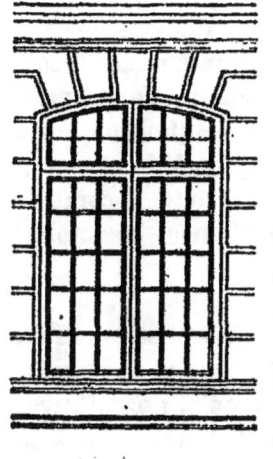

Fig. 421

ou sculptée en forme de console. Elle pourra être unique ou accompagnée de deux contre-clefs.

Enfin, si l'on veut se rapprocher de l'architecture de l'antiquité, on peut arriver aux formes qui ont été données aux arcades qui accompagnent les divers ordres, et qui ont été figurées à la fin du chapitre IV. Dans le choix que l'on aura à en faire, on adoptera celle qui concordera le mieux avec le caractère de l'édifice que l'on projette.

249. Décoration par refends indiquant l'appareil. — On peut obtenir un grand effet décoratif surtout pour les baies percées dans les soubassements et les rez-de-chaussées, en accusant par des refends un fort appareil de pierres pour les jambages, ainsi que pour l'arc qui les réunit, fig. 421. On n'emploie pas de moulures, et la clef seule est saillante sur le nu du mur ainsi qu'en tableau. D'autres fois, on abat sur l'arête une petite moulure, un cavet, par exemple.

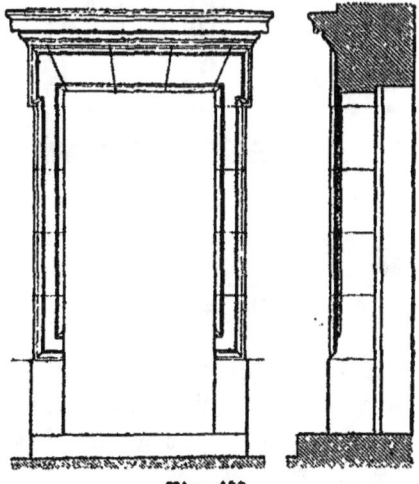

Fig. 422

250. Chambranle surmonté d'une corniche. — On donne de l'importance à une baie en surmontant son chambranle d'une corniche véritable, dont les retours d'extrémités viennent s'amortir sur le nu du mur. Il en résulte une sorte d'auvent protégeant l'ouverture de la pluie, fig. 422. Le chambranle formant architrave, l'ensemble de cette décoration à la partie supérieure de la porte, un entablement incomplet, une véritable corniche architravée.

251. Baie ornée d'un entablement complet. — Si on a besoin de donner plus de hauteur et d'élégance à la baie, on peut la décorer d'un entablement complet : architrave, frise et corniche. On proportionne alors cet entablement à la

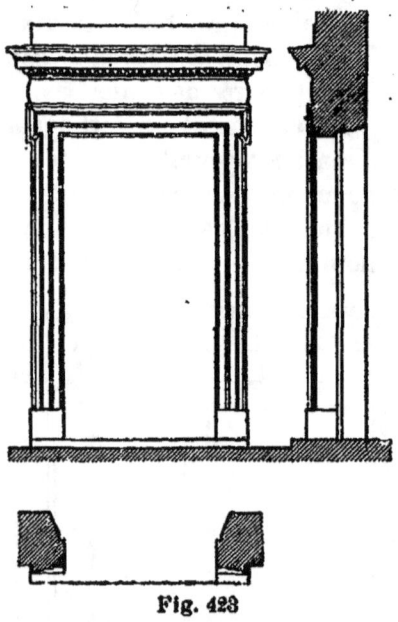

Fig. 423

hauteur de l'ouverture, celle-ci correspondant comme proportion au restant d'un ordre auquel l'entablement appartiendrait. La fig. 423 donne le croquis d'une porte ainsi décorée. Dans cet exemple, la frise est légèrement bombée, disposition quelquefois rencontrée dans les monuments anciens.

952. Porte avec entablement et consoles. — Cette décoration par entablement complet de la largeur même du chambranle est peu employée ; la partie haute de la porte paraît presque toujours d'une largeur insuffisante.

On lui donne une meilleure apparence et une fonction protectrice plus évidente en élargissant la corniche, et en portant ses extrémités sur deux consoles saillantes comprenant dans leur intervalle la frise et l'architrave. La fig. 424 donne l'exemple d'une porte de ce genre, comme l'on en rencontre beaucoup dans les palais italiens.

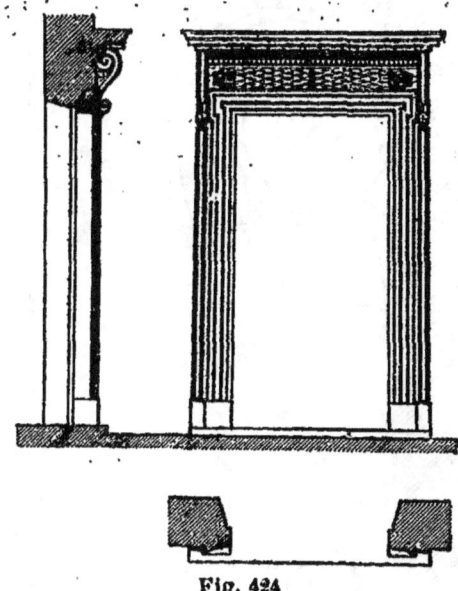

Fig. 424

Le chambranle de la baie porte des crossettes à la partie supérieure, et ces crossettes viennent s'adosser aux deux consoles qui portent l'entablement et motivent sa saillie considérable sur le mur de face. La frise est ornée ainsi que les moulures de la cymaise inférieure.

Une série de mutules se trouvent sous le larmier et les deux mutules extrêmes servent de têtes aux consoles.

On a représenté, fig. 425, la coupe verticale à plus grande

§ 2. — DÉCORATION DES BAIES.

échelle d'une porte ainsi ornée, de manière à montrer le profil de l'entablement, ainsi que la forme que l'on donne d'ordinaire aux consoles. Ces dernières se composent de deux volutes enroulées en sens contraires ; celle du haut est plus

Fig. 425

grande et sert de support avancé, celle du bas est plus petite et vient s'appuyer sur une feuille formant amortissement ;

une courbe sinuée les réunit. La face du devant est ordinairement ondulée, les faces latérales sont planes et le filet des volutes est en saillie sur leur plan ; enfin un ornement de feuillages remplit la partie restée libre entre la concavité du raccord et la volute supérieure.

La fig. 426 donne l'élévation et la coupe verticale d'une porte bâtarde servant d'entrée à une maison à loyers. Cette porte a 1 m. 50 de largeur, elle est décorée suivant les principes de la porte précédente.

Fig. 426

Un chambranle mouluré encadre la baie ; sa traverse supérieure sert d'architrave à un entablement dont la corniche est portée sur des consoles extérieures. Les moulures de la cymaise inférieure contournent les consoles pour leur former une tête. Enfin, un ornement sculpté vient décorer le milieu de la frise, en débordant sur l'architrave et sur la cymaise inférieure de la corniche.

Les parties verticales du chambranle viennent, à la partie basse, s'amortir sur un socle plat qui évite que les arêtes plus exposées près du sol puissent s'épaufrer.

D'autres fois, elles se retournent d'onglet le long du socle et sont coupées carrément par le plan vertical du tableau. C'est cette dernière disposition qui est représentée dans la figure 426.

253. Portes avec entablement complet porté sur pilastres. — L'entablement, au lieu d'être soutenu par des consoles placées des deux côtés du chambranle, peut porter sur deux pilastres venant joindre le soubassement.

L'entablement devient plus large par rapport à la baie et lui donne plus d'importance.

Fig. 427

Les pilastres font une saillie de 0 m. 05 à 0 m. 20 sur le nu du mur, suivant l'avancement et les ombres portées que l'on veut avoir, fig. 427 ; ils sont terminés à leur partie supérieure par de véritables chapiteaux, et sont assimilés comme proportions à celles de l'ordre dont le caractère convient à la destination de l'édifice.

La fig. 428 donne la même disposition appliquée à une porte charretière. Cette porte est ouverte dans un avant-corps au milieu de la façade ; elle est cintrée en anse de panier et ses voussoirs sont décorés de refends ; ils viennent retomber sur un imposte mouluré couronnant chaque piédroit.

L'ensemble est encadré par des pilastres et un entablement complet.

La saillie des pilastres est assez forte pour recevoir l'amortissement des moulures de l'imposte.

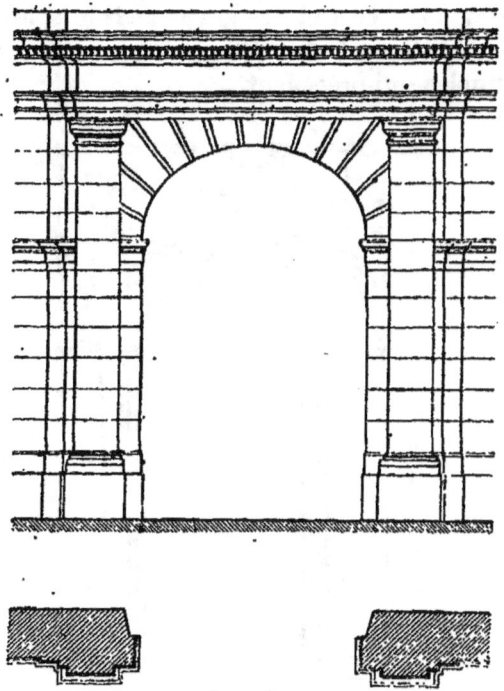

Fig. 428

L'archivolte est formée de deux champs surmontés chacun d'un talon avec listel ; la clef de voûte est saillante et contournée par les moulures de l'architrave. La frise est unie, la corniche est ornée de denticules.

Le profil de l'imposte et celui de l'entablement sont ressautés plusieurs fois sur les saillies successives de l'avant-corps, ce qui détermine une série d'ombres et d'arêtes éclairées, sur l'effet desquelles on compte pour la décoration.

254. Porte avec entablement sur colonnes. — La fig. 429 donne l'exemple d'une porte ornée d'un entablement

§ 2. — DÉCORATION DES BAIES

porté sur colonnes en partie engagées. Lorsque l'on prend cette disposition, on profite des colonnes soit pour obtenir une saillie plus grande et plus protectrice de l'entablement, soit pour donner au mur dans lequel est percée la baie une plus grande épaisseur, ce qui est le cas de la disposition figurée.

Le chambranle ne forme plus architrave comme dans nombre d'exemples qui précèdent.

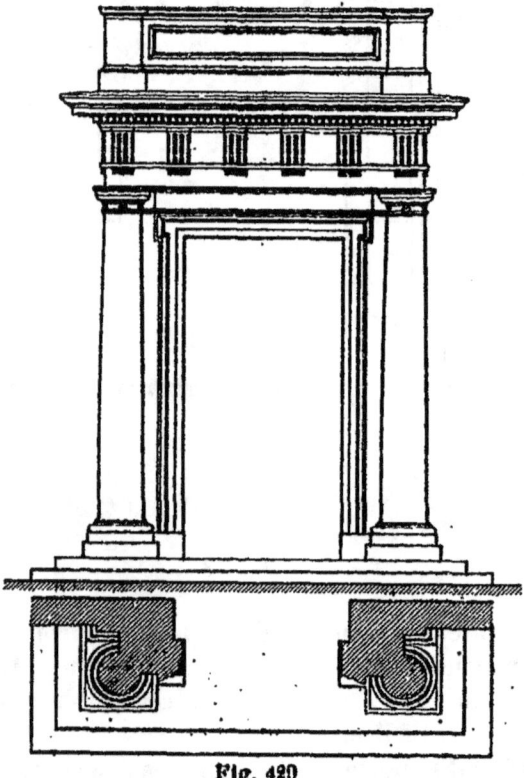

Fig. 420

L'entablement porté sur ses colonnes vient circonscrire une partie de mur dans lequel la porte est percée ; cette porte peut avoir une forme quelconque ; ici elle est rectangulaire avec chambranle à crossettes.

L'entablement est surmonté d'une partie d'attique formant acrotère, et qui peut servir d'appui pour une baie supérieure.

255. Portes avec entablements et frontons. — Les portes ont souvent leur entablement surmonté d'un fronton qui ajoute encore à l'ornementation ; il donne de la hauteur à la baie et accuse son axe ; l'inclinaison des moulures qui le

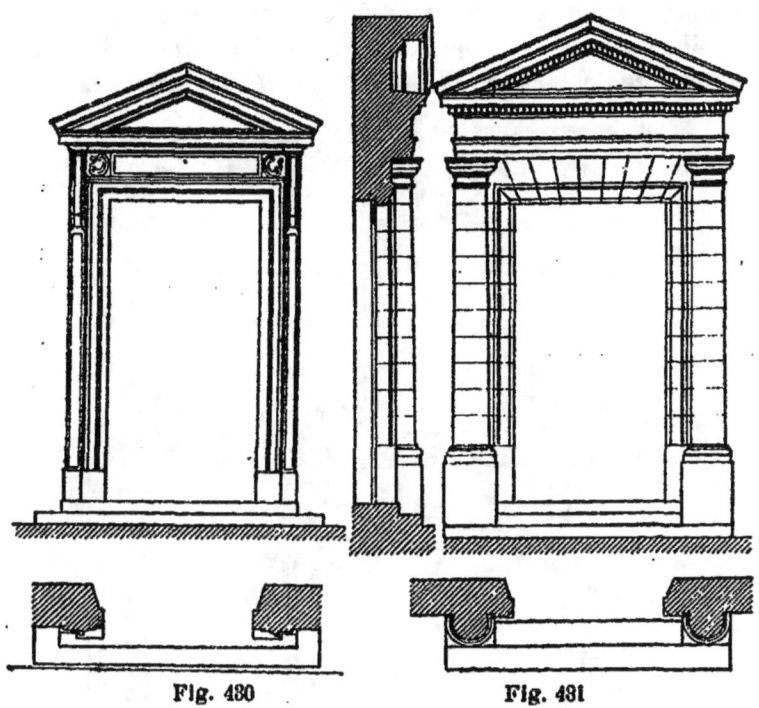

Fig. 430   Fig. 431

composent varie avec le caractère que l'on doit donner à l'ensemble. D'ordinaire cet angle est de 22 à 25 ou 30° lorsqu'il n'est par déterminé par des conditions spéciales.

Comme pour les frontons qui accompagnent les pignons, le listel de la corniche se retourne suivant l'inclinaison adoptée ; on répète en-dessous toutes les moulures de la corniche, et en-dessus, on l'accompagne d'une moulure un peu large, talon, cavet ou doucine.

Toutes les moulures viennent s'amortir à droite et à gauche sur la pente qui couvre la corniche. Le triangle restant au fond du fronton, le tympan comme on l'appelle, se trouve ainsi ren-

§ 2. — DÉCORATION DES BAIES

foncé au nu de la frise ; il est généralement plan, d'autres fois on le décore de sculptures.

Les fig. 430 et 431 représentent deux portes ornées ainsi de frontons qui se développent au-dessus de leurs entablements. La première a sa corniche posée sur deux consoles, entre lesquelles se trouvent comprises la frise et l'architrave ; la seconde a son entablement complet porté sur colonnes à demi engagées.

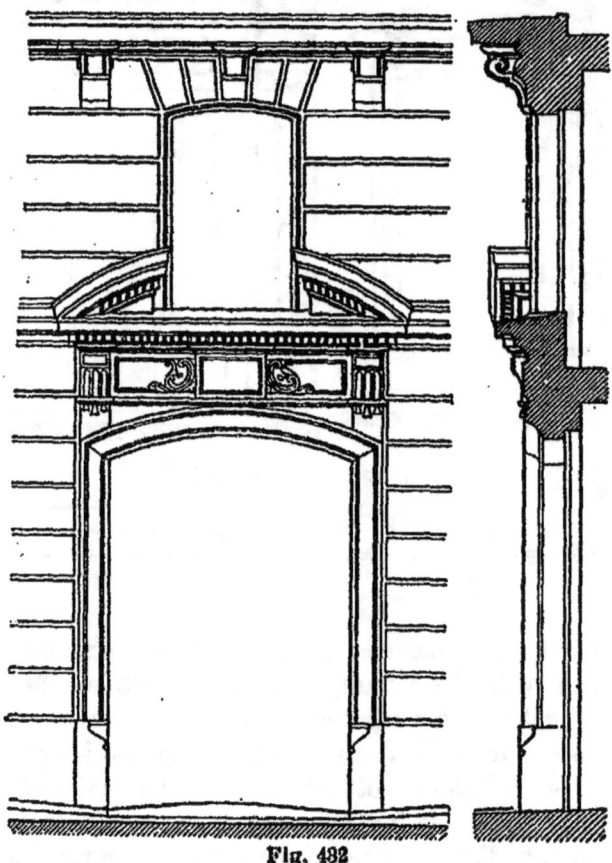

Fig. 432

Une porte cochère avec fronton circulaire est représentée fig. 432. Un chambranle formé d'une grosse moulure suit les bords des piédroits et vient contourner l'arc qui surmonte la baie.

Dans cette dernière partie le chambranle constitue l'architrave de l'entablement ; cette architrave est séparée de la frise par un filet ou une moulure d'astragale ; la frise est comprise entre deux consoles, elle est ornée de cadres dont un au milieu, accusé par quelques sculptures, est destiné à porter le numéro de la maison.

Sur les deux consoles vient la corniche ornée de denticules et au-dessus de laquelle se développe un fronton cintré dont la hauteur est la même que celle du fronton triangulaire qu'il remplace, et dont la composition au point de vue des moulures est identique.

Dans cet exemple le fronton est interrompu pour dégager la fenêtre de l'entresol, tout en donnant de l'importance à la porte et l'accusant en dehors. Cette disposition de fronton interrompu ou fronton brisé est à éviter ; son rôle protecteur disparaissant, il devient en effet un ornement non motivé.

D'un autre côté, le fronton occupant de la place, est peu employé complet dans les portes cochères des constructions ordinaires ; il n'est pas assez grand pour comprendre dans son tympan une baie suffisante pour l'éclairage de l'entresol.

256. Porte cochère comprenant la fenêtre de l'entresol. — Lorsque le rez-de-chaussée est peu élevé et surmonté d'un entresol, on donne une importance plus grande à la porte cochère, en la décorant d'un motif qui comprend la hauteur de l'entresol. La fig. 433 donne un exemple de cette disposition assez fréquemment usitée dans les maisons à loyer. La baie est tracée comme si elle comprenait les deux hauteurs d'étages, puis coupée à hauteur du plancher par un imposte au-dessus duquel une construction au nu de la feuillure vient fermer l'entresol. La baie qui l'éclaire est ménagée dans ce remplissage. L'imposte, et le remplissage peuvent être exécutés en matériaux foncés en couleur, laissant bien dégagés le contour et la décoration en pierre de la porte.

Dans l'exemple cité, l'ornementation consiste dans une moulure d'archivolte se prolongeant sans imposte jusqu'au soubassement ; cet encadrement est accompagné, et comme doublé par deux pilastres minces s'élevant verticalement et

§ 2. — DÉCORATION DES BAIS 363

se terminant par une console qui concourt à la solidité du balcon supérieur. Une clef saillante au milieu de l'arc remplit le même rôle. Les tympans de l'arc sont ornés de motifs sculp-

Fig. 433

tés, et des panneaux moulurés sont taillés dans le remplissage de chaque côté de la fenêtre de l'entresol.

Souvent le remplissage et l'imposte sont exécutés, comme la porte, en bois apparent.

957. Porte comportant plusieurs étages. — La fig. 434 représente la porte d'entrée d'une grande usine. La largeur de cette porte étant nécessairement de 6 m. pour remplir le programme, on a dû lui donner une hauteur en rapport et avec cette dimension et avec l'importance de l'établissement à desservir. On a fait régner cette porte avec la hauteur du bâtiment et on l'a encadrée par des pilastres supportant un entablement avec fronton. Deux étages, le rez-de-chaussée et le premier, correspondent au vide du passage, tandis que les deux étages suivants sont compris entre la poutre formant linteau d'imposte et l'arc qui ferme la baie. La

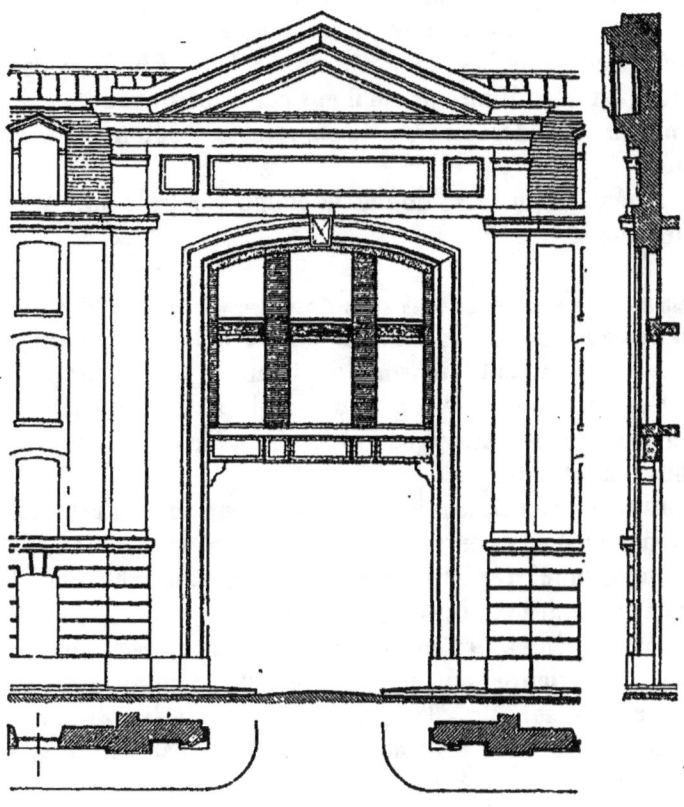

Fig. 434

maçonnerie de ce remplissage est en briques, contribuant par sa couleur foncée à faire ressortir l'encadrement en pierre et la décoration générale.

Un chambranle formé d'une grosse moulure entoure la baie en suivant les piédroits jusqu'au socle inférieur. Des pilastres extérieurs vont du soubassement jusqu'à la corniche du bâtiment, qui forme leur chapiteau et s'y arrête. Au-dessus, une frise décorée de panneaux est portée par deux pilastres courts

§ 2. — DÉCORATION DES BAIES

axés avec les précédents ; enfin, plus haut, une corniche forte et bien développée forme une saillie en rapport avec la hauteur.

Le fronton qui termine le tout est formé d'une doucine avec listel qui suit d'abord la corniche aux extrémités, puis se relève en pente jusqu'à jonction sur l'axe. Ainsi disposé, ce fronton est plus limité que s'il eût été tracé suivant les règles ordinaires. Un acrotère uni surmonte le fronton et le complète.

La même figure 434 donne la coupe verticale sur l'axe de cette grande entrée.

258. Ornementation des fenêtres. — On décore les fenêtres exactement comme les portes et tous les motifs décrits précédemment leur sont applicables, toutes proportions gardées. L'ornementation peut se tirer des matériaux eux-mêmes et de leur arrangement, ou bien être produite par des saillies moulurées.

Les fenêtres à linteaux en pierre seront ou appareillées seulement, ou disposées comme le montrent les fig. 416, 418 et 419, avec moulures extérieures. Il en sera de même des baies fermées par des voûtes en plates-bandes.

Celles à linteau en fer apparent auront leurs piédroits terminés supérieurement par un imposte mouluré recevant le filet transversal, fig. 380 ; la hauteur d'assise de la pierre voisine sera rachetée au-dessus du linteau par un remplissage en briques.

Le chambranle d'entourage d'une baie pourra être un simple champ plat de 0,15 à 0,20 de largeur, et d'une saillie de 0,03 à 0,05 sur le nu du mur de face, fig. 384.

259. Fenêtres en matériaux mixtes. — Les fenêtres en matériaux mixtes se prêtent plus que toutes autres à une décoration tirée de l'arrangement et de l'appareil adoptés. Dans nombre de constructions industrielles, où la brique est employée comme matériaux résistants pour remplacer la pierre de taille, l'entourage des fenêtres se fait tout en briques : les piédroits se construisent en assises successives de

366 CHAPITRE V. — DÉCORATION DES MURS EXTÉRIEURS

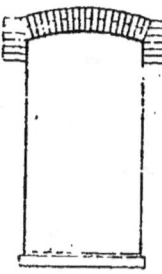

5 ou de 7 rangs de briques et alternativement de 0,22 et de 0,35 de largeur, formant des harpes pour se relier avec les matériaux de remplissage moellons et meulières. Les voûtes sont appareillées soit avec un rouleau de 0,22 de largeur, soit avec deux rouleaux superposés, l'un de 0,22, l'autre de 0,11.

D'autres fois, la brique ne forme que les sommiers de retombée et l'arc qui ferme la baie, comme dans la figure 435.

Fig. 435

La fig. 436 représente la moitié de la façade d'une maison où la brique joue le rôle de matériaux solides et se trouve mêlée à de petites assises en pierre.

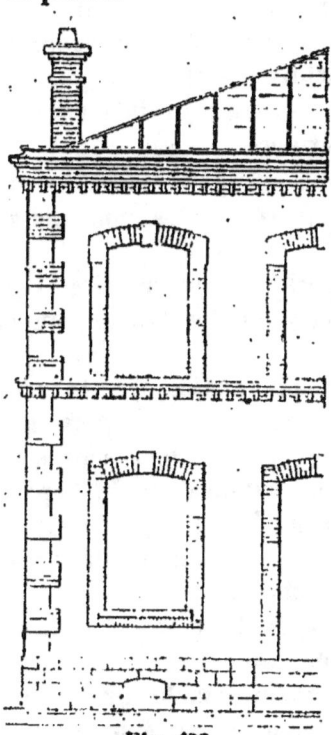

Le soubassement est en moellons durs jointoyés ; le pilastre d'angle est fait d'assises successives de briques et de pierre alternées, et formant harpes avec le remplissage ; le bandeau du 1er étage est composé de 4 assises de briques, dont les deux inférieures contiennent des denticules de 0,11 en saillie.

Les fenêtres ont leurs chambranles alternativement de briques et de pierres, ils ont 0,22 d'épaisseur ; la voûte qui les ferme est formée d'un rouleau de 0,22 avec clef saillante en pierre.

L'appui des baies du rez-de-chaussée est fait d'une pierre posée sur une assise de briques de 0,11. Le bandeau forme l'appui des fenêtres du 1er étage. Sa face haute est enduite en pente et garnie de zinc. La corniche supérieure est tout en briques, avec denticules saillants dans la cymaise inférieure.

Fig. 436

La fig. 437 donne encore un exemple d'une fenêtre appareillée en métaux mixtes : moellons, pierres de taille et briques.

Sur une assise mixte en moellons et briques, qui comprend

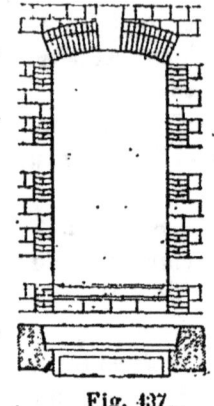

Fig. 437.

la pierre d'appui de la baie, on pose la première assise des piédroits en pierre, puis une seconde en briques de 0,22 de largeur le long de la baie, et en moellons pour le reste.

Vient ensuite l'assise n° 3, composée de deux rangs de moellons.

Les assises n° 4, 6 et 8 sont faites comme l'assise n° 2. L'assise 5 répète la première et l'assise 7 la troisième.

L'assise des sommiers est en pierre et un double rouleau de briques forme l'arc de fermeture. La clef en pierre est fort saillante et monte jusqu'à l'arasement de l'assise des moellons supérieurs.

La fig. 389 montre des fenêtres encadrées d'assises de pierre de taille se liaisonnant par harpes avec les moellons de remplissage de la façade.

Les fenêtres construites tout en briques peuvent tirer leur décoration de l'appareil, et on peut y joindre l'arrangement de faces diversement colorées.

La fig. 438 montre deux fenêtres superposées avec l'arrangement très simple employé pour l'appareil des briques. Les chambranles des baies superposées se poursuivent sans s'interrompre. Ils sont alternativement de 0,22 et de 0,33 pour former extérieurement arcs de liaison. La fenêtre inférieure est terminée par un arc de 0,22 et la fenêtre au-dessus par un appui de 0,11 des briques posées de champ.

Le remplissage intermédiaire est en briques de diverses couleurs formant un dessin régulier.

L'arc de la baie du haut est formé d'un double rouleau correspondant à une assise, et après quelques rangs de briques formant toute la largeur, on voit le bandeau qui traverse la construction.

260. Fenêtres avec entablement supérieur. — De même que pour les portes, les ordres d'architecture complets ou incomplets sont applicables à la décoration des fenêtres. A un chambranle mouluré, formant architrave à sa partie supérieure, on peut joindre une corniche dont la saillie protégera la baie ; plus souvent on laissera entre le chambranle et la corniche l'espace d'une frise ; plus souvent encore on élargira la corniche par l'adjonction de deux consoles. Cette disposition, très fréquemment adoptée, est représentée au second étage de la façade, fig. 379, et aussi aux deux étages de la fig. 457.

Cette forme est adoptée pour la plupart des fenêtres des maisons à loyers des grandes villes.

Fig. 438

261. Fenêtres avec entablement et fronton. — La fenêtre ornée d'un entablement complet et d'un fronton est la fenêtre décorative par excellence. La composition est la même que celle des portes (voir n° 255).

Le 1er étage de la façade, fig. 379, en donne un exemple. Les fenêtres sont entourées d'un chambranle posé sur socle d'appui ; les pierres du chambranle le dépassent pour former harpes de liaison. Au-dessus est une frise et une corniche, et cette dernière est posée sur consoles. La corniche est surmontée d'un fronton alternativement triangulaire ou circulaire, disposition qui a été souvent adoptée.

La coupe verticale de cette fenêtre est donnée à plus grande échelle dans la fig. 439.

Cette coupe montre le profil du chambranle formant architrave, la frise qui le surmonte, puis la corniche.

Les moulures de la cymaise inférieure contournent la partie haute des consoles pour leur former une tête. La saillie de la tablette de larmier est motivée par la saillie même des consoles.

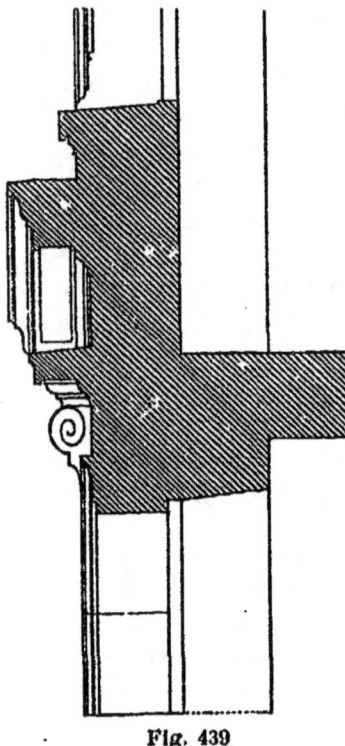

Fig. 439

La cymaise supérieure est formée d'un listel et d'une petite moulure.

Tout ce profil se retourne suivant le rampant adopté pour le fronton, et une doucine avec listel avancé portant mouchette vient s'ajouter aux rampants pour augmenter la saillie.

Au-dessus la pierre d'appui de la fenêtre supérieure est coupée par le même plan vertical.

La face supérieure de la corniche comme la face supérieure des rampants du fronton donnent, par leur rencontre avec le plan de coupe, une intersection inclinée, pour éloigner les eaux du nu de la façade. La mouchette du larmier rampant a presque toute la largeur et forme dans le plafond ou soffite une sorte de caisson renfoncé.

On a comme autre exemple de cette disposition les élégantes fenêtres du premier étage de la façade d'hôtel figurée n° 377, avec frontons alternativement triangulaires ou cintrés, et de plus ornés de sculptures, et décorées de balustrades d'appui.

Le premier étage des maisons des grandes villes est presque toujours ainsi garni de fenêtres ornées avec entablement complet et fronton.

361. Des baies en plein cintre ou surbaissées formant arcades. — Les baies cintrées, régulières ou surbaissées, se rencontrent principalement au rez-de-chaussée des édifices ; les genres de décoration varient avec l'aspect que doit avoir la construction, pour la destination que le programme lui donne.

Fig. 440

Les arcs peuvent trouver la décoration dans un appareil rationnel et accusé des matériaux employés. Les assises peuvent être régulièrement au même nu jusqu'au sol ou bien se trouver coupées par une assise d'imposte en saillie.

C'est cette dernière disposition qui est représentée fig. 440. Un pilier d'une certaine largeur sépare deux arcs successifs, il est composé d'un socle inférieur, d'une partie pleine et d'une assise d'imposte moulurée. Une maçonnerie, en retrait de 0 m. 25, encadre l'arcade et est juste assez saillante pour amortir les moulures de l'imposte retournées d'équerre. Au-dessus, l'arc est composé de voussoirs appareillés en tas de charge se reliant avec les assises courantes horizontales. Une clef saillante va jusqu'au bandeau et est contournée par sa cymaise inférieure.

La baie dans cet exemple ne devant exister qu'à partir d'une certaine hauteur au-dessus du sol, la partie basse entre les piédroits est remplie par un mur mince, au nu de l'encadrement dont il a été question. Il commence à partir du sol par un soubassement légèrement en saillie, puis se continue par un mur en briques liaisonné par harpes avec les piédroits. Une pierre d'appui règne à la partie inférieure de la baie et est surmontée d'une grille.

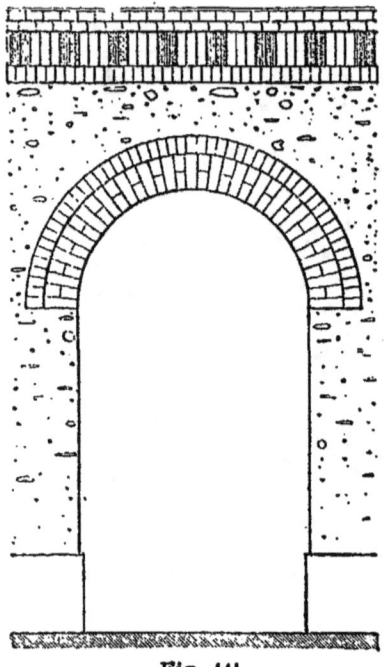

Fig. 441

La construction peut être économique et exécutée en petits matériaux comme dans la fig. 441. Sur un socle en pierre de taille on a monté un mur en meulière rocaillé et parementé jusqu'à la naissance du cintre, puis on a exécuté le cintre en briques en deux rouleaux : un de 0,22, alternativement de une et de deux briques, et l'autre de 0,11 en saillie sur le premier.

Au-dessus de cette archivolte, on a continué la maçonnerie jusqu'à l'arasement nécessaire et on l'a couronnée par un bandeau en briques.

Celui-ci est formé d'une assise de 0,11 de champ formant cymaise inférieure, d'une tablette de larmier de 0,22 faite de briques debout, et enfin d'une cymaise supérieure composée de deux rangs de briques à plat étagées.

La fig. 442 représente une construction analogue mais tout en brique, sauf le soubassement qui est en pierre froide. Sur ce soubassement sont montées les assises des piédroits jusqu'à

372 CHAPITRE V. — DÉCORATION DES MURS EXTÉRIEURS

un imposte saillant formé de deux rangs, l'un de 0 m 11 en

Fig. 442

briques de champ, l'autre en briques à plat de 0,06. Cet imposte a une saillie totale de 0 m. 04 à 0 m. 05.

Sur cet imposte vient retomber l'archivolte, composée, comme dans l'exemple précédent, par deux rouleaux : l'un de 0,22 au nu du mur, l'autre de 0,11 en saillie.

Les tympans et la partie supérieure du mur sont exécutés en briques jusqu'à la corniche, et cette dernière est surmontée d'une balustrade en briques formant acrotère. La balustrade pourrait être ajourée ; dans le cas présent elle est pleine sur la moitié arrière de son épaisseur.

La partie de devant est formée d'un socle de trois assises, d'une série de balustres faits en haut et en bas d'une brique de 0,22 et dans l'intervalle de 5 assises de 0,11, enfin d'une corniche formant tablette supérieure portée par les balustres. Cette corniche est composée d'une tablette de larmier de 0,11 comprise entre deux cymaises en briques à plat.

Un enduit en ciment soigneusement exécuté complète l'acrotère et empêche l'eau de pénétrer.

263. Arcades séparées par des pilastres. — Lorsque les piliers qui séparent les arcades sont un peu larges, on y engage des pilastres saillants qui ont toute la hauteur de l'étage et sont ornés par le bandeau qui les contourne et compose leur chapiteau.

Ainsi est disposée l'arcade de la fig. 443, dont le gros œuvre a été donné chap. III, fig. 189.

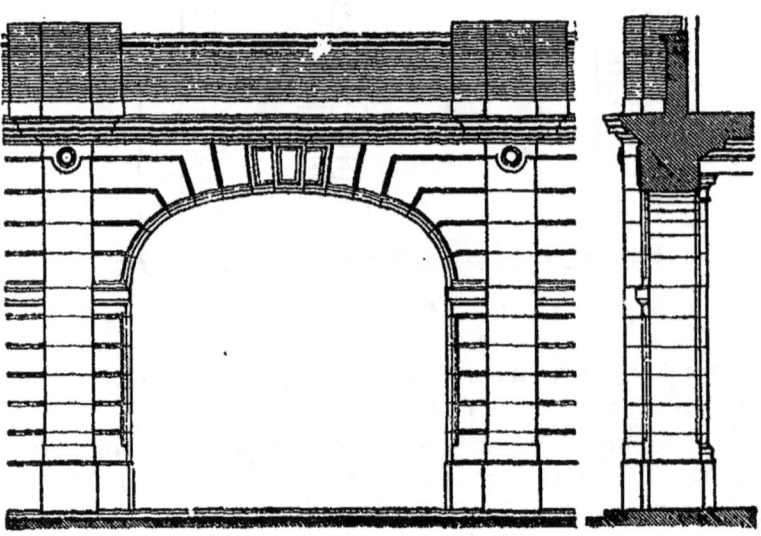

Fig. 443

Au milieu de chaque trumeau est monté un pilastre sur le soubassement légèrement ressauté ; un simple champ en saillie forme la base ; le fût est partout d'égale largeur et les moulures du bandeau contournent sa saillie pour lui former comme un chapiteau.

Il dépasse le nu du mur d'une quantité suffisante pour amortir la saillie de l'imposte qui doit recevoir l'arc. Cet imposte est mouluré, et l'angle du piédroit chanfreiné sur une partie de sa hauteur. Les voussoirs sont appareillés en tas de charge avec les assises horizontales courantes. Un encadrement intérieur en retrait a une saillie suffisante pour recevoir le retour du profil de l'imposte ; une clef en saillie a sa tête formée des moulures retournées de la cymaise inférieure, deux *contre-clefs* viennent s'appuyer, mais avec une saillie moindre, sur ses faces latérales.

Les joints des pilastres sont simples, ceux des piédroits, des voussoirs et des assises des tympans sont accompagnés de refends. La même figure donne les diverses saillies de cette construction.

Lorsque l'on veut décorer davantage une composition architecturale ainsi disposée comme principe, on arrive aux arcades liées aux ordres qui ont été données à la fin du chap. IV.

264. Arcades portées par des pilastres. — Lorsque les piédroits qui portent les arcades sont étroits ils deviennent de véritables pilastres et on s'applique dans la composition à leur donner d'heureuses proportions ; ils ont une base et un chapiteau formé par le profil d'imposte contenablement modifié ;

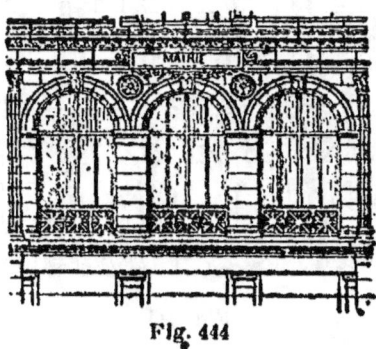

Fig. 444

en général leur largeur suffit pour recevoir les archivoltes de deux arcades voisines.

§ 2. — DÉCORATION DES BAIES   375

La fig. 444, rend compte de cette disposition.

265. Arcades posées sur colonnes. — Lorsque la construction supérieure est légère ou peu élevée, on peut porter les

Fig. 445

arcades sur des colonnes dont le tailloir se développe pour les

Fig. 446

recevoir. On a une construction grêle mais qui convient à certains genres d'édifices.

CHAPITRE V. — DÉCORATION DES MURS EXTÉRIEURS

La fig. 445 donne l'exemple d'une série d'arcs outrepassés portés ainsi sur des colonnes ; ils sont tirés d'une galerie du palais du Bey de Tunis. La partie du mur située au-dessus des arcs a une très faible hauteur et est terminée par une cor-

Fig. 447

niche avec saillie inférieure découpée suivant de petits arcs eux-mêmes outrepassés.

Cette disposition s'applique également bien à la construction de deux galeries légères superposées et desservant les pièces intérieures d'un édifice.

La fig. 446, représente deux galeries ainsi étagées, les axes des colonnes se correspondent et à chaque étage les arcs sont en plein cintre.

Les moulures d'archivoltes se coupent bien avant de retomber sur les colonnes, et sont arrêtées par un amortissement. Cette galerie double garnit le pourtour d'une cour intérieure et fait communiquer les services compris dans les bâtiments qui la bordent.

La fig. 447 représente un autre exemple de voûtes venant reposer sur des colonnes. La construction est en briques et les colonnes en pierre dure ; les colonnes ne se correspondent pas comme axe dans les deux étages superposés, les baies ainsi formées ayant besoin d'avoir des dimensions différentes.

Les baies du rez-de-chaussée sont plus grandes, les arcs surmontés de moulures retombent sur un large sommier qui porte sur le chapiteau élargi de la colonne. Celle-ci est courte, relativement à son diamètre, en raison de la charge à porter. Au moyen d'une base développée, elle reporte la charge sur le soubassement général ; de l'autre côté, les arcs reposent sur des contrepilastres en briques adossés au contrefort qui marque le trumeau solide de chaque travée tous les 4 m. 59.

Les baies du 1er étage sont portées dans l'intervalle de l'entraxe par deux colonnes à demi-engagées dans des piliers carrés, des demi-colonnes sont adossées aux contreforts.

266. Composition et décoration d'un portique. — Un portique est une galerie couverte construite le long d'un édifice. Souvent il fait partie de l'édifice lui-même et est pris sur la profondeur du rez-de-chaussée.

La fig. 448 représente un portique compris entre le mur de face et un mur parallèle situé à une distance de quelques mètres ; le mur de face est divisé en entraxes et dans chaque entraxe est ouverte une arcade. Au-dessus des arcades est un bandeau, puis le mur de face continue à s'élever jusqu'à la corniche supérieure. Le mur parallèle ne sert qu'à border la galerie, il s'arrête au plancher haut qui ferme horizontalement le portique.

Chacune des arcades constitue une porte donnant sur le dehors ; telles sont les données de cette construction.

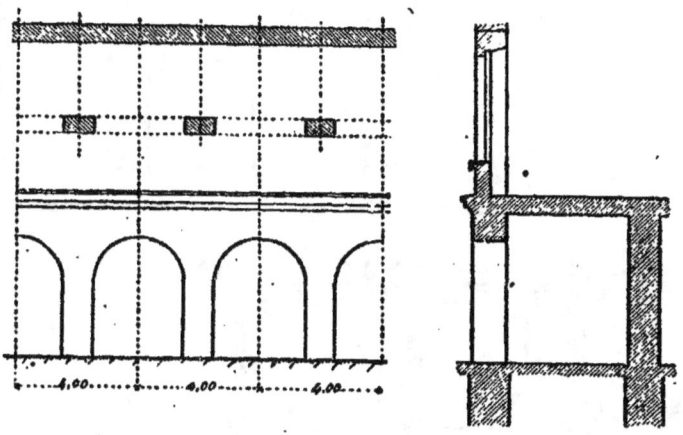

Fig. 448

La manière dont on en peut faire la décoration est représentée dans la fig. 449, qui montre le portique jusqu'à l'angle du bâtiment et son débouché sur une voie latérale.

On cherche à donner aux piliers qui vont supporter les arcades des proportions en rapport avec le restant du bâtiment et la charge à porter. Le pilastre d'angle est généralement plus épais que les autres, pour deux raisons : premièrement, parce que l'on renforce généralement les angles des constructions pour augmenter la stabilité en ce point où la liaison est importante, et en second lieu parce que ce pilastre d'angle reçoit de l'arcade voisine une poussée qui n'est pas contrebalancée, comme pour les pilastres intermédiaires, par la poussée en sens contraire d'une arcade voisine.

Chaque pilastre a son socle saillant, et son chapiteau formé par les moulures d'imposte. Il reçoit les retombées des arcs et leurs archivoltes moulurées. Les tympans remplis, on arase le mur à hauteur convenable pour recevoir le bandeau, qui peut être un entablement complet.

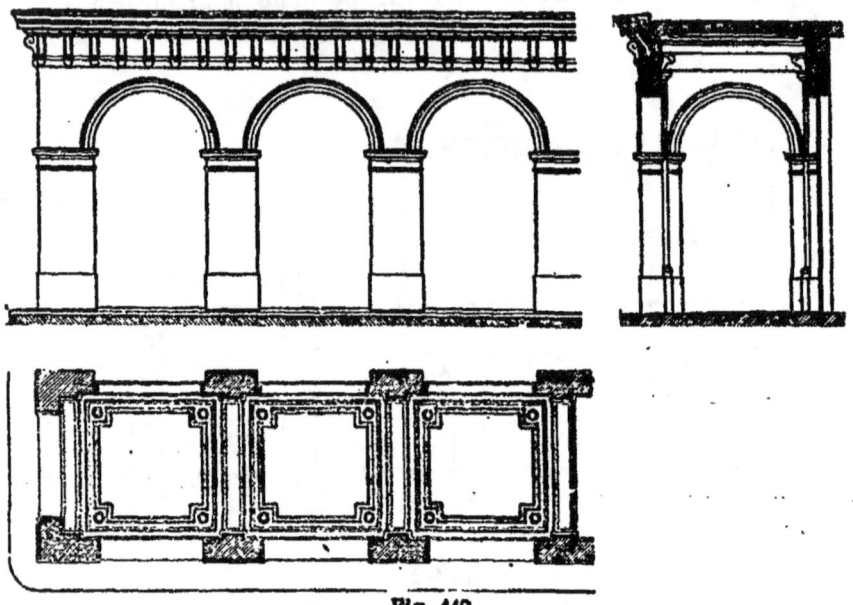

Fig. 449

Le débouché sur la rue latérale présentera la même disposition, le pilier sera peut-être rétréci si l'on est gêné pour la largeur de la galerie.

Le mur du fond peut être plein ; il peut être percé de baies de la dimension des arcades, ce qui est le cas supposé dans le dessin. Les baies peuvent être plus petites ; dans tous les cas leur axe correspond à l'axe de la baie extérieure correspondante.

L'intérieur de la galerie est décoré de la façon suivante : sur les parements des deux murs et dans l'axe des trumeaux, se regardant par conséquent, on taille en saillie deux pilastres qui supportent un entablement complet soutenant à son tour le plafond.

Dans la hauteur de l'architrave, le pilastre est surmonté d'une console de même largeur, ou de deux consoles plus étroites qui portent une poutre saillante formant soffite dans

380 CHAPITRE V. — DÉCORATION DES MURS EXTÉRIEURS

la hauteur de la frise et de la corniche, et cette dernière contourne les faces latérales de la poutre, pour constituer dans le caisson de chaque travée un encadrement mouluré. Ce sont ces encadrements qui sont figurés au plan vus par dessous. Une moulure d'avant corps, ressautant aux quatre angles, ménage des espaces carrés recevant des rosaces.

Les consoles, les pilastres et la poutre formant soffite, ont exactement la même largeur.

La saillie des pilastres intérieurs sur le nu des murs doit être assez forte pour amortir les moulures d'imposte qui font le tour des piliers.

La coupe verticale de la galerie rend compte des diverses saillies que comporte cette composition.

On pourrait augmenter la décoration extérieure en engageant dans le parement du pilier, et sur son axe, un pilastre ou une colonne destinée à soutenir l'entablement. On arrive alors à la combinaison des ordres liés aux arcades et développée à la fin du chap. IV.

267. Portiques avec baies à linteaux. — Les portiques ne s'exécutent pas nécessairement au moyen d'arcades

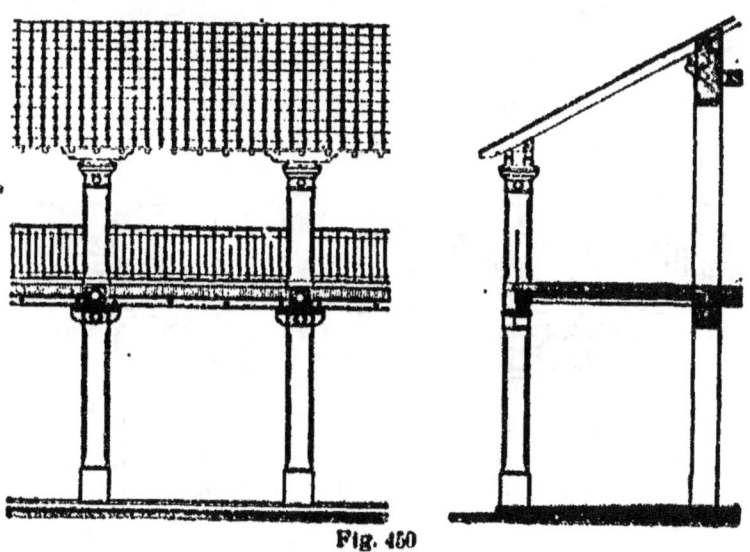

Fig. 450

§ 2. — DÉCORATION DES BAIES   581

en plein cintre ; toutes les sortes d'arcs peuvent s'appliquer à ces constructions. On fait même souvent des portiques économiques au moyen de baies rectangulaires fermées par des linteaux, et ces linteaux portés par des pilastres.

La fig. 450 représente une double galerie desservant à rez-de-chaussée et au premier étage les services du lycée de St-Etienne. Les pilastres qui soutiennent le plancher et la toiture sont superposés et sont exécutés en pierre dure. Pour recevoir les linteaux du bas, des consoles ont été ménagées dans l'assise des sommiers, tandis que les sablières de la toiture, exécutées en bois, viennent porter directement sur les chapiteaux des pilastres supérieurs. Une balustrade en fer forme garde-corps au premier dans les intervalles des pilastres.

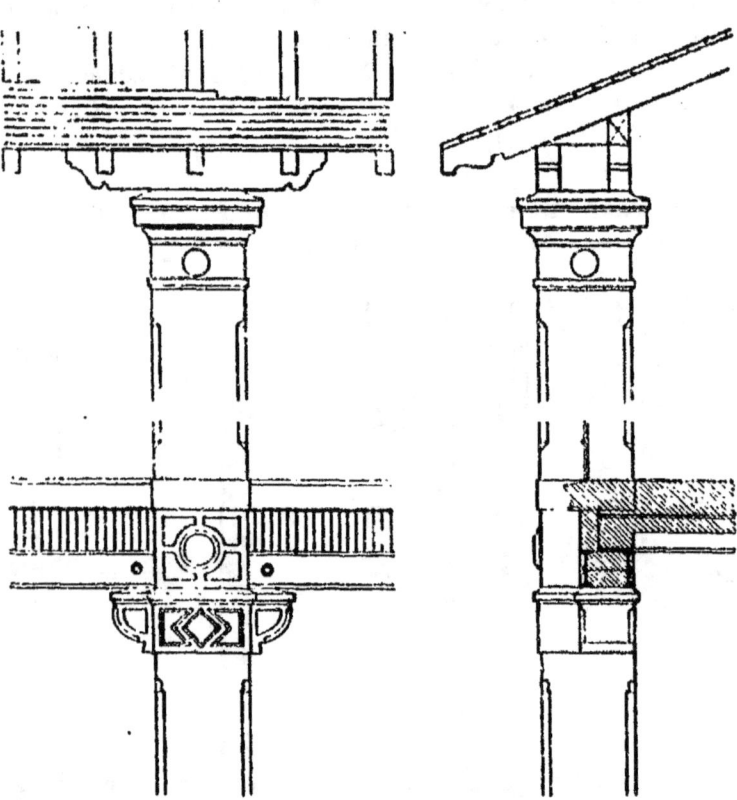

Fig. 451

La même figure donne l'élévation de ces portiques en même temps que la coupe transversale, qui indique les saillies des différentes parties de la construction.

La fig. 451 donne les détails des pilastres, le profil du chapiteau, celui des consoles et enfin l'arrangement de leur jonction dans l'épaisseur du plancher.

La vue de face de la tranche de ce plancher présente d'abord l'élévation du fer du linteau, avec les rosaces qui terminent les boulons, puis une assise en briques de 0,22 de hauteur, posées de champ, et à 45° en plan horizontal, de manière à faire une série de stries creuses dont les faces sont diversement éclairées. Au-dessus, un bandeau saillant termine le plancher.

Dans les grands monuments, les portiques sont formés par des colonnes avec voûtes en platebandes pour franchir les espaces, et ils rentrent complètement dans les compositions anciennes de la fin du chap. IV.

268. Des baies accompagnées de balcons. Décoration des balcons. — L'ornementation des balcons dépend presque entièrement de celle des baies qui les accompagnent, soit celles du dessus qui y accèdent directement, soit celles du dessous qui déterminent la place et la forme des consoles.

Quant au balcon en lui-même, sa décoration consiste en un profil de face mouluré, quelquefois un soffite orné de caissons et enfin dans une forme étudiée des consoles.

La figure 452 représente l'élévation et la coupe d'un balcon très simple ; il a comme profil de face une cymaise supérieure faite d'un listel et d'un quart de rond, et une tablette de larmier qui complète son épaisseur.

La cymaise inférieure longe le mur et fait partie de l'assise du dessous, elle est interrompue par les consoles. Ces dernières, taillées entre deux parois latérales unies, sont profilées en avant d'un listel d'un quart de rond et d'un cavet avec filet interposé. Une tête est formée d'un champ contre lequel s'amortit la cymaise inférieure.

Les consoles se placent généralement de chaque côté des

fenêtres, ce qui les rend souvent irrégulièrement distancées, et elles se construisent tout contre le chambranle. Dans cet exemple, le soffite est uni, sauf la mouchette nécessaire pour le rejet des eaux.

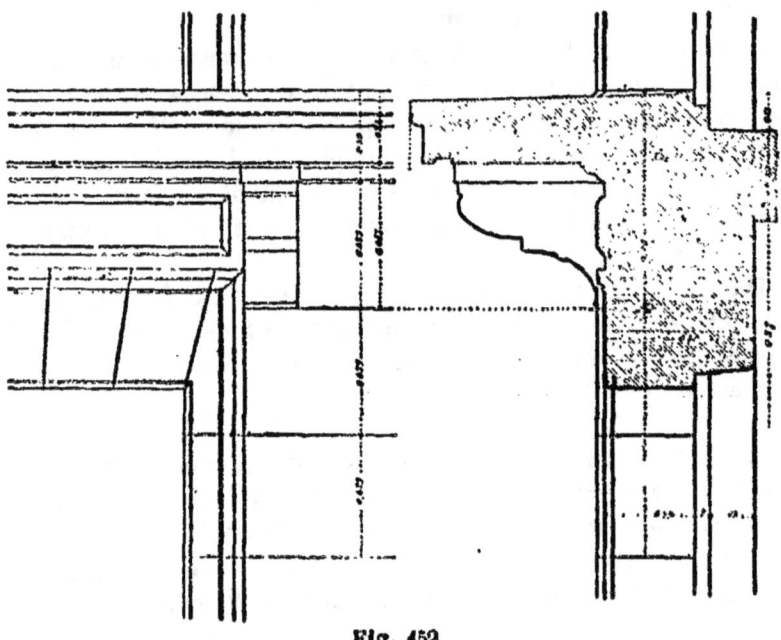

Fig. 452

Le profil du balcon ainsi déterminé présente l'avantage, lorsqu'il s'interrompt, de se transformer en bandeau par une simple réduction de la saillie de la tablette.

La fig. 453 donne un exemple d'un balcon plus orné, posé sur trois consoles placées dans un mur plein. La cymaise inférieure est plus développée et composée de deux moulures inégales, un quart de rond et un cavet. Au-dessous se trouve une frise unie et une architrave moulurée. Les consoles présentent un fort enroulement supérieur, lié à une forme basse concave et terminée par une petite moulure et trois gouttes. Elles ont une hauteur égale à celle de l'entablement, la petite moulure et les gouttes dépassant seules. L'élévation de face montre leur tête formée du profil de la cymaise inférieure re-

384   CHAPITRE V. — DÉCORATION DES MURS EXTÉRIEURS

tourné autour de leur saillie. L'élévation de ces consoles montre les enroulements de la volute sur leurs faces latérales, et les trois canaux se trouvent creusés sur la partie concave.

Le plan représenté dans cette même figure montre le balcon vu par dessous. A ses extrémités, il se raccorde avec un bandeau qui en continue les lignes principales. La saillie des consoles est coupée et on voit en élévation les moulures de la cymaise inférieure qui les contourne ; le long de l'arête du larmier règne, à petite distance, la moulure qui forme mou-

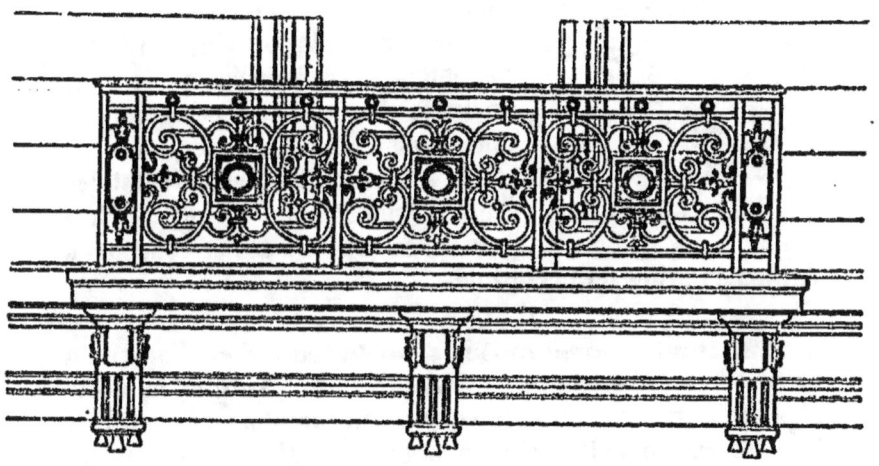
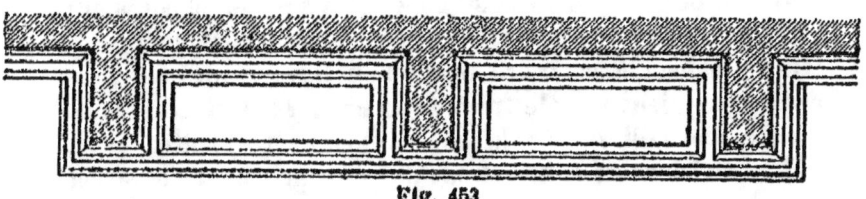

Fig. 453

chette. Enfin la partie restant libre dans le soffite est creusée suivant un encadrement mouluré avec partie saillante au milieu, ce qui constitue un caisson. Il y a ainsi un caisson dans chaque intervalle de consoles.

§ 2. — DÉCORATION DES BAIES 383

D'autres fois on serre les consoles sans se préoccuper des baies, on s'arrange de manière à ce que le caisson soit exactement un carré, et on les décore d'un encadrement mouluré au pourtour avec rosace au milieu.

Fig. 454

La fig. 454 donne la coupe verticale du balcon précédent par l'axe de la baie; elle montre le profil de la pierre qui constitue le balcon proprement dit, la forme du caisson, et enfin l'élévation de la console ; entre l'enroulement, le profil concave et le mur, on limite une partie qui se tient à distance constante des lignes précédentes, et on l'orne de stries horizontales à profil triangulaire, ce qui produit une teinte plus foncée et concourt à l'ornementation de la console.

369. Portes surmontées d'un balcon. — Lorsqu'un balcon doit être établi immédiatement au-dessus de la porte d'entrée d'un édifice, le balcon et ses consoles doivent concourir à la décoration de la porte. La largeur du balcon est par exemple réglée suivant la largeur de l'avant-corps dans lequel la porte est percée ; les consoles sont axées sur les pilastres qui bordent la baie et prennent l'importance nécessaire pour soutenir le balcon, à cet écartement, et aussi les formes qui s'accordent le mieux avec le tracé de la baie. La clef elle-même vient par sa saillie porter la partie milieu de la tablette.

Les divisions de la balustrade doivent également s'accorder avec les axes de la construction en pierre.

La fig. 455 donne un exemple d'une porte d'entrée surmontée ainsi d'un balcon et dans l'étude de laquelle les principes précédents ont été appliqués.

Un autre exemple se trouve dans la fig. 396 représentant une façade avec balcon et balustrade en pierre, placé immédiatement au-dessus de la porte d'entrée.

386 CHAPITRE V. — DECORATION DES MURS EXTERIEURS

Dans l'exemple représenté par la fig. 456 le balcon est sou-

Fig. 455

tenu de chaque côté de la porte par une double console portée sur un pilastre latéral.

La volute supérieure est fortement accentuée, la partie inférieure est ornée de feuillages.

Le chapiteau du pilastre, très sobre de moulures, a son gorgerin garni de quelques canaux et d'une fleur formant rosace en son milieu.

Le fût orné d'un encadrement saillant est également décoré de sculptures. La coupe donne le profil des diverses parties, et l'on remarquera l'encorbellement formé par toutes les mou-

§ 2. — DÉCORATION DES BAIES 387

lures qui s'étendent entre les consoles dans la largeur de la baie.

Fig. 456

270. Balcons étagés. — La fig. 457 représente une partie de construction dont le mur de face est garni d'une série de balcons étagés. Celui du bas est le plus important; il est construit comme ceux qui précèdent avec une légère variante dans la forme de la console dont la volute soutient une sorte de mutule recevant la tablette du balcon. Ces grosses consoles sont placées dans les axes des trumeaux.

Les balcons supérieurs sont formés des corniches saillantes

des fenêtres au-dessus desquelles il se trouvent, et les consoles latérales prennent une dimension suffisante pour les porter.

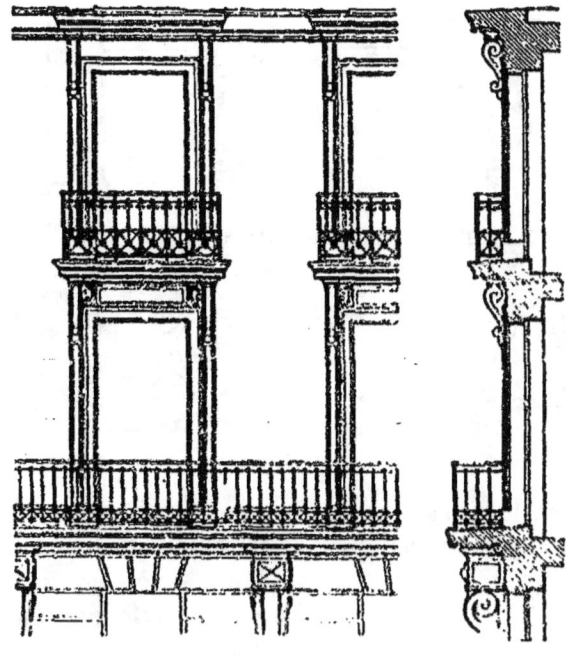

Fig. 157

La coupe rend compte des saillies et de la forme de ces divers balcons.

La hauteur des balustrades au-dessus de la partie de plain pied du balcon doit toujours être d'au moins 1 m.

271. Balcons avec balustrades en pierres. — La fig. 158 donne en élévation et en coupe verticale la disposition d'un balcon portant une balustrade en pierre.

La tablette est renforcée d'épaisseur pour porter le poids supplémentaire de la balustrade; sa taille ne diffère pas de celle des balcons déjà vus, au moins comme profil, soffite et consoles.

§ 2. — DECORATION DES BAIES

La taille de la face supérieure seule diffère ; elle se fait de la façon suivante :

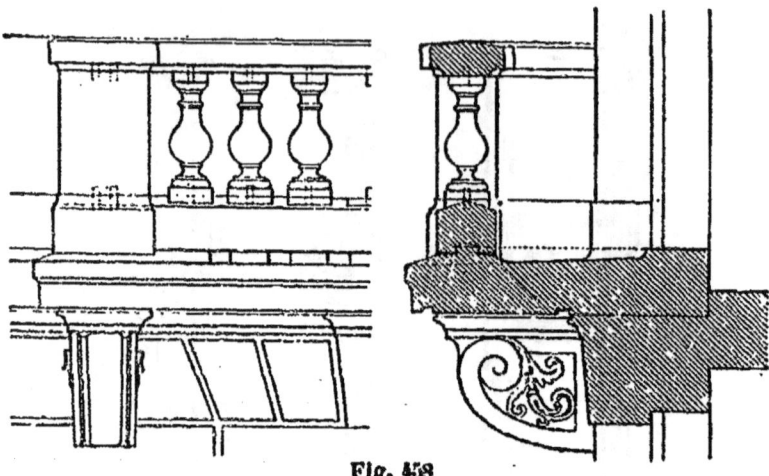

Fig. 458

On profite de la hauteur de la pente pour ménager près de l'extrémité une petite banquette horizontale ab avec languette

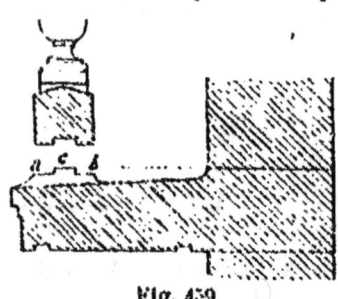

Fig. 459

saillante c, et on interrompt cette languette par une série de canaux qui continuent la pente du balcon et servent à l'écoulement de l'eau, fig. 459. C'est sur cette portée ab que l'on vient poser le socle de la balustrade, qui possède une rainure pour loger la languette. La pierre de socle s'étend

entre deux pilastres ou alettes d'angles posées directement sur

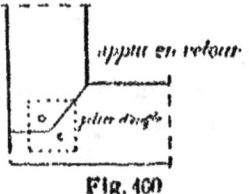

Fig. 460

la tablette et en retour entre ces pilastres et des demi pilastres ménagés en saillie le long du mur de face.

Le dessus de ce socle présente les portées nécessaires pour recevoir les plinthes des balustres, et dans les intervalles les pentes pour le rejet des eaux. Les balustres sont maintenus sur le socle par le moyen de goujons, et c'est par le même procédé qu'on les relie à la tablette supérieure d'appui.

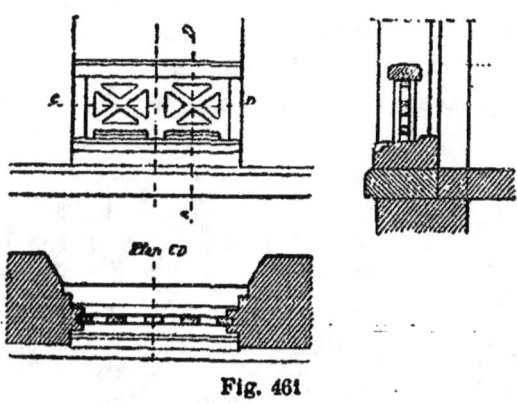

Fig. 461

Cette tablette d'appui est formée de plusieurs morceaux de pierre, un plus grand pour former ledevant et deux autres pour les retours ; le profil est celui qui a déjà été vu pour les balustrades. Les joints de ces tablettes d'appui doivent être soutenus par les pilastres d'angle et en même temps être normaux aux surfaces d'arrêt. La forme du joint est celle indiquée fig. 460. Le joint part de l'angle à 45° jusqu'à la rencontre des axes des tablettes, puis se retourne parallèlement à l'une d'elles pour aboutir sur la façade latérale où il est moins visible. Les tablettes sont fixées aux pilastres également par des goujons ; elles sont scellées dans le mur de face de 0,06 à 0,08.

Si l'on fait des balustrades en pierre pour les grands balcons saillants en avant des façades, on exécute quelquefois des appuis en mêmes matériaux, dans les baies ordinaires percées dans les murs ; la fig. 461 en donne un exemple.

Ces appuis sont compris entre tableaux et construits au moyen d'une dalle mince, ajourée suivant un dessin étudié et surmontée d'une tablette d'appui.

Pour contenir la dalle et la maintenir bien verticale on taille en saillie dans la pierre du tableau deux alettes avec rainures dans lesquelles on engage les côtés de la pierre, on arase le

§ 2. — DÉCORATION DES BAIES

tout horizontalement suivant un joint qui portera la tablette d'appui; celle-ci est engagée de 0,04 à 0,06 dans les tableaux et porte souvent une rainure pour loger le haut de la dalle. Elle est taillée en profil arrondi à la partie supérieure et porte deux mouchettes à son plafond pour le rejet des eaux.

Dans ces sortes d'appui la tablette en pierre sculptée est souvent remplacée par une tablette en terre cuite ornée.

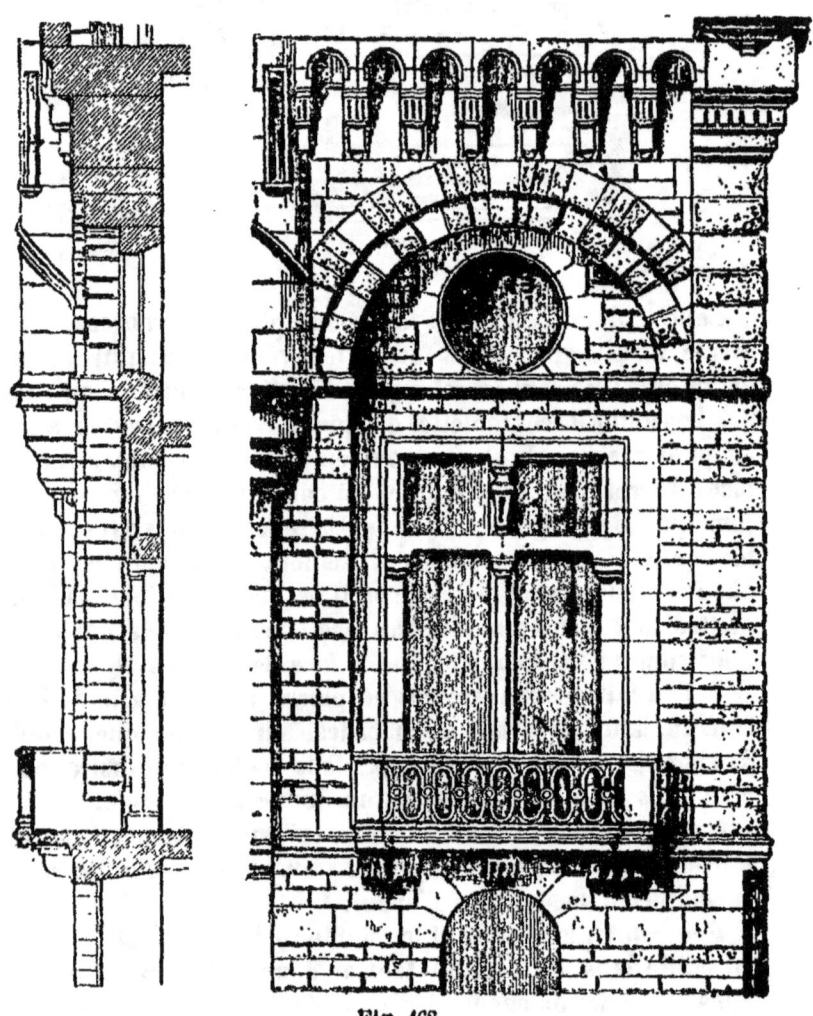

Fig. 462.

La fig. n° 462 donne en élévation et en coupe la disposition d'une fenêtre avec balcon saillant et balustrade en pierre disposée suivant les indications qui précèdent.

La fenêtre est, de plus, divisée en quatre compartiments au moyen de meneaux en pierre; le meneau horizontal est porté par 2 pilastres formant piédroits et un pilastre milieu, qui se prolonge au-dessus pour continuer à diviser la baie.

Le linteau est mince et en deux pièces; il porte donc sur le meneau vertical, mais il est peu chargé; la construction supérieure est soutenue par un arc apparent qui reporte la charge sur les maçonneries existantes voisines. Le remplissage entre l'arc de décharge et le linteau est percé d'une baie circulaire dite œil de bœuf, qui allège encore le poids réparti sur le linteau.

Enfin, un bandeau supérieur porté sur consoles reliées par des arcs, termine le croquis à la partie supérieure.

Toute cette construction est faite en maçonnerie mixte de pierre de taille et de moellons piqués apparents.

279. Des lucarnes. Ornementation par pignon mouluré. — La forme la plus ordinaire et la plus rationnelle d'une lucarne est celle d'un pignon dans lequel se trouve percée la baie verticale qui doit éclairer le comble. Contre ce pignon vient s'amortir la toiture, qui, d'autre part, va faire pénétration avec le comble du bâtiment.

Fig. 463

La hauteur du pied de la lucarne au-dessus de la corniche doit être suffisante pour laisser passer le chéneau qui doit recueillir et conduire aux descentes les eaux pluviales. Cette distance doit être de 0,40 à 0,45 environ.

Les piédroits d'une lucarne sont souvent décorés d'un chambranle mouluré qui encadre la baie; leur profil extérieur est tantôt droit, tantôt découpé en forme de console renversée. La volute qui la termine se trouve à la partie inférieure de manière à élargir la base de la lucarne et à épauler latéralement les piédroits comme on le voit, fig. 463. Cette volute vient s'appuyer directement sur un socle inférieur qui lui est commun avec le chambranle. A la partie haute, la console se raccorde au moyen d'une moulure avec le parement vertical des abouts du linteau. Les rampants du pignon sont garnis de moulures ayant le profil d'une corniche et la corniche se retourne sur l'épaisseur du mur de chaque côté. L'intervalle entre la corniche et le chambranle est garni de tables ou panneaux disposés à la demande.

Fig. 464.

La lucarne de la fig. 464 est d'une forme analogue et construite en maçonnerie mixte, un socle en pierre élargi à la base sert à porter chaque piédroit. Ceux-ci sont en briques épais et surmontés d'un sommier en pierres. Un arc en briques avec moulure d'extrados en pierre ferme la baie, et l'assise de pierre porte les sommiers bas des rampants ; une saillie horizontale avec denticules les relie. Les rampants sont en briques, posés sur un tympan triangulaire en pierre orné de panneaux moulurés ; ils se terminent sur l'axe par une sorte de clef portant un fleuron.

273. Ornementation au moyen d'un fronton. — La fig. 465, représente une lucarne décorée au moyen d'un fronton complet sur entablement. Les deux piédroits sont soutenus par deux contrepiliers qui leur donnent de l'épaisseur; l'assise des sommiers porte une voûte en platebande formant la baie, arasée carrément et formant architrave. Au-dessus s'élève une frise surmontée d'une corniche qui se retourne autour des contrepiliers. Les assises sont alternativement saillantes et rentrées, et celles qui sont saillantes, ainsi que la clef, sont ornées de bossages.

Un autre exemple de lucarne à fronton est représenté fig.

466 en élévation et en coupe. La fenêtre est entourée d'un

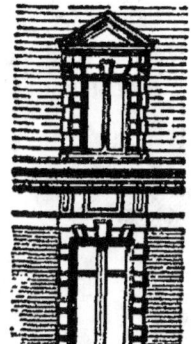

chambranle mouluré sur l'arête intérieure ; le piédroit est doublé d'un contrefort en forme de volute renversée légèrement en retrait et terminé supérieurement par une moulure régnant avec le linteau. Au-dessus viennent la frise, la corniche et le fronton. La frise et la cymaise inférieure contournent seules le retrait du contrefort.

La même figure donne la coupe verticale sur l'axe de la baie, et indique la saillie des différentes parties.

Les frontons de lucarnes peuvent être cintrés ; on emploie cette forme avec les couvertures métalliques qui permettent de couvrir le passage allant à la fenêtre avec un comble de même forme.

Fig. 465

Fig. 466

Une lucarne très simple couverte par un fronton cintré est représentée fig. 467. Elle est composée de deux piédroits soutenant une partie supérieure plus large formée de deux som-

§ 2. — DÉCORATION DES BAIES

miers et d'un arc, arasés carrément. Ils sont épaulés par une console renversée s'appuyant sur un socle général. La partie haute de la lucarne est terminée par une corniche avec petits retours horizontaux qui correspondent à la tête de la console.

Fig. 467

Au-dessus de la corniche est établi le fronton cintré qui se construit à la manière ordinaire.

La moulure complémentaire vient suivre horizontalement de chaque côté les retours de corniche au dessus des consoles.

La corniche horizontale peut former tête de deux pilastres latéraux et s'interrompre dans les intervalles. La partie verticale du fronton et la moulure qui le couronne peuvent être appareillés en voussoirs venant s'appuyer sur la partie haute des piédroits, fig. 468.

La corniche, dans l'exemple représenté, se retourne sur le retrait du contrefort et se trouve accompagnée horizontalement dans la largeur de ce retrait par la moulure complémentaire du fronton.

Les lucarnes prennent souvent une grande importance lorsqu'elles surmontent l'avant-corps milieu d'une façade. Souvent la baie grandit en proportion, d'autres fois plusieurs baies sont réunies dans un même motif.

396   CHAPITRE V. — DÉCORATION DES MURS EXTÉRIEURS

Fig. 468

Le fronton peut être cintré ou triangulaire, il est quelquefois interrompu pour faire place à un motif de sculpture développé.

La fig. 469 donne l'élévation d'ensemble d'une grande lucarne contenant trois baies juxtaposées, séparées par de minces pilastres; les piédroits extrêmes sont plus larges et épaulés par des consoles renversées; le socle de ces consoles se raccorde avec le profil latéral de l'avant-corps. Une corniche générale porte un fronton unique, interrompu, comme il vient d'être dit, pour faire la place d'une ornementation sculptée.

Fig. 469

§ 2. — DECORATION DES BAIES

Les lucarnes se prêtent à des décorations de formes très variées, suivant le caractère de l'édifice qui les porte. La fig. 470 représente un type de lucarne ornée qui a été fort employé.

Fig. 470

Les piédroits sont accompagnés, autour de la baie, par un chambranle d'encadrement et surmontés d'un entablement complet.

Au-dessus, un tympan dont les rampants sont concaves vient porter un petit fronton ; ce fronton est souvent remplacé par un motif sculpté.

De chaque côté du tympan, les piédroits se prolongent par les pilastres d'une balustrade à jour.

Au devant de la lucarne, une seconde balustrade lui sert d'appui et les pilastres se prolongent au-dessus des supports de l'entablement de l'édifice avec lesquels ils se trouvent axés.

Fig. 471

Les lucarnes n'ont quelquefois que leur tête supérieure engagée dans le toit de la construction. La corniche est alors interrompue par la baie.

Une lucarne ainsi disposée est représentée fig. 471. Les piédroits, dans la plus grande partie de leur hauteur, sont taillés dans le mur de face.

La corniche qui se trouve dans la hauteur de la baie est coupée carrément au droit des tableaux. Elle sert de support à deux petits jambages qui portent le linteau, et sur la face supérieure de ce dernier on établit la corniche et le fronton.

Fig. 472

Les rampants sont interrompus et s'amortissent contre un motif sculpté qui remplit tout le tympan et le dépasse à la partie supérieure.

Un autre exemple d'une lucarne moins engagée dans la couverture est représentée fig. 472. L'édifice a son mur de face couronné par un entablement complet avec grandes consoles supportant la saillie de la corniche ; la baie monte dans la hauteur de la frise et de l'architrave et un peu dans la corniche. Cette dernière se trouve contreprofilée au droit du tableau, et fait un retour qui s'amortit sur le nu du mur.

Le mur continue à monter avec une largeur appropriée à celle de la baie, au-dessus de la corniche, et se trouve porter une nouvelle corniche avec fronton triangulaire.

La clef de l'arc qui ferme la baie fait, dans cet exemple, une saillie suffisante pour traverser la corniche du fronton et recevoir ses deux tronçons en amortissement. Cette clef se prolonge dans le tympan jusqu'aux moulures rampantes.

274. Œils-de-bœuf. — On donne le nom d'œils-de-bœuf à de petites lucarnes percées dans un comble et dont l'ouverture est le plus souvent un cercle ou une ellipse, quelquefois un demi-cercle. Ces sortes de lucarnes sont presque toujours exécutées en charpente recouverte de métal et plus rarement en pierres.

Fig. 473

Lorsqu'on fait les œils-de-bœuf en pierre, leurs dimensions permettent de les appareiller en 2 ou 3 assises. On choisit l'emplacement des joints pour qu'ils soient le mieux protégés possible de l'eau de pluie.

La décoration d'un œil-de-bœuf varie peu comme principe : une moulure d'encadrement entoure la baie ; le socle est élargi comme celui d'une lucarne et la partie supérieure est accompagnée d'une moulure cintrée formant une sorte de fronton ; cette moulure forme deux crossettes horizontales au niveau du centre de la baie. On accompagne souvent cet ensemble d'un motif sculpté à la partie supérieure.

La fig. 473 donne la forme d'un œil-de-bœuf ainsi construit.

On donne encore le nom d'œil-de-bœuf aux petites fenêtres secondaires qui, dans les façades, affectent quelquefois une forme circulaire ou ovale.

275. Horloges. — Les œils-de-bœuf prennent aussi une importance considérable lorsqu'ils doivent servir à contenir une horloge et à former en même temps motif milieu de décoration d'un pavillon en avant-corps.

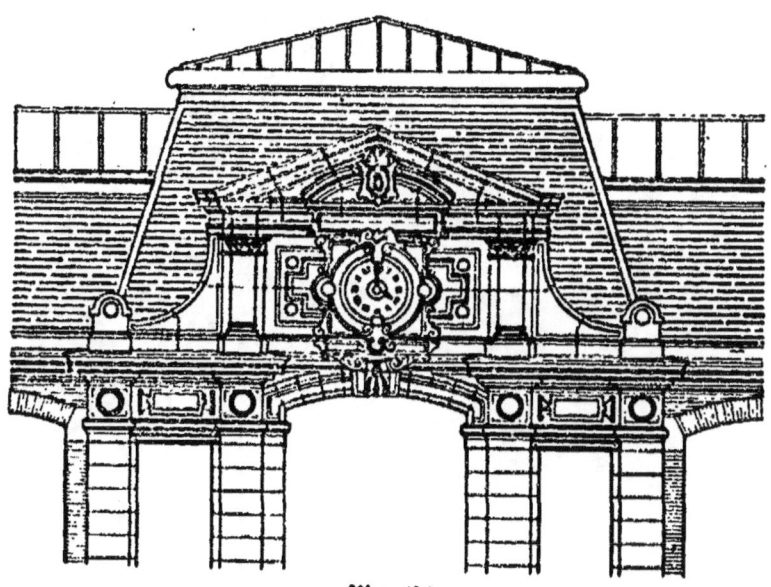

Fig. 474

La fig. 474 représente une horloge disposée de cette manière. La partie portante du pavillon est composée de 4 pilastres qui soutiennent l'entablement ; ce dernier est interrompu en son milieu pour se continuer en un pignon supérieur dans l'axe duquel est percé l'œil-de-bœuf de l'horloge. Deux pilastres courts avec contrepilastres viennent soutenir l'entablement et le fronton supérieurs ; les axes de ces pilastres coïncident avec ceux des pilastres milieu de l'étage du dessous. Deux bornes d'amortissement surmontent les deux autres pilastres et sont reliées au reste du pignon par des consoles. La construction du pignon se trouve ainsi reliée à celle du mur de face, et ce raccord donne de l'unité à l'ensemble.

La baie de l'horloge est entourée d'un cadre de moulures ornées ; ce cadre fait partie d'un cartouche portant inscription et qui se relie avec la clef de la baie principale inférieure.

Le haut du cartouche est terminé par un fronton cintré portant motif sculpté et inscrit dans le grand fronton triangulaire.

TABLE DES MATIÈRES

INTRODUCTION

	PAGES
Exposé général	3
Mode de représentation des constructions	5
Corps d'état du bâtiment	7

CHAPITRE PREMIER

PIERRES ET BRIQUES. — LEUR EMPLOI DANS LES MAÇONNERIES

§ 1. — Matériaux solides

Cailloux, sables	11
Pierres calcaires, non calcaires	12
Briques, poteries, carreaux de plâtre	16

§ 2. — Matériaux agglutinants. Mortiers

Généralités	18
Mortiers de terre	19
Mortiers de chaux	20
Ciments	22
Mortiers maigres de Portland	24
Pouzzolane	25
Mortier de plâtre	25

§ 3. — Maçonneries de petits matériaux

Bétons. — Bétons agglomérés	27
Maçonnerie de moellons. Rencontre de murs	30
Moellons smillés, piqués, appareillés	32
Maçonnerie de plâtras et plâtre, de pisé	34
Maçonnerie de moulières	36
Bassins, réservoirs, égouts	38

§ 4. — Maçonnerie de pierres de taille

Pierres de taille, libages. Murs....................................	44
Appareil au croisement des murs...................................	46
Taille, transport, bardage et montage.............................	49
Pose des pierres de taille...	55
Provenance des pierres de taille employées à Paris............	57
Eléments des prix, mesurage. Taille-unité.......................	60

§ 5. — Maçonnerie de briques

Dimensions. Briques de champ, à plat...........................	61
Murs en briques de 25, 35, 45 à 48.................................	62
Rencontre de deux murs en briques................................	64
Avantages. Prix..	64

§ 6. — Maçonneries mixtes

Combinaisons des matériaux. Exemples..........................	66
Pierres de taille isolées..	68
Assises et chaînes horizontales......................................	70
Chaînes ou piles verticales...	74
Jambes de pierres. Maçonneries diverses.......................	75

§ 7. — Parements et revêtements

Ravalement, ragréement et rejointoiement de la pierre de taille...	80
Durcissement et conservation des parements...................	80
Emploi des mastics, etc...	81
Parements en petits matériaux.....................................	82
Gobetages, crépis, enduits...	83
Arrêt de l'humidité. Enduits imperméables, etc..............	87
Légers ouvrages en plâtre..	88

CHAPITRE II

PROPORTIONS DES MURS

Formules de Rondelet..	91
Résistance des matériaux. Tableau................................	95
Epaisseurs pratiques des murs de maisons......................	98

	PAGES
Murs de réservoirs, de soutènement	100
Contreforts, voûtes de décharge	104
Murs à surchage de remblai	107
Consolidation aux murs des édifices	108

CHAPITRE III

FONDATIONS. — MURS DE CAVE ET MURS EN ÉLÉVATION

§ 1. — Fondations

Responsabilité des architectes et des entrepreneurs	114
Fondations des murs. Terrains incompressibles	114
Fondations par puits bétonnés, par épuisement, par pilotis, par batardeaux, dans une enceinte de pieux et palplanches	116
Fondation d'un puits ordinaire dans un terrain sablonneux	132
Fondations à l'air comprimé	134
Fondations sur les terrains compressibles. Radier général. Amélioration du sol	140

§ 2. — Murs de caves

Murs dans la hauteur des caves	144
Baies de portes dans les murs de caves	145
Voûtes de caves	148
Dimensions des voûtes, des piédroits	151
Différentes parties d'une voûte ; dimensions pratiques. Anses de panier	153
Planchers en fer remplaçant les voûtes de caves	156
Fosses d'aisances fixes. Règlements de Paris. Exemples	158
Soupiraux. Eclairage d'un sous-sol. Cour anglaise	163

§ 3. — Murs en élévation

Murs en élévation	169
Murs de clôture. Chaperons	169
Murs de clôture en maçonnerie mixte	173
Refends et bossages	174
Baies dans les murs de clôture	176
Murs de clôture avec grilles dormantes	181

§ 4. — Façades

Murs de face. Portes, fenêtres	182
Linteaux. Arcs de décharge	186
Baies cintrées. Divers appareils	187
Arcs plein cintre, surhaussés, surbaissés	188
Arcs en ogive. Plates-bandes	193
Linteaux en bois ou en fer	196
Combinaison du linteau avec l'arc	200
Fenêtres géminées, à meneaux. Voussures	102
Corniches et bandeaux	205
Murs pignons	211

§ 5. — Murs intérieurs

Murs de refend, mitoyens	212
Jours de souffrance, de servitude	213
Adossement des souches. Pied d'aile	214
Tuyaux de fumée dans les murs mitoyens. Contremurs	214
Tuyaux de fumée en briques ordinaires, en briques cintrées, en wagons	216
Construction des tuyaux adossés. Boisseaux Gourlier, etc	224
Souches. Divers cas	225

CHAPITRE IV

DES MOULURES ET DES ORDRES

§ 1. — Des moulures et des profils

Profils. Conditions à remplir	233
Profils des refends et bossages	235
Moulures ; simples, ornées	237

§ 2. — Des ordres d'architecture

Des colonnes	243
Ce qu'on appelle ordre. Des cinq ordres	243
Comparaison des ordres	245
Ordre dorique. Dorique grec. Temple de Pœstum. Parthénon	253

TABLE DES MATIÈRES

PAGES

Ordre ionique. Tracé de la volute. Temple de la Fortune virile..... 255
Ordre corinthien. Maison carrée de Nîmes.................. 260
Ordre composite................................. 264
Galbe des colonnes............................... 265
Des pilastres et des antes........................... 267
Superposition des ordres........................... 268

§ 3. — Des arcades

Disposition et décoration........................... 269
Arcades avec refends.............................. 269
Arcades sur colonnes, sur pilastres.................... 270
Proportion des arcades............................. 272
Arcade liée à un ordre toscan sur piédestal, sans piédestal 272
Arcade liée à l'ordre dorique, ionique................. 273
Arcades corinthiennes.............................. 276
Arcades avec colonnes dégagées...................... 277
Arc de Trajan.................................... 278
Superposition des arcades........................... 279

CHAPITRE V

DÉCORATION DES MURS EXTÉRIEURS DES ÉDIFICES

§ 1. — Décoration des murs de face

Moulures et ordres................................ 283
Murs de clôture; chaperons et soubassements, pilastres ou chaînes verticales...................................... 284
Murs en briques.................................. 286
Clôtures avec parties à jour......................... 289
Pilastres en briques, en matériaux mixtes.............. 290
Murs sur des terrains en pente....................... 290
Clôtures avec balustrades........................... 292
Murs de face des bâtiments; soubassement, corps du mur, entablement.. 299
Détails sur les soubassements, les entablements, les corniches, les chaînages, les pilastres, les colonnes.................. 300
Bâtiments à étages; principes à suivre................. 314
Rez-de-chaussée formant soubassement................ 315
Comble avancé................................... 320
Décoration des murs pignons; divers cas............... 321
Frontons de diverses formes......................... 329
Décoration des souches de cheminées hors comble........ 334

§ 2. — Décoration des baies

Baies dans les murs de clôture, pour piétons, charretières........	340
Portes d'entrée des bâtiments............................	348
Linteaux et arcs moulurés...............................	348
Chambranles avec ou sans crossettes.....................	349
Décorations par refends indiquant l'appareil...............	352
Chambranle surmonté d'une corniche......................	353
Baie surmontée d'un entablement complet..................	353
Porte avec entablement et consoles.......................	354
Porte avec entablement complet sur pilastres..............	357
Porte avec entablement sur colonnes.....................	358
Portes avec entablements et frontons.....................	360
Porte cochère comprenant les fenêtres de l'entresol........	362
Porte comprenant plusieurs étages.......................	363
Ornementation des fenêtres..............................	365
Fenêtres avec matériaux mixtes..........................	365
Fenêtre avec entablement supérieur......................	368
Fenêtres avec entablements et frontons...................	360
Des baies en plein cintre ou surbaissées formant arcades...	369
Arcades séparées par des pilastres.......................	373
Arcades portées par des pilastres, par des colonnes........	374
Composition et décoration d'un portique. Portiques avec baies à linteaux..	377
Baies accompagnées de balcons. Divers cas. Décoration des balcons.	382
Lucarnes. Ornementation par pignon mouluré..............	392
Ornementation au moyen d'un fronton....................	393
OEil-de-bœuf...	399
Motifs d'horloges.......................................	400

FIN DE LA TABLE DU TOME PREMIER.

15 octobre 11

ENCYCLOPÉDIE DES TRAVAUX PUBLICS

Directeur : M.-C. LECHALAS, 12, rue Alph. de Neuville, Paris.

Premières connaissances de l'ingénieur.

Analyse infinitésimale, par M. Eug. Rouché, examinateur de sortie à l'École polytechnique, professeur au Conservatoire des Arts et Métiers.

Traité de Physique, par M. Gariel, avec 448 figures dans le texte... 20 fr.

Éléments de statique graphique, par M. Eug. Rouché, 1 vol. avec 107 figures dans le texte............ 12 fr. 50

Mécanique générale, par M. Flamant, 1 vol. avec 203 figures dans le texte. 20 fr.

Levé des plans et nivellement, par MM. L. Durand-Claye, Pelletan et Lallemand, 1 vol. de plus de 700 p. avec 280 fig. dans le texte............ 25 fr.

Procédés généraux et mécanique appliquée.

Coupe des pierres, par MM. Eug. Rouché et Brisse, ancien professeur et professeur de géométrie descriptive à l'École centrale.

Applications de la statique graphique, par M. Mce Koechlin, ingénieur de la maison Eiffel. 1 volume et un atlas............ 30 fr.

Procédés généraux de construction, par M. Pontzen, ingénieur civil, membre du comité d'exploitation technique des chemins de fer.

Stabilité des constructions. Résistance des matériaux, par M. Flamant, 1 vol. av. 264 fig. dans le texte. 25 fr.

Hydraulique. Moteurs hydrauliques et Machines élévatoires.

Machines à vapeur.

Chaudières, par M. Walckenaër, ingénieur des mines.

Machines, par M. Desdouits, ingénieur de la marine nationale, ingénieur en chef aux chemins de fer de l'État (matériel roulant et traction).

Chimie et géologie appliquées. Salubrité.

Chimie appliquée à l'art de l'ingénieur, par M. L. Durand-Claye, directeur du laboratoire de l'École des ponts et chaussées, avec 71 fig...... 10 fr.

Hydraulique agricole, par M. Charpentier de Cossigny, lauréat de la Société des Agriculteurs de France, 2e édit., revue et augmentée........ 15 fr.

Géologie appliquée à l'art de l'ingénieur, par M. Nivoit, ingénieur en chef des mines, professeur à l'École des ponts et chaussées, 2 vol. avec 555 fig. dans le texte et une planche en couleur............ 40 fr.

Distributions d'eau. Assainissement, par M. Bechmann, ingénieur en chef de la ville de Paris, 1 vol. avec 624 figures dans le texte........... 30 fr.

Routes et ponts.

Routes et chemins vicinaux, par MM. L. Marx, inspecteur général des ponts et chaussées, membre du comité consultatif de la vicinalité, et L. Durand-Claye, 1 vol. avec 233 fig..... 25 fr.

Ponts métalliques, par M. J. Résal, ingénieur des ponts et chaussées, 2 vol. avec 650 fig. dans le texte...... 45 fr.

Ponts en maçonnerie, par MM. Degrand, inspecteur général honre des ponts et chaussées, et J. Résal, avec une introduction par M.-C. Lechalas, 2 vol. avec plus de 600 fig. dans le texte.. 40 fr.

Chemins de fer.

Infrastructure, par M. Levequs, ingénieur civil.

Superstructure, 1 vol. avec figures et 4 atlas de 73 gr. pl., par M. Deharme, ingénieur, profes. à l'École centrale. 50 fr.

Matériel roulant. Traction, 1 vol. et 1 atlas, par MM. Deharme et Desdouits.

Exploitation technique et exploitation commerciale, 2 vol., par M. Cossmann, ingénieur du service technique de l'exp. des chemins de fer du Nord.

Chemins de fer de montagnes, par M. Lévy-Lambert, ingénieur civil.

Navigation intérieure. Inondations.

Rivières et canaux, par M. Guillemain, inspecteur général, directeur de l'École des ponts et chaussées, avec des Annexes par MM. Lechalas, Baumgarten, Flamant, Edwin Clark, Gruson et Cadart, 2 vol. (200 fig.).... 40 fr.

Hydraulique fluviale. Inondations, par M. M.-C. Lechalas, 1 vol. avec 78 figures dans le texte....... 17 fr. 50

La Seine de Paris à Rouen, par M. Caméré, ingénieur en chef des ponts et chaussées.

Travaux maritimes. Ports.

Travaux maritimes. Phénomènes marins, accès des ports, par M. Laroche, ingénieur en chef, professeur à l'École des ponts et chaussées, 1 vol avec fig. dans le texte et 1 atlas............ 40 fr.

Les Ports des îles britanniques, par M. Guillain, ingénieur en chef des ponts et chaussées.

Les Ports de la mer du Nord et du Pas-de-Calais, par le même.

La Seine maritime et son Estuaire, par M. Lavoinne, ingénieur en chef des ponts et chaussées, avec une introduction par M. M.-C. Lechalas... 10 fr.

Architecture et constructions civiles.

Maçonnerie, par M. Denfer, professeur à l'École centrale, 1 vol........ 40 fr.

Charpente en bois et menuiserie du bâtiment, 1 vol., par le même.

Charpente en fer et serrurerie, 1 vol., par le même.

Couverture et plomberie. Installation de l'eau, du gaz, etc. 1 vol., par le même.

Ouvrages divers.

Électricité industrielle. Production et applications, par M. Monnier, profes. à l'École centrale, 390 fig. 20 fr.

Législation des mines, française et étrangère, par M. Aguillon, ingénieur en chef, professeur à l'École nationale supérieure des mines, 3 vol.... 40 fr.

Manuel de droit administratif, par M. C. Lechalas, ingénieur des ponts et chaussées, tome I.......... 10 fr.

Notices biographiques, par M. Tarbé de St-Hardouin, inspect. général. 6 fr.